"十二五"职业教育国家规划教材
经全国职业教育教材审定委员会审定

Windows Server操作系统
维护与管理项目教程（第二版）

WINDOWS SERVER CAOZUO XITONG
WEIHU YU GUANLI XIANGMU JIAOCHENG

王　伟/主编

中国人民大学出版社
·北京·

前　言

现代企业级服务器操作系统主要分为 Unix、Windows Server 和 Linux 三类，其中 Unix 类操作系统多用于大、中型计算机的大数据计算领域，应用范围、专业性要求较高；Linux 类服务器操作系统以开源文化为背景，近几年发展如火如荼，但相对于 Unix 和 Windows Server 类操作系统而言，主流应用有限。因此，我们选择性能先进、应用成熟的 Windows Server 2008 作为应用背景对企业计算机环境维护、管理进行介绍。Windows Server 2008 操作系统是 Microsoft 公司继 Windows Server 2003 之后推出的服务器操作系统，在硬件支持、服务器部署、Web 应用和网络安全等方面都提供了强大功能。

"纸上得来终觉浅，绝知此事要躬行。"这本教材的突出特点是以知识技能的项目化及其任务的完整细化，推动理论和实践课堂教学，遵循操作系统维护的系统性与连贯性原则，对内容和体系结构进行了适当调整与重构，以适应课程教学安排。本教材以培养读者实际工作岗位系统维护能力为目标，完全从读者使用和学习的角度出发，以项目案例及其任务实现为驱动，用翔实的操作步骤和准确的说明，帮助读者迅速掌握 Windows Server 2008，并且充分考虑读者操作时可能发生的问题，提供了一些操作方案，突出技能实训，更加贴近读者的需求。与传统同类教材相比，本教材的结构与知识安排有了较大改变，每章都以"教学重点"和"教学情景导读"开始，每章结束都提供了"实训项目"和"习题"等材料。另外，在全书的实验操作过程中，利用主流虚拟机工具软件 VMware Workstation，方便、容易和高效地为读者提供了一种操作系统学习的新方法和新手段。

全书总体内容分三部分（共 13 章），具体内容介绍如下。

第一部分（第 1~4 章），主要讲述 Windows Server 2008 操作系统的系统管理技能，包括 Windows Server 2008 系统的安装与基本管理、本地用户和组的管理、文件系统管理以及系统磁盘管理。通过这部分知识的学习和技能训练，使读者能够较快地掌握 Windows Server 2008 系统的基本应用和系统管理。

第二部分（第 5~10 章），详细介绍 Windows Server 2008 系统所提供的主要网络服务功能，包括活动目录服务与域模式账户管理、共享资源的管理、域名解析服务管理、动态主机配置协议（DHCP）服务管理、Internet 信息服务（IIS）管理、路由和远程访问服务（RRAS）管理。通过该部分内容的学习，读者可以掌握 Windows Server 2008 系统环境下所支持的重要而常用的网络服务功能的实现和管理。

第三部分（第 11～13 章），主要为系统安全管理技术、系统监视与性能优化和系统备份与恢复。这部分内容通过大量操作实例，讲述了实现系统安全管理的技术（包括安全审核、组策略及本地安全组策略、软件限制策略等），系统运行状态的监视工具及性能优化手段，系统数据的备份和恢复。通过这部分知识的学习，不仅使读者在理论方面有了进一步的提高，而且获得了 Windows Server 2008 实践性经验知识，并进一步掌握了许多高级系统管理技能。

本书的出版得到了河南省高等学校青年骨干教师资助计划（2011GGJS—191）的资助。在本书的撰写过程中，马林、王芳老师参与了部分实验的调试和正确性验证，刘鹏、陈宁老师认真阅读了书稿并提出了许多改进意见，对他们为此书所做出的贡献，一并表示衷心的感谢。同时，本书在编写过程中参阅了国内外同行编写的相关著作和文献，谨向各位作者致以深深的谢意。

由于作者水平有限，错误与疏漏之处在所难免，恳请广大读者及使用本书的师生提出宝贵建议。

目　录

第 1 章　系统安装与基本管理

教学重点

- 利用虚拟机工具软件安装 Windows Server 2008 操作系统
- Microsoft 管理控制台和服务器管理器操作应用
- Windows Server 2008 系统环境基本配置

教学情景导读

　　许多组织为适应、满足自身业务发展需求，突出组织文化特色，开发和使用了网络化计算机信息系统（如用于宣传品牌形象、增强业务经营的企业门户网站，各种教育教学机构提供丰富教学资源的校园网络应用系统等），实现了信息资源共享、信息交流和协同工作，从而显著地降低了成本，提高了工作效率。那么，如何构建网络应用系统，提供高效的系统管理，并方便、快捷地实现各种网络管理功能呢？对此，计算机操作系统平台软件的选择就显得尤为重要。

　　Windows Server 2008 操作系统与微软以往发布的操作系统相比，有很多亮点，彻底摆脱了 Windows 昔日的桌面操作、升级方式、应用模式，成为微软发展史上性能最全面、网络功能最丰富的一款操作系统，为用户提供了性能稳定、运行可靠的 Windows 操作系统平台，满足了企业级用户所有的业务负载和应用程序需求。Windows Server 2008 提供了强大的网络应用及服务平台，以及丰富的网络应用，如 Web、文件共享、流媒体等应用；成熟的虚拟化技术有助于降低企业的 IT 运营成本，加强网络的集中管理，增强网络安全，减少软件维护，并且能节约服务器资源；拥有完善的安全方案，Windows Server 2008 内置的防火墙是基于主机的防火墙，运行时可保护计算机免受恶意用户、网络程序的攻击。

1.1　Windows Server 2008 操作系统概述

　　20 世纪 80 年代初，微软的 MS-DOS 操作系统是 PC 计算机广泛使用的操作系统。1985年，微软公司正式发布了第一个基于图形用户界面（Graphics User Interface，GUI）的窗口式多任务操作系统：Windows 1.0，打破了以往通过命令行来接受用户指令的方式，单击鼠标就可以完成命令。随后，微软在 1990 年推出了 Windows 3.X、1995 年推出了 Windows

95，到 1998 年 Windows 98 发布上市，Windows 操作系统已经占据了个人计算机操作系统 90％以上的市场。微软公司的操作系统可分为两大类：一类是面向普通用户的 PC 桌面操作系统，如 Windows 95/98、Windows 2000 Professional、Windows XP、Windows Vista 及 Windows 7 等；另一类是应用于高性能工作站、台式机、服务器，以及政府机关、大型企业网络、异形机互联设备等多种应用环境的企业级服务器操作系统，如 Windows NT Server、Windows 2000 Server、Windows Server 2003 和 Windows Server 2008 等。

从最初的 Windows 1.0 到现在用户量较大的 Windows XP 桌面操作系统，以及针对企业用户开发的 Windows NT 3.0 到 Windows Server 2003 服务器操作系统，每一款操作系统在界面外观和功能上基本相同，缺少新意和创新。特别是对企业用户而言，步入互联网时代后，对操作系统功能的实现提出了更高的应用要求。Windows Server 2008 借助新技术以全新的界面、强大的功能，为用户提供了性能稳定、安全可靠的系统环境，从而可更好地满足企业级用户的所有业务负载和应用程序需求。

1.1.1　Windows Server 2008 的主要新特性

1. 系统管理与控制进一步增强

Windows Server 2008 在系统管理与控制方面的功能更加完善、高效。在 Windows Server 2008 以前的操作系统中，NTFS 文件系统卷中只要有一个细小的错误就必须重启文件服务器，并运行 chkdsk.exe 进行修正。在修正 NTFS 文件系统时，系统管理员往往要花费大量时间，造成服务器系统处于不可用的状态。Windows Server 2008 具有 NTFS 在线修复功能（自修复 NTFS 在 Windows Server 2008 中被默认打开），无须运行 chkdsk.exe 和重启服务器，就可自动修正 NTFS 文件系统出现的部分问题。

在日常工作中，管理员有时需要重新启动服务器或关闭服务器，但是关闭服务器，需要手工结束运行的一些程序，这样会导致关机过程缓慢。Windows Server 2008 提供了快速关机服务，可以在应用程序需要被关闭时发出信号，并立即关闭。快速关机服务对于服务器的快速重启十分重要，因为它决定了计算机网络系统停用时间的长短，减少了企业因网络停用而造成的损失。

2. Web 应用性能更加优良

Windows Server 2008 为 Web 应用程序和服务提供了更高的性能和伸缩性，同时允许管理员更好地控制和监视应用程序和服务以及利用关键系统资源的情况。

Windows Server 2008 为 Web 发布提供了统一平台，此平台集成了 Internet Information Services 7.0（IIS 7.0）、ASP.NET、Windows Communication Foundation 及 Microsoft Windows Share Point Services。对现有的 IIS Web 服务器（如 IIS 6.0）而言，IIS 7.0 功能更加完善，其主要优点：提供了更有效的管理功能，改进了系统安全性，降低了企业系统运行的支持成本。这些功能有助于创建一个统一的开发、管理模型平台，为设计基于 Web 的应用解决方案提供了优秀的系统环境。

IIS 7.0 中新的管理实用工具——IIS 管理器是一个更为高效的 Web 服务器管理工具，提供对 Internet Information Services 和 ASP.NET 配置设置、用户数据、运行时诊断信息的支持。新用户界面还支持托管或管理网站的用户，将管理控制权委派给开发人员或内容所有者，从而降低了成本和管理员负担。IIS 7.0 管理器界面支持 HTTP 远程管理，允许集成本地、远程甚至互联网中的管理实现，不必要求在防火墙中打开 DCOM 或其他管理端口。IIS

7.0 对 Web 服务器进行故障排除时，较以往版本更容易操作，系统管理员可监视 Web 服务器并查看其详细的实时诊断信息。

3. 服务器管理更加灵活

Windows Server 2008 提供了集中式管理工具，以其直观的界面和自动化的功能，使系统管理员可在中央网络或远程位置（如企业的分支机构）更加轻松地管理各种运行的服务器，简化了复杂的日常管理。通过 Windows Server 2008 服务器管理控制台，可大大简化应用组织中管理、保护多个服务器角色的任务。服务器管理控制台可将各种管理界面和工具合并到统一的管理界面中，系统管理员不必在多个界面、工具和对话框之间切换即可完成常见的任务。图 1—1 为 Windows Server 2008 的服务器管理器主界面。

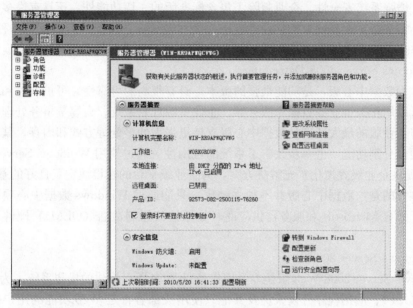

图 1—1　服务器管理器主界面

此外，Windows Server 2008 还提供了方便的服务管理控制工具，用于执行不同的管理任务。这些不同的工具均集成在一起（即使用统一的用户界面），并且使用相同的菜单或命令来完成不同的任务（这些内置的管理工具一般只能完成一个管理任务）。这就是 Windows Server 2008 提供的管理控制台，用户可以在其中根据具体应用新增或删除管理单元，并将控制台的内容保存到一个文件中，以便下次重新打开。

4. 虚拟化技术更加成熟

虚拟化有助于降低企业的 IT 运营成本，加强网络的集中管理，增强网络安全，减少软件维护工作量，并且能够节约服务器设备及电力等资源，推动信息化的低碳运行。Windows Server 2008 操作系统实现了较为成熟的虚拟化技术和应用，即融合了 Intel 与 AMD 两大平台的虚拟化技术，进一步衍生了丰富的虚拟化应用，从而更好地满足了企业用户对虚拟化技术的应用需求。

1.1.2　Windows Server 2008 的版本种类

在 Windows Server 2008 操作系统家族中，由于所支持功能、服务器角色等方面的不同，微软公司曾开发过多个版本，在此主要介绍其中的 4 个版本。不同的版本在硬件支持、性能、网络服务的提供等方面均有差别，用户可根据自己的实际情况进行选择。下面分别介绍 Widows Server 2008 4 个版本的功能以及主要作用。

1. Windows Server 2008 Standard

该版本是为中小型企业单位或大型企业的部门增强服务器基础架构的可靠性与弹性而设计的，可简化服务器配置、管理工作，提供了大多数服务器所需要的角色和功能，其可靠性、伸缩性和安全性完全满足小型局域网的部署要求。

2. Windows Server 2008 Enterprise

该版本是为大中型企业的服务应用设计的，可提供相对功能强大的企业应用平台，可部署关键性业务应用系统，具备 Hot-Add 处理器功能、整合身份识别管理功能，可协助改善应用性能，增强系统安全性。企业版除了包含标准版的一切功能外，还具有许多标准版不具有的特性。它支持企业基础架构、业务应用程序和电子商务事务的应用，是各种应用程序、Web 服务和基础架构的理想平台，具有高度可靠性、高性能和出色的商业价值。

3. Windows Server 2008 Datacenter

该版本为数据中心版，是功能最强的版本，具有很高的可靠性、可扩展性和可用性。数据中心版可以用作关键业务数据库服务器、企业资源规划系统、大容量事务处理以及服务器合并等。与企业版的最大区别是数据中心版支持更强大的多处理方式和内存，其所具备的丛集和动态硬盘分割功能，进一步改善了系统的可用性。通过使用 Windows Server 2008 Datacenter 可提供企业级虚拟化扩充解决方案，为企业级平台的建设奠定了良好的基础。

需要注意的是，数据中心版并不独立销售，只能通过 Windows 数据中心项目提供，该项目提供了来自 Microsoft 和服务器供应商（如原始仪器制造商（OEM））硬件、软件和服务的集成。

4. Windows Server 2008 Web

Windows Server 2008 Web 版是专为用作 Web 服务器而构建的操作系统。为 Internet 服务提供商（ISP）、应用程序开发人员及其他只使用或部署特定 Web 功能的用户提供了一个单用途的解决方案。开发 Windows Server 2008 Web 版的主要目的是作为 IIS 7.0 Web 服务器使用。它提供了一个快速开发部署 XMLWeb 服务和应用程序的平台，这些服务和应用程序使用 ASP. NET 技术，该技术是 . NET 框架的关键部分，便于部署和管理。

另外，微软公司在 Windows Server 2008 家族中推出了多个应用于特殊领域的版本：Windows Server 2008 for Itanium-Based Systems，是基于 Itanium 处理器架构设计的操作系统；Windows Server 2008 HPC，是为专业高性能计算领域设计的集群服务器操作系统，能提供高速网络、高效灵活的集群管理工具、面向服务体系结构的工程进度安排、支持合作伙伴的集群文件系统等功能。

1.2 项目一：利用虚拟机工具软件安装 Windows Server 2008 操作系统

操作系统是所有硬件设备、软件运行的平台，虽然 Windows Server 2008 有良好的安装界面、近乎全自动的安装过程并支持大多数最新的设备，但要顺利完成安装，还必须在安装 Windows Server 2008 之前，收集所有必要的信息，做好准备工作，以便安装过程顺利进行。在安装前，除了对系统需求有基本的了解外，还要规划好以后的使用环境。表 1—1 列出了安装 Windows Server 2008 的系统需求。

表 1—1　　　　　　　　　　　　安装 Windows Server 2008 的系统需求

系统组件	要　　　求
处理器	最小速度：1GHz
	建议：2GHz
	最佳速度：3GHz 或更快
	注意：基于 Itanium 系统的 Windows Server 2008 需使用 Inter Itanium 2
内存	最小空间：512 M RAM
	建议：1GB RAM
	最佳空间：2GB RAM（完全安装）或 1GB RAM（服务器核心安装）或更大空间
	最大空间（32 位系统）：4GB（Standard）或 64GB（Enterprise、Datacenter）
	最大空间（64 位系统）：32GB（Standard）或 2TB（Enterprise、Datacenter）
可用磁盘空间	最小空间：8GB
	建议：40GB（完全安装）或 10GB（服务器核心安装）
	最佳空间：80GB（完全安装）或 40GB（服务器核心安装）或更大空间
	注意：RAM 大于 16GB 的计算机将需要更多的磁盘空间以用来分页、休眠和转储文件
驱动器	DVD-ROM 驱动器
显示器和外围设备	SVGA 或更高分辨率的显示器
	键盘
	Microsoft 鼠标或兼容的指针设备

1.2.1　任务 1：创建虚拟计算机系统

1. 虚拟机简介

虚拟机（Virtual Machine）是虚拟出来的、拥有独立的操作系统，并且仿真模拟各种计算机功能的计算机。虚拟机可如真正的计算机一样进行工作，如安装操作系统、安装应用程序、服务网络资源等。

首先介绍在虚拟机系统中常用的术语，主要有：

（1）物理计算机（Physical Computer）：运行虚拟机软件（如 VMware Workstation、Virtual PC 等）的物理计算机硬件系统，又称为宿主机。

（2）虚拟机（Virtual Machine）：指提供软件模拟的、具有完整硬件系统功能的、运行在一个完全隔离环境中的完整计算机系统。这台虚拟的计算机符合 X86 PC 标准，拥有自己的 CPU、内存、硬盘、光驱、软驱、声卡和网卡等一系列设备。这些设备是由虚拟机软件"虚拟"出来的。但在操作系统看来，这些"虚拟"出来的设备也是标准的计算机硬件设备，并将它们当作真正的硬件来使用。运行虚拟机软件后，可在虚拟机中安装能在标准 PC 机上运行的操作系统及软件，如 Unix、Linux、Windows 和 Netware、MS-DOS 等。

（3）主机操作系统（Host OS）：在物理计算机（宿主机）上运行的操作系统，在它之上运行虚拟机软件（如 VMware Workstation 和 Virtual PC）。

（4）客户操作系统（Guest OS）：运行在虚拟机中的操作系统。注意，它不等于桌面操作系统（Desktop Operating System）和客户端操作系统（Client Operating System），因为虚拟机中的客户操作系统可以为服务器操作系统，如在虚拟机中安装 Windows Server 2003。

（5）虚拟硬件（Virtual Hardware）：虚拟机软件模拟出来的硬件系统，如 CPU、HDD、RAM 等。

2. 使用"VMware Workstation"创建虚拟机

目前主流虚拟机软件多为 VMware 公司和 Microsoft 公司开发的虚拟机系列产品，其中根据应用平台的不同又分为服务器版本和 PC 桌面版本。我们这里将介绍功能较为强大、应用更为广泛的 VMware Workstation。VMware Workstation 支持多个标准的操作系统，并因其可靠安全、性能优越而著称。本文以 VMware Workstation 6.0.4 for Windows 版本来介绍 VMware Workstation 的使用，可从 http://www.vmware.com 网站下载其试用版。

VMware Workstation 6.0.4 for Windows 的安装程序是 Windows 环境的标准安装程序，安装系统环境符合该软件的运行要求，其安装程序为：VMware Workstation 6.0.1.93057.exe（需要序列号）。VMware Workstation 6.0.4 的安装过程不再详述，安装完成后，主界面如图 1—2 所示。VMware Workstation 安装完成后，可创建虚拟机，具体操作步骤如下：

步骤 1：在 VMware Workstation 主界面的 "Home" 选项卡上，单击 "New Virtual Machine"，开始创建新的虚拟计算机，如图 1—3 所示。

步骤 2：单击图 1—3 中 "下一步" 按钮，出现如图 1—4 所示界面，选择虚拟机配置方式：Typical、Custom。Typical 方式可以使用较为通用的设备创建、配置选项，创建新虚拟计算机；Custom 方式可以为创建者提供更多选项，定制性地创建新虚拟计算机。在此，选择 "Typical"，单击 "下一步"。

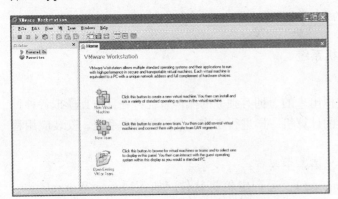
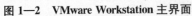

图 1—2　**VMware Workstation 主界面**

图 1—3　创建新虚拟计算机的界面

步骤 3：选择客户机操作系统的类型和版本，这里选择 "Microsoft Windows"，在下拉列表中选择 "Windows Server 2008 [experimental]"，如图 1—5 所示，单击 "下一步"。

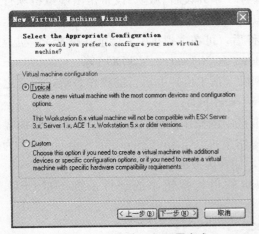

图 1—4　选择虚拟机配置方式

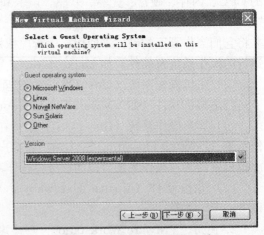

图 1—5　选择客户机操作系统

步骤4：如图1—6所示，可以对即将新建的虚拟计算机进行命名，并指定该虚拟机文件在主操作系统上的存储位置，然后单击"下一步"按钮。

步骤5：如图1—7所示，在Network Type界面中，设置虚拟机与主机连接的网络类型（即网络模式），选中"Use bridged networking"，单击"下一步"按钮。

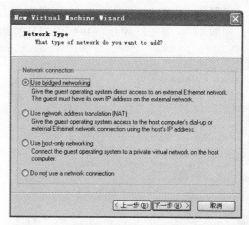

图1—6　指定新建虚拟机的名称和位置　　　图1—7　设置虚拟机与主机连接的网络类型

虚拟机与主机连接的网络类型主要有3种：Bridge（桥接）网络、NAT网络和Host-only网络。

提示：在介绍VMware Workstation的网络类型之前，首先有几个VMware虚拟网络设备概念需要解释清楚。VMnet0是VMware虚拟桥接网络下的虚拟交换机；VMnet1是VMware虚拟Host-only网络下的虚拟交换机；VMnet8是VMware虚拟NAT网络下的虚拟交换机；VMware Network Adapter VMnet1是主机与Host-only虚拟网络进行通信的虚拟网卡；VMware Network Adapter VMnet8是主机与NAT虚拟网络进行通信的虚拟网卡。

● Bridge网络。Bridge网络是较为容易实现的、最常用的一种虚拟网络。Host主机的物理网卡和Guest客户机的网卡在VMNet0上通过虚拟网桥进行连接。也就是说，Host主机的物理网卡和Guest客户机的虚拟网卡处于同等地位，此时Guest客户机就好像Host主机所在的一个网段上的另一台计算机。如果Host主机网络存在DHCP服务器，那么Host主机和Guest客户机都可以把IP地址获取方式设置为DHCP方式。

● NAT网络。NAT（Network Address Translation，网络地址转换）网络可以使虚拟机通过Host主机系统连接到互联网。也就是说，Host主机能够访问互联网资源，同时在该网络模型下的Guest客户机也可以访问互联网。Guest客户机是不能自己连接互联网的，必须对所有进出网络的Guest客户机系统收发的数据包进行地址转换。在这种方式下，Guest客户机对外是不可见的。在NAT网络中，Host主机上的VMware Network Adapter VMnet8虚拟网卡连接到VMnet8虚拟交换机上，与Guest客户机进行通信，但是VMware Network Adapter VMnet8虚拟网卡仅仅用于与VMnet8网段通信，并不为VMnet8网段提供路由功能，处于虚拟NAT网络下的Guest客户机是使用虚拟NAT服务器连接到互联网上的。

● Host-only 网络。Host-only 网络被设计成一个与外界隔绝的网络。其实 Host-only 网络和 NAT 网络非常相似，唯一不同的是在 Host-only 网络中，没有用到 NAT 服务，没有服务器为 VMnet1 网络做路由。如果此时 Host 主机要和 Guest 客户机通信，就要用到 VMware Network Adapter VMnet1 虚拟网卡了。

步骤 6：如图 1—8 所示，指定虚拟硬盘的容量，选择默认的 16GB，单击"完成"按钮，如图 1—9 所示，成功创建新虚拟计算机。

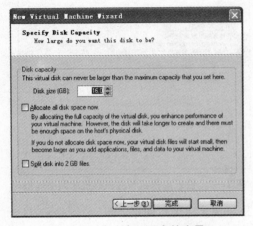

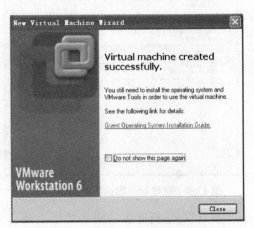

图 1—8　指定虚拟硬盘的容量　　　　图 1—9　新虚拟计算机创建成功

1.2.2　任务 2：安装 Windows Server 2008 Standard

Windows Server 2008 中文版已正式发布，下面以 Windows Server 2008 Standard 的安装过程为例介绍其安装步骤。

步骤 1：从微软网站下载大小近 2GB 的 ISO 安装文件，把该 ISO 文件刻录成安装光盘，使用光驱进行全新安装；也可直接在虚拟机中，加载该镜像文件并读取其中的内容进行安装。在 VMware Workstation 的虚拟机中加载镜像文件，需在该虚拟计算机的"Commands"区域选择"Edit virtual machine settings"选项，打开"Virtual Machine Settings"对话框，如图 1—10 所示，在"Hardware"标签中，选择光驱设备，在"Connection"区域选择"Use ISO image"即可完成镜像文件的加载。

步骤 2：启动新建的虚拟计算机，在"Commands"区域选择"Start this virtual machine"选项（该操作类似打开硬件电源启动计算机），开始装载安装文件进行操作系统的安装。当出现图 1—11 所示界面时，"需安装的语言"、"时间和货币格式"、"键盘和输入方法"保持默认选项，单击"下一步"继续，出现如图 1—12 所示的"现在安装"界面。

步骤 3：单击"现在安装"选项后，出现输入产品序列号窗口。输入序列号后，单击"下一步"按钮，出现如图 1—13 所示的"选择要安装的操作系统"窗口。这里单击选择要安装的"Windows Server 2008 Standard（完全安装）"，然后单击"下一步"按钮。

步骤 4：在图 1—14 所示的"请阅读许可条款"窗口，选中"我接受许可条款"单选项，然后单击"下一步"按钮。

步骤 5：如图 1—15 所示，在出现的安装类型界面中，单击"自定义（高级）"选项，用于全新配置安装。

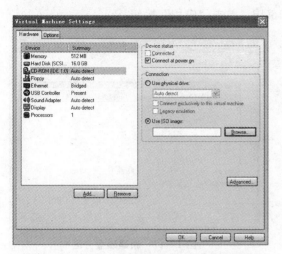

图 1—10　"Virtual Machine Settings" 对话框

图 1—11　Windows Server 2008 安装界面

图 1—12　"现在安装" 界面

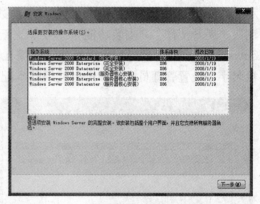

图 1—13　"选择要安装的操作系统" 窗口

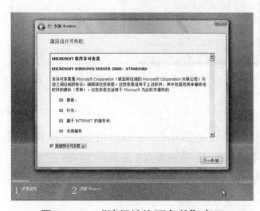

图 1—14　"请阅读许可条款" 窗口

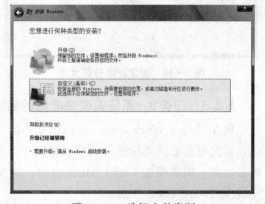

图 1—15　选择安装类型

步骤 6：如图 1—16 所示，在"选择安装系统位置"窗口中，选择将操作系统安装在硬盘的位置（注意，硬盘要有足够的安装空间，并将自动格式化为 NTFS 类型文件系统）。如果直接单击"下一步"按钮，安装程序将整个硬盘创建成一个分区，用来安装操作系统。如果单击"驱动器选项（高级）"按钮，如图 1—17 所示，则创建磁盘分区，选择安装系统位

9

置。如图 1—18 所示，指定新建分区大小为 16GB，单击"应用"按钮。

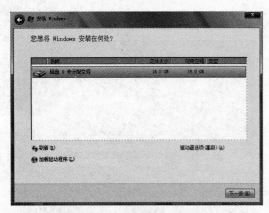
图 1—16 选择安装系统位置

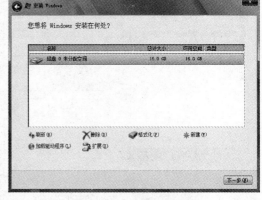
图 1—17 新建磁盘分区

步骤 7：在图 1—18 中，单击"下一步"按钮，复制文件，安装过程界面如图 1—19 所示。在安装过程中，计算机可能重新启动数次（不需人工干预），自动完成"系统文件复制"、"展开文件"、"安装功能"、"安装更新"、"完成安装"等过程。在此期间，安装 Windows Server 2008 的过程大大简化，不像在实际硬件中安装 Windows 系统时必须输入计算机名字、设置管理员密码和进行网络基本配置等。

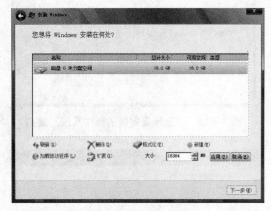
图 1—18 指定新建分区大小

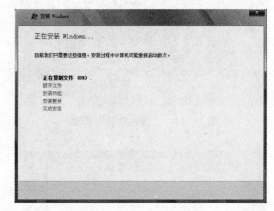
图 1—19 安装过程界面

1.2.3 任务 3：系统安装完成后的初始化

在 VMware Workstation 虚拟机支持的环境中，安装完 Windows Server 2008 操作系统后，首次登录要使光标进入虚拟机窗口中，如果要将光标从 Windows Server 2008 虚拟机中释放出来，则需要按 Ctrl＋Alt 组合键，这是因为 Windows Server 2008 虚拟机环境中没有安装 VMware Tools 工具。

用户首次登录刚安装完的 Windows Server 2008 系统时，必须更改密码（即设置系统管理员用户"Administrator"的密码），如图 1—20 所示，单击"确定"按钮，进入图 1—21 所示的设置"Administrator"密码的窗口。

"Administrator"的新密码必须满足系统的复杂性要求，即密码中要包括 7 位以上的字符、数字和特殊符号。这样的密码才能满足 Windows Server 2008 系统默认的密码策略要

图 1—20　首次登录界面

图 1—21　设置 "Administrator" 密码

求，如果是单纯的字符或数字，无论设置的密码再长也不会达到系统要求（即密码设置失败）。

为了在 VMware Workstation 虚拟机环境中，更加方便地使用 Windows Server 2008 操作系统，可安装 VMware Tools 工具。其安装步骤是，在图 1—22 所示的界面中，选择菜单 "VM|Install VMware Tools"，注意安装该工具必须是虚拟操作系统已启动并运行，出现如图 1—23 所示的对话框，单击 "Install"，安装完成后重启虚拟机操作系统（即客户操作系统）即可。

正确安装 "VMware Tools" 工具后会出现许多增强的功能。例如，在主机和客户机之间同步时间、自动捕获和释放光标，在主机和客户机之间或者虚拟机之间进行文件的复制和粘贴等操作。

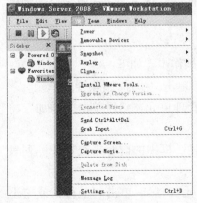

图 1—22　安装 VMware Tools

图 1—23　安装 VMware Tools 的提示对话框

11

1.3 项目二：Microsoft 管理控制台和服务器管理器操作应用

1.3.1 任务1：使用 Microsoft 管理控制台

Windows Server 2008 具有完善的集成管理工具特性，这种特性允许系统管理员为本地和远程计算机创建自定义的管理工具。这个程序工具就是 Microsoft 管理控制台（Microsoft Management Console，MMC），它提供了管理 Windows 系统的网络、计算机、服务器以及其他系统组件的管理平台。

MMC 不是执行具体管理功能的程序，而是一个集成管理工具的平台。MMC 集成了一些被称为管理单元的管理性程序，这些管理单元是 MMC 提供的用于创建、保存和打开管理工具的标准方法。

1. 启动 MMC

Windows Server 2008 系统使用的管理控制台是 MMC 3.0 版本，可以通过 Windows 界面或命令行启动 MMC。

（1）使用 Windows 界面：单击"开始"，在"开始搜索"文本框中输入"mmc"，然后按回车键，如图 1—24 所示。

（2）使用命令行：打开"命令提示符"窗口，直接输入"mmc"命令即可，如图 1—24 所示。

图 1—24　MMC 主界面

Windows Server 2008 在 MMC 中实现了两种类型的管理单元：独立管理单元、扩展管理单元。管理单元是用户直接执行管理任务的应用程序，是 MMC 控制台的基本组件。独立管理单元（常称为管理单元）可以直接添加到控制台根节点下，每个独立管理单元提供一个相关功能。扩展管理单元是为独立管理单元提供额外管理功能的管理单元，一般是添加到已有独立管理单元的节点下，用来实现、丰富其管理功能。

2. 添加或删除管理单元

添加或删除管理单元的主窗口如图 1—25 所示，其主要操作步骤如下：

步骤1：在打开的 MMC 3.0 控制台的"文件"菜单上，单击"添加/删除管理单元"。

步骤2：在"可用的管理单元"列表中点击需要添加的管理单元，然后单击"添加"将该管理单元添加到"所选管理单元"列表中。

步骤3：通过单击管理单元，然后阅读对话框底部"描述"框中的内容来查看任一列表中管理单元的简短描述（某些管理单元可能没有提供描述）。

步骤4：通过在"所选管理单元"列表中单击"管理单元"，然后单击"上移"或"下移"可更改管理单元控制台中管理单元的顺序。

步骤 5：通过在"所选管理单元"列表中单击管理单元，然后单击"删除"可删除管理单元。

步骤 6：完成添加或删除管理单元之后，单击"确定"按钮。

单击"文件 | 保存"命令，保存创建的 MMC，控制台文件以 .msc 为扩展名进行存储。

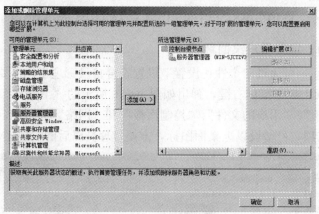

图 1—25　添加或删除管理单元

1.3.2　任务 2：初识服务器管理器

服务器管理器是 Windows Server 2008 扩展的 MMC，使用其可查看和管理影响服务器工作效率的主要信息，如管理服务器的标识和系统信息，显示服务器状态，通过服务器角色配置来识别问题，以及管理服务器上已安装的所有角色。通过服务器管理器控制台可缓解企业对多个服务器角色进行管理和安全保护的压力。

在 Windows Server 2008 系统管理中，有两个重要的概念：角色和功能，它们相当于 Windows Server 2003 中的 Windows 组件，重要的组件划分到 Windows Server 2008 角色，其他服务和服务器功能的实现则划分到 Windows Server 2008 功能。

角色是 Windows Server 2008 中一个新概念，主要是指服务器角色，也就是运行某一个特定服务的服务器角色。当一台硬件服务器安装了某个服务后，那么这台机器就被赋予了某种角色，这个角色的任务是为应用程序、计算机或整个网络环境提供相应的服务。

功能是一些软件程序，它们不直接构成角色，但可以支持或增强角色的应用，甚至增强整个服务器的功能应用。例如，"Telnet 客户端"功能允许通过网络与 Telnet 服务器进行远程通信，从而全面实现服务器的通信应用。

服务器管理器的主界面如图 1—1 所示，主要包含"服务器摘要"、"角色摘要"、"功能摘要"等区域。

（1）"服务器摘要"区域，显示在故障排除期间有关服务器的详细信息，如计算机的名称和网络地址，以及在计算机上运行的操作系统的产品 ID。在"服务器摘要"区域中，可以查看和修改网络连接和系统属性，并启用和配置远程桌面。

（2）"角色摘要"区域，显示在计算机上安装的所有角色的列表。计算机上安装的角色名称显示为超文本；单击角色名称可打开"服务器管理器"主页来管理该角色。若要安装其他角色或删除现有角色，则单击位于"角色摘要"区域右边距的适当命令。此部分中的"转到管理角色"命令可以打开角色主页，在该页面上可以找到有关已安装角色的详细信息，如安装适用于该角色的角色服务、角色的操作状态，以及是否可以读取有关角色的事件消息。

（3）"功能摘要"区域，显示计算机上已安装的功能列表。若要安装其他功能或删除现有功能，则单击"功能摘要"区域右边距中的相应命令。

1.4 项目三：Windows Server 2008 系统环境基本配置

1.4.1 任务1：设置用户桌面环境

首次登录系统后，可通过"个性化设置"设置符合自己管理工作需要的桌面。

步骤1：在桌面上单击鼠标右键，弹出如图1—26所示的"个性化"窗口。首次登录的桌面上没有"计算机"、"用户的文件"、"控制面板"和"网络"等图标，选择"任务"下的"更改桌面图标"选项，可增设以上桌面图标，方便管理员以后的快捷操作。

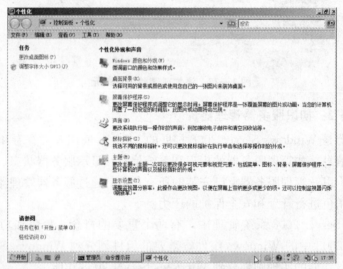

图1—26 "个性化"窗口

步骤2：通过"个性化"窗口中"个性化外观和声音"选项的各个功能应用，包括"Windows 颜色和外观"、"桌面背景"、"屏幕保护程序"、"声音"、"鼠标指针"、"主题"和"显示设置"，实现 Windows Server 2008 用户的详细环境设置。

1.4.2 任务2：更改系统环境变量

对于计算机的应用，各种类型用户所使用的环境是有差异的，这是因为各自配置文件的组成内容不同，即配置文件中各用户的环境变量的设置不同。系统环境变量是操作系统或应用程序所使用的数据，通过环境变量可以使操作系统或应用程序获得该运行平台的重要信息。系统环境变量的值对于登录到系统中的不同用户来讲都是相同的；而用户环境变量则定义了每个登录用户的不同信息，当用户使用不同的账户名登录操作系统时，用户环境变量值是不同的。通过配置环境变量，系统管理员可更好地管理不同用户的登录情况。

步骤1：打开"服务器管理器"，在"服务器摘要"区域，单击"更改系统属性"按钮。

步骤2：在如图1—27所示对话框的"高级"选项卡中，单击"环境变量"按钮。

步骤3：如图1—28所示"环境变量"对话框，其中上部区域是系统中已有的用户环境变量的编辑窗口，下部区域为系统环境变量的编辑窗口。

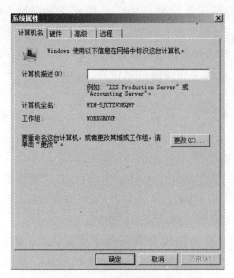

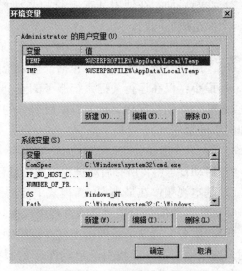

图 1—27　"系统属性"对话框　　　　图 1—28　"环境变量"对话框

1.4.3　任务 3：应用"系统配置"功能排除系统故障

"系统配置"是一种高级工具，用来帮助系统管理员查找 Windows 操作系统非正常启动存在的问题：在禁用常用服务等启动程序的情况下，启动操作系统，然后再逐一启动所需服务程序。

> 提示：可使用二分法快速查找导致问题的服务或程序，即先禁用一般服务程序，观察系统是否运行正常；如果正常，再禁用其余服务程序，这样很快就能找到产生问题的服务或程序。

启动系统配置工具，单击"开始|运行"，在运行对话框中输入"msconfig"，即可打开如图 1—29 所示的系统配置工具主界面。

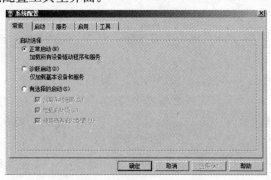

图 1—29　系统配置工具主界面

下面说明系统配置中可用的选项卡及其作用。

（1）"常规"选项卡，列出了启动配置模式选项。

1）正常启动：以正常方式启动操作系统，如果使用其他两种模式解决问题后，要使用此模式启动系统。

2）诊断启动：在使用基本服务和驱动程序的情况下启动系统，此模式帮助排除 Windows 文件造成的问题。

3）有选择的启动：在使用基本服务、驱动程序和选择其他应用服务程序情况下，启动系统。

（2）"启动"选项卡，主要包括操作系统的配置选项和高级调试设置。

1）最小：仅在运行关键系统服务的安全模式下，启动 Windows 图形用户界面。

2）其他外壳：仅在运行关键系统服务的安全模式下，启动 Windows 命令提示（图形界面和网络已禁用）。

3）无 GUI 启动：启动时不显示 Windows 初始屏幕。

4）启动日志：将所有启动进程中的信息存储在%SystemRoot%Ntbtlog. txt 日志文件中。

5）基本视频：在最小 VGA 模式下启动图形用户界面。

6）OS 启动信息：显示启动过程中加载的驱动程序名称。

（3）"服务"选项卡，列出当前计算机中启动并运行的所有服务程序及其状态。可通过使用该选项卡功能，查找引起启动问题的服务。选中"隐藏所有 Microsoft 服务"复选框，在服务列表中仅显示第三方应用程序。

（4）"启用"选项卡，列出计算机启动时运行的应用程序及其发行者的名称、可执行文件的路径、注册表项的位置或运行此应用程序的快捷方式。如果系统管理员怀疑某个应用程序不安全，可查"命令"列获取其存放的路径。

（5）"工具"选项卡，提供可以运行的诊断工具，以及其他高级工具的方便列表。

1.4.4 任务 4：配置、应用本地网络连接

1. 配置并直接使用 TCP/IPv4 进行通信

Windows Server 2008 操作系统在支持 TCP/IPv4 通信协议的基础上，增加了 TCP/IPv6 协议。Windows Server 2008 系统在默认状态下会优先使用 TCP/IPv6 通信协议进行网络连接，而目前对应 TCP/IPv6 通信协议的网络连接应用范围还很小，许多现存网络设备不支持该协议通信（不久的将来，TCP/IPv6 将会成为我们网络环境中的主流通信协议）。这样，Windows Server 2008 系统在发现 TCP/IPv6 通信失败后，会转而尝试使用 TCP/IPv4 进行通信，从而导致网络传输速度慢半拍。

下面操作步骤介绍取消 TCP/IPv6 协议选项，让 Windows Server 2008 直接使用 TCP/IPv4 选项进行通信。

步骤 1：打开"控制面板|网络和共享中心"，如图 1—30 所示。

步骤 2：在"任务"区域下，选择并单击"管理网络连接"，在"本地连接"图标上单击鼠标右键，打开"本地连接属性"窗口，如图 1—31 所示。此时会看到系统默认状态下，"Internet 协议版本 6（TCP/IPv6）"被选中，取消该选项，并保持"Internet 协议版本 4（TCP/IPv4）"与"Microsoft 网络的文件和打印机共享"选项被选中，单击"确定"按钮即可。

2. 配置静态 IP 地址

静态 IP 地址是系统管理员指定的固定计算机 IP 地址。在网络规模不大，且网络中的计算机较为固定时，可使用静态 IP 地址。以下介绍配置静态 IP 地址的步骤。

步骤 1：打开"网络和共享中心"，选择"本地连接"图标，打开"本地连接属性"窗口，如图 1—31 所示，选中"Internet 协议版本 4（TCP/IPv4）"，单击"属性"按钮，如图 1—32 所示。

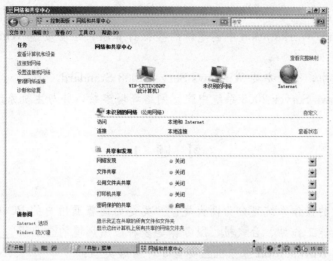

图 1—30　"网络和共享中心"窗口

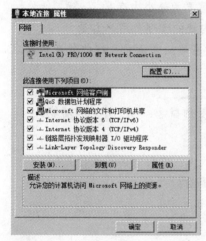

图 1—31　"本地连接属性"窗口

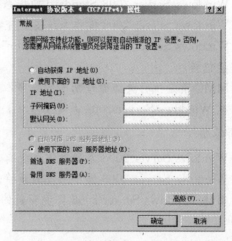

图 1—32　"Internet 协议版本 4（TCP/IPv4）"属性窗口

　　步骤 2：输入指定的 IP 地址、子网掩码、默认网关（网关就是路由器的接口地址）以及 DNS 服务器等相关网络配置参数。点击"高级"按钮，可以给计算机输入多个 IP 地址和网关，如果该计算机所在网络到其他网段有多个出口，则可添加多个网关；如果该网络只有一个出口，默认网关就指定一个。

实训项目 1

1. 实训目的

　　掌握虚拟机软件 VMware Workstation 的使用，学会在 VMware Workstation 中安装 Windows Server 2008 操作系统，熟练掌握 Windows Server 2008 系统环境基本配置。

2. 实训环境

　　局域网，VMware Workstation 工具，Windows Server 2008 ISO 安装文件。

3. 实训内容

（1）在 VMware Workstation 中创建新的虚拟计算机，准备安装 Windows Server 2008 Standard。

（2）在虚拟机中，全新安装 Windows Server 2008 Standard。

（3）在 Windows Server 2008 系统中配置网络环境参数，并与主机系统之间进行网络连接测试。

习 题 1

1. 填空题

（1）微软公司的操作系统可分为两大类：一类是面向普通用户的 PC 桌面操作系统；另一类是应用于高性能工作站、台式机、服务器等多种应用环境的企业级_____。

（2）VMware Workstation 虚拟机主要有 3 种网络类型：_____、NAT 网络和 Host-only 网络。

（3）Windows Server 2008 Standard 操作系统安装所需要的最小内存是_____。

（4）Windows Server 2008 操作系统安装完，系统中内置的管理员用户名是_____。

（5）Windows Server 2008 "Administrator" 用户的新密码必须满足系统的复杂性要求，即密码中要包括_____。

（6）MMC 不是执行具体管理功能的程序，而是一个_____。

（7）在 Windows Server 2008 系统管理中，有两个重要的概念：_____和功能。

2. 简答题

（1）Windows Server 2008 系列操作系统有哪些主要版本？它们的区别是什么？

（2）Windows Server 2008 操作系统的新特性主要有哪些？

（3）简述 Windows Server 2008 环境变量的含义及作用。

第 2 章 本地用户和组管理

教学重点

- 管理本地用户账户
- 管理本地组账户
- 与本地用户相关的安全管理操作

教学情景导读

你是否了解并创建过由一台计算机服务器为成百上千（或是成千上万）名用户同时提供信息共享的环境？如果该计算机的所有物理系统资源为实现共享而提供了一定的物质基础，那么由于其上运行了不合适（或是缺乏用户安全管理功能）的操作系统软件，结果将是无法统筹管理系统资源而造成资源使用的低效甚至无法正常使用。Windows Server 2008 提供的用户账户管理功能机制可以安全解决该问题。作为多用户、多任务的操作系统，Windows Server 2008 拥有一个完备的系统账户和安全、稳定的工作环境，系统所提供的账户类型主要包括用户账户和组账户。用户只有首先登录到系统中，才能够使用系统所提供的资源。系统管理员可根据不同用户的具体使用情况，设立不同的用户账户，设置不同的权限。用户只有通过某个账户才能登录到计算机，并且只能拥有管理员分配给该账户的资源的使用权。

2.1 项目一：管理本地用户账户

用户账户是用来登录到计算机或通过网络访问计算机及网络资源的凭证，它是用户在 Windows Server 2008 操作系统中的唯一标识。如果用户要登录到 Windows Server 2008 计算机系统或者 Windows Server 2008 所支持的网络资源环境，那么必须拥有一个合法的用户账户。Windows Server 2008 通过创建账户（包括用户账户和组账户），并赋予账户合适的权限来保证网络和计算机资源使用的合法性，以确保数据访问、存储的安全需要。

2.1.1 任务 1：理解用户账户管理原理

用户账户是计算机操作系统实现其安全机制的一种重要技术手段，操作系统通过用户账户来辨别用户身份，让具有一定有使用权限的人登录计算机，访问本地计算机资源或从网络访问这台计算机上的共享资源。系统管理员根据不同用户的具体工作情景，指派不同用户以不同的使用权限，从而使用户执行并完成不同的管理任务。因此，运行 Windows Server 2008 系统的计算机，都需要有用户账户才能登录计算机。在 Windows Server 2008 启动运行或登录已运行系统的过程中，都要求用户输入指定的用户账户名和密码，只有用户输入的账户名和密码与本地数据库中的相关信息一致，才允许用户登录到本地计算机或从网络上获取对相关资源的访问权限。

用户登录系统时，本地系统验证用户账户有效性的基本原理：如果用户提供正确的用户名和密码，则本地系统分配给用户一个访问令牌（Access Token），该令牌定义了用户在本地计算机系统的访问权限，资源所在的计算机系统负责对该令牌进行鉴别，以保证用户只能在管理员定义的权限范围内使用本地计算机上的资源。对访问令牌的分配和鉴别是由本地计算机的安全权限功能负责的。

Windows Server 2008 支持两种用户账户：本地用户账户和域用户账户。

本地用户账户是指安装了 Windows Server 2008 的计算机在本地安全目录数据库中建立的账户。使用本地账户只能登录到建立该账户的计算机，并访问该计算机的系统资源。此类账户通常在工作组网络中使用，其显著特点是基于本机的。

域用户账户是建立在域控制器的活动目录数据库中的账户。此类账户具有全局性，可以登录到域网络环境模式中的任何一台计算机，并获得访问该网络的权限。这需要系统管理员在域控制器中，为每个登录到域的用户创建一个用户账户。

另外，Windows Server 2008 还提供内置用户账户（即系统用户账户），用于执行特定的管理任务或使用户能够访问网络资源。Windows Server 2008 系统最常用的两个内置账户是 Administrator 和 Guest。

Administrator 即系统管理员账户，拥有最高的资源使用权限，可以对该计算机或域配置进行管理，如创建修改用户账户和组、管理安全策略、创建打印机、分配用户访问资源的权限等。Administrator 账户是在安装 Windows Server 2008 的过程中创建的，系统默认的名称是 Administrator，用户无法删除它。

Guest 即为临时访问计算机的用户提供的账户。Guest 账户也是在系统安装中自动添加的，并且不能删除。在默认情况下，为了保证系统安全，Guest 账户是禁用的，但在安全性要求不高的网络环境中，可以使用该账户。Guest 账户只拥有很少的权限，系统管理员可以更改其权限。

2.1.2 任务 2：创建用户账户

1. 用户账户创建前的规划

在系统中创建用户账户前，应先制定一个创建账户所遵循的规则或约定，这样便于统一管理账户，提供高效、稳定的系统应用环境。

（1）用户账户命名规则。

1）用户账户命名注意事项。一个良好的用户账户命名策略有助于系统账户的管理。

● 账户名必须唯一：本地账户名称在本地计算机系统中是唯一的。

● 账户名不能包含的字符："?"、"＋"、"＊"、"∧"、"〔〕"、"＝"、"＜"、"＞"等。

● 账户名称最长只能包含 20 个字符。不论用户输入多少个字符，但系统只识别前 20 个字符。

● 用户名不区分大小写。

2）用户账户命名推荐策略。为加强用户管理，在企业应用环境中通常采用下列命名规范。

● 用户全名：建议用户全名以企业员工的真实姓名命名，便于管理员、管理用户账户。比如张玉婷，管理员创建用户账户将其姓指定为"张"，名指定为"玉婷"，则用户在打开"活动目录用户和计算机"时可以方便地查找到该用户账户。

● 用户登录名：用户登录名一般要符合方便记忆和具有安全性的特点。用户登录名一般采用姓的拼音加名的首字母，如将张玉婷登录名命名为 Zhangyt。

（2）用户账户密码设置规则。

1）用户账户密码设置注意事项。

● Administrator 账户必须指定一个密码，并且除系统管理员外的用户不能随便使用该账户。

● 系统管理员在创建用户账户时，可给每个用户账户指定一个唯一的密码。为防止其他用户对其进行更改，该用户在第一次登录时最好修改其登录密码。

2）用户账户密码设置推荐策略。

● 采用长密码：Windows Server 2008 用户账户密码最长可以包含 127 个字符，理论上来说，用户账户密码越长，安全性就越高。

● 采用大小写、数字和特殊字符组合密码：Windows Server 2008 用户账户密码严格区分大小写，采用大小写、数字和特殊字符组合密码将使用户密码更加安全。

2．创建本地用户账户

创建本地用户账户的操作用户必须拥有管理员权限，才可以执行。可以通过使用"计算机管理"中的"本地用户和组"管理单元来创建本地用户账户，创建步骤如下：

步骤 1：单击开始菜单，打开"控制面板"，选择"管理工具"，单击"计算机管理"，打开如图 2—1 所示的"计算机管理"窗口。

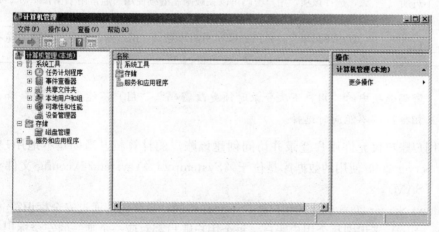

图 2—1　"计算机管理"窗口

步骤 2：在"计算机管理"窗口中，展开"本地用户和组"结点，在"用户"文件夹上单击鼠标右键。选择"新用户"命令，打开如图 2—2 所示的"新用户"对话框。

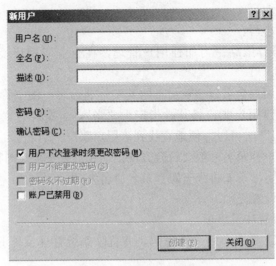

图 2—2　"新用户"对话框

步骤 3：打开"新用户"对话框后，输入用户名、全名、描述和用户密码。指定用户密码选项，单击"创建"按钮新增用户账户。创建完用户后，单击"关闭"按钮返回到"计算机管理"控制台。

表 2—1 详细说明了各个用户密码选项的作用。

表 2—1 　　　　　　　　　　　　　　　用户密码选项说明

选　项	说　明
用户下次登录时须更改密码	选择该项，用户第一次登录时系统会弹出修改密码的对话框，要求用户更改密码
用户不能更改密码	选择该项，系统不允许用户修改密码，只有管理员能够修改用户密码。通常用于多个用户共用一个用户账户，如 Guest 等
密码永不过期	在默认情况下，Windows Server 2008 操作系统用户账户密码最长可以使用 42 天，选择该项，用户密码可以突破限制继续使用。通常用于 Windows Server 2008 的服务账户或应用程序所使用的用户账户
账户已禁用	禁用用户账户，使用户账户不能再登录，用户账户要登录必须清除对该项的选择

注意：密码选项中的"用户下次登录时须更改密码"、"用户不能更改密码"和"密码永不过期"互相排斥，不能同时选择。

本地用户账户仅允许用户登录并访问创建该账户的计算机。当创建本地用户账户时，Windows Server 2008 使用的数据库是位于％Systemroot％\system32\config 文件夹下的安全数据库（SAM）。

Windows Server 2008 创建的用户账户不允许相同，系统内部通过安全标识符（Security Identifiers，SID）来识别每个用户账户。每个用户账户都对应一个唯一的安全标识符，它在用户创建时由系统自动产生。系统分配权限需要使用这个安全标识符。

注意：当删除一个用户账户后，重新创建名称相同的账户并不能获得先前账户的权限。

用户登录后，可以在命令提示符状态下输入"whoami/logonid"命令查询当前用户账户的安全标识符，如图 2—3 所示。

图 2—3　查询当前用户账户的安全标识符

2.1.3　任务 3：设置用户账户属性

为了管理和使用的方便，一个用户账户不仅包括用户名和密码，还包括一些其他属性，如用户隶属的用户组、用户配置文件、用户的拨入权限、终端用户设置等。可以根据需要对账户的属性进行设置。在"本地用户和组"窗口的右侧栏中，双击一个用户，将显示该用户的"用户属性"对话框。图 2—4 所示的是 Administrator 用户的属性设置窗口。

1．"常规"选项卡

在"常规"选项卡中，设置与账户有关的一些描述信息，包括全名、描述、用户密码选项等。管理员可以设置密码选项，如果账户已经被系统锁定，管理员可以解除锁定。

2．"隶属于"选项卡

在"隶属于"选项卡中，设置该账户和组之间的隶属关系，如把账户加入到合适的本地组中，或者将用户从组中删除，如图 2—5 所示。

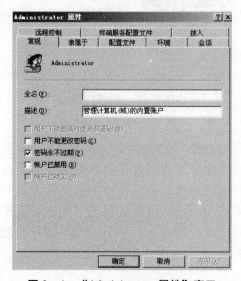

图 2—4　"Administrator 属性"窗口

图 2—5　"隶属于"选项卡

为了管理方便，通常把用户加入到组中，通过设置组的权限统一管理用户的权限。根据需要对用户组进行权限的分配与设置，用户属于哪个组，就具有哪一个组的权限。新增的用户账户默认的是加入到 Users 组中，Users 组的用户通常不具备一些特殊权限（如安装应用程序、修改系统设置等）。因此当为用户分配某些特殊权限时，可以将该用户账户加入到拥有这些权限的组。如果需要将用户从一个或几个组中删除，则单击"删除"按钮。

下面以将本地用户账户"UserA"添加到管理员组为例，介绍添加用户到组的操作步骤。

步骤 1：在"隶属于"选项卡中，单击图 2—5 中的"添加"按钮。

步骤 2：在图 2—6 所示的"选择组"对话框中输入管理员组的名称"Administrators"。单击"检查名称"按钮，检查该名称是否正确，如果输入了错误的组名称，系统将提示找不到该名称。如果没有错误，则该名称会改变为本地计算机名称\组名称。这里单击"检查名称"按钮后，名称会改变为"ABC\Administrator"。

也可以找出可用的组的列表，从中选择需要的组，这样可以不用手动输入组名称。单击图 2—6 中的"高级"按钮，在弹出的窗口中单击"立即查找"按钮，出现可用的组列表，如图 2—7 所示，从列表中选择需要的组即可。

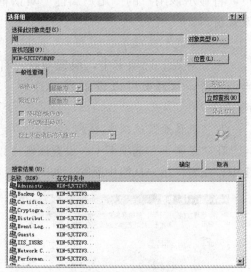

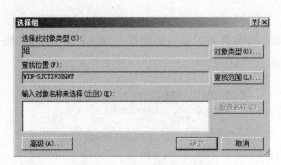

图 2—6　"选择组"对话框　　　　　图 2—7　查找可用的组

3．"配置文件"选项卡

在"配置文件"选项卡中，可以设置用户账户的配置文件路径、登录脚本和主文件夹路径等。用户配置文件是存储当前桌面环境、应用程序设置以及个人数据的文件夹和数据的集合，还包括所有登录到计算机上所建立的网络连接。由于用户配置文件提供的桌面环境与用户最近一次登录到该计算机上所用的桌面相同，因此就保持了用户桌面环境及其他设置的一致性。当用户第一次登录到计算机时，Windows Server 2008 会自动创建一个用户配置文件并将其保存。本地用户账户的配置文件则保存在本地磁盘%Userprofile%文件夹中。

"配置文件"选项卡如图 2—8 所示。下面分别介绍用户配置文件、登录脚本和主文件夹的相关知识。

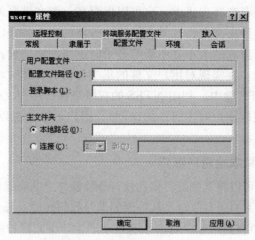

图 2—8 "配置文件"选项卡

（1）用户配置文件有以下几种类型：

1）默认用户配置文件。默认用户配置文件是所有用户配置文件的基础。当用户第一次登录 Windows Server 2008 时，Windows Server 2008 会将本地默认用户配置文件夹复制到％Systemdrive％\Documents and Settings\％Username％中，以作为初始的本地用户配置文件。

2）本地用户配置文件。本地用户配置文件保存在本地计算机上的％Systemdrive％Documents and Settings\Username％文件夹中，所有对桌面设置的改动都可以通过修改本地用户配置文件实现。

3）强制用户配置文件。强制配置文件是一个只读的用户配置文件。当用户注销时，Windows Server 2008 不保存用户在会话期内所做的任何改变。可以为需要同样桌面环境的多个用户定义一份强制配置文件。在配置文件中，隐藏文件 Ntuser. at 包含应用单个用户账户的 Windows Server 2008 的部分系统设置和用户环境设置，管理员可以通过将其改名为 Nmset. man，把该文件属性变成只读型，即创建强制用户配置文件。

4）漫游用户配置文件。通过设置漫游用户配置文件，可以支持用户在多台计算机上工作。漫游用户配置文件只能由系统管理员创建，可以保存在某个网络服务器上，用户无论从哪台计算机登录，均可获得这一配置文件。用户登录时，Windows Server 2008 会将该漫游用户配置文件从网络服务器复制到该用户当前所用的 Windows Server 2008 机器上。因此，用户总是能得到自己的桌面环境设置和网络连接设置。漫游用户配置文件只能在域环境下实现。

在第一次登录时，Windows Server 2008 将所有的文件都复制到本地计算机上。此后，当用户再次登录时，Windows Server 2008 只需比较本地储存的用户配置文件和漫游用户配置文件。这时，系统只复制用户最后一次登录并使用这台计算机时被修改的文件，因此缩短了登录时间。当用户注销时，Windows Server 2008 会把对漫游用户配置文件本地备份所做的修改复制到该漫游配置文件的服务器上。

（2）登录脚本。登录脚本是希望用户登录计算机时自动运行的脚本文件，脚本文件的扩展名可以是 . VBS、. BAT 或 . CMD。

（3）主文件夹。主文件夹是 Windows Server 2008 为用户提供的用于存放个人文档的主文件夹。主文件夹可以保存在客户机上，也可以保存在一个文件服务器的共享文件夹中。用户可以将所有的用户主文件夹都定位在某个网络服务器的中心位置，因为主文件夹不属于漫游配置文件的一部分，所以它的大小并不影响登录时网络的通信量。管理员在设置主文件夹参数时，应考虑以下因素：在实现对用户文件的集中备份和管理时，基于安全性考虑，应将用户主文件夹存放在 NTFS 卷中，利用 NTFS 的权限来保护用户文件（放在 FAT 卷中只能通过共享文件夹权限来限制用户对主目录的访问）。用户可以通过网络中任意一台联网的计算机访问其主文件夹。

2.1.4　任务 4：删除本地用户账户

对于不再需要的账户可以将其删除，但在执行删除操作之前应确认其必要性，因为删除用户账户会丢失与该账户有关的所有信息。从前面的学习我们知道，每个用户都有一个名称之外的唯一的标识符 SID，SID 在新增账户时由系统自动产生，不同账户的 SID 是不同的。由于系统在设置用户权限、访问计算机或网络中的资源时都需要使用 SID，所以一旦用户账户被删除，这些信息也就消失了。即使重新创建一个名称相同的用户账户，也不能获得原来用户账户的权限。系统内置账户如 Administrator、Guest 等是无法删除的。

删除本地用户账户在"计算机管理"控制台中进行，选择要删除的用户账户，执行删除功能，出现如图 2—9 所示对话框，进一步确认即可。

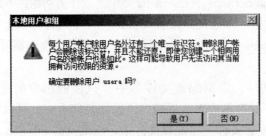

图 2—9　删除本地用户账户对话框

2.2　项目二：管理本地组账户

2.2.1　任务 1：理解组账户含义

组是多个用户、计算机账号、联系人和其他组的集合，也是操作系统实现其安全管理机制的重要技术手段。属于特定组的用户或计算机称为组的成员。使用组可以同时为多个用户账户或计算机账户指派一组公共的资源访问权限和系统管理权限，而不必单独为每个账户指派权限，从而简化管理，提高效率。

需要注意的是，组账户并不用于登录计算机操作系统，用户在登录系统时均使用用户账户，同一个用户账户可以同时为多个组的成员，这样该用户的权限就是所有组权限的合并。

根据创建方式的不同，组可以分为内置组和用户自定义组。内置组是 Windows Server 2008 操作系统自动创建的一些组，拥有系统事先定义好的执行系统管理任务的权限。

关于内置组的相关描述，可以参看系统内容。具体查看的操作：打开"计算机管理"控制台，在"本地用户和组"结点中的"组"文件夹里，查看本地内置的所有组账户，如图 2—10 所示。

图 2—10 查看内置组账户

管理员不但可以根据自己的需要向内置组添加成员或删除内置组成员，而且可以重命名内置组，但不能删除内置组。

2.2.2 任务 2：创建本地用户组

仅使用系统内置组可能无法满足安全性和灵活性的需要。因为通常系统默认的用户组能够满足某些方面的系统管理需要，但是不能满足系统管理的特殊需要，所以管理员必须根据具体情况新增一些组，即用户自定义组。这些组创建之后，就可以像管理系统内置组一样，赋予其权限和增加组成员。只有本地计算机上的 Administrators 组和 Power Users 组成员有权创建本地用户组。在本地计算机上创建本地用户组的步骤如下：

步骤 1：单击开始菜单，打开"控制面板"选择"管理工具"，单击"计算机管理"。

步骤 2：从"计算机管理"控制台中展开"本地用户和组"，在"组"文件夹上单击鼠标右键，选择"新建组"命令，如图 2—11 所示。

步骤 3：在"新建组"窗口中输入组名和描述，然后单击"创建"按钮即可完成创建。

可以在创建用户组的同时向组中添加用户。在图 2—11 所示窗口中，单击"添加"按钮，显示"选择用户"对话框，如图 2—12 所示。在字段中输入成员名称，或者使用"高级"按钮查找用户，然后单击"确定"按钮。

图 2—11 "新建组"对话框

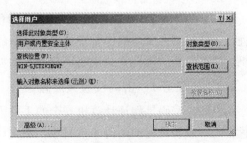

图 2—12 "选择用户"对话框

2.2.3 任务 3：删除、重命名本地组及修改本地组成员

对于系统不再需要的本地组，系统管理员可以将其删除。但是管理员只能删除自己创建的组，而不能删除系统提供的内置组。当管理员删除系统内置组时，将被系统拒绝。

删除本地组的方法：在"计算机管理"控制台中选择要删除的组账户，鼠标右键单击该组，然后选择"删除"，弹出图 2—13 所示的对话框，单击"是"即可。

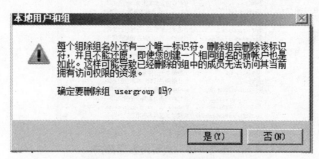

图 2—13 删除本地组账户对话框

每个组都拥有一个唯一的安全标识符，所以一旦删除了用户组，就不能重新恢复，即使新建一个与被删除组有相同名字和成员的组，也不会获得被删除组的权限。

重命名组的操作与删除组的操作类似，只需要在弹出的菜单中选择"重命名"，输入相应的名称即可。

修改本地组成员通常包括向组中添加成员或从组中删除已有的成员。如果要添加成员，则选择相应的组，单击"添加"按钮后选择相应用户即可。如果要删除某组的成员，则双击该组的名称，选择相应要删除的成员，单击"删除"按钮即可。

2.3 项目三：与本地用户相关的安全管理操作

在 Windows Server 2008 中，除了创建账户、设置账户的基本属性、删除账户等管理外，为确保计算机系统的安全，系统管理员还需要应用与账户相关的一些操作对系统安全进行设置，从而达到提高系统安全性的目的。Windows Server 2008 对登录到本地计算机的用户都定义了一些安全设置。所谓本地计算机是指用户登录执行 Windows Server 2008 的计算机，在没有活动目录集中管理的情况下，本地管理员必须为计算机进行设置以确保其安全。例如，要求用户以规定的方式设置密码、通过账户策略设置账户安全性、通过账户锁定策略避免他人登录计算机、指派用户权限等。将这些安全设置分组管理，组成了 Windows Server 2008 的本地安全策略。

Windows Server 2008 的安全设置在"管理工具"提供的"本地安全策略"单元控制台中进行，此控制台可以集中管理本地计算机的安全设置原则。使用管理员账户登录到本地计算机，即可打开"本地安全策略"控制台，如图 2—14 所示。

2.3.1 任务 1：密码设置策略管理

用户账户密码是保证计算机安全的重要手段。如果用户账户（特别是管理员账户）没有设置密码，或者设置的密码非常简单，那么计算机系统将很容易被非授权用户登录侵入，进而访问计算机资源或更改系统配置。目前互联网上的很多攻击都是因为密码设置得过于简单

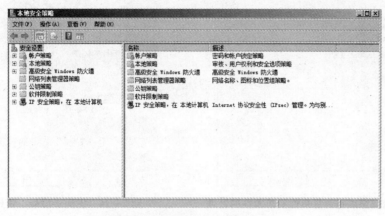

图 2—14   "本地安全策略"窗口

或根本没有设置密码造成的，因此应该设置合适的密码，从而保证系统的安全。Windows Server 2008 的密码强度原则主要包括以下 4 项：密码必须符合复杂性要求、密码长度最小值、密码使用期限和强制密码历史。下面分别介绍这些项的含义和设置方法。

1. 密码必须符合复杂性要求

要使本地计算机启用"密码必须符合复杂性要求"，只要在"本地安全策略"中选择"账户策略|密码策略"，双击右边子窗口的"密码必须符合复杂性要求"，选择"已启用"，单击"确定"按钮即可，如图 2—15 所示。配置其他策略时，在右边选择相应的选项即可。配置"密码必须符合复杂性要求"选项时，密码必须符合以下最低要求：

（1）不包含全部或部分的用户账户名。

（2）长度至少为六个字符。

（3）包含来自以下四个类别中的三个字符：英文大写字母（A～Z）；英文小写字母（a～z）；10 个基本数字（0～9）；非字母字符（如!、#、$、%等）。

对于工作组环境中的 Windows 系统，默认密码没有启用密码符合复杂性要求，用户可以使用空密码或简单密码，如"12345"、"password"等，但是黑客很容易通过一些扫描工具得到系统管理员的密码。对于网络环境下的 Windows Server 2008，默认启用了密码符合复杂性要求。

2. 密码长度最小值

该安全设置确定用户账户的密码可以包含的最少字符数。可以设置为 1～14 的某个值，或者将字符数设置为 0，即不需要密码。在工作组环境的服务器上，默认值是 0，对于域环境的系统，默认值是 7。为了系统的安全，最好设置最小密码长度为 6 或更长的字符，如图 2—16 所示设置的密码最小长度为 8 个字符。

3. 密码使用期限

密码使用期限分密码最长使用期限和密码最短使用期限两种。密码最长使用期限确定系统要求用户更改密码之前可以使用该密码的时间（单位为天）。密码最短使用期限确定用户可以更改密码之前必须使用该密码的时间（单位为天），可设置 1～998 的某个值。如果设置为 0，则表明允许立即修改密码。密码最短使用期限设置的值必须小于密码最长使用期限设置的值。如果密码最短使用期限设置为 0，则密码最长使用期限可以是 1～998 的任何值。默认密码最长有效期为 42 天，默认密码最短有效期为 0 天。

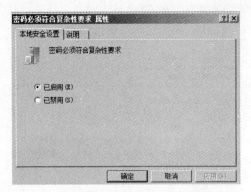

图 2—15　密码必须符合复杂性要求属性的管理

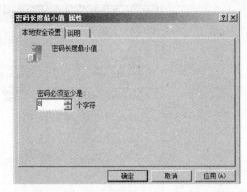

图 2—16　密码长度最小值属性的管理

4. 强制密码历史

重新使用旧密码之前，该安全设置确定某个用户账户所使用的新密码不能与该账户最近所使用的旧密码一致。例如，将强制密码历史设置为 4，即系统会记住最后 4 个用户设置过的密码，当用户修改密码时，如果为最后 4 个密码之一，系统将拒绝用户的要求。该值必须为 0～24 的一个数。该策略通过确保旧密码不能在某段时间内重复使用，使用户账户更安全。强制密码历史设置如图 2—17 所示，默认强制密码历史为 0 个。

2.3.2　任务 2：账户锁定策略管理

账户锁定策略指用户设置什么时候及多长时间内账户将在系统中被锁定不能使用。Windows Sever 2008 在默认情况下，没有对账户锁定进行设定，为了保证系统的安全，最好设置账户锁定策略。账户锁定策略包括如下设置：账户锁定时间、账户锁定阈值和复位账户锁定计数器。

账户锁定时间设置，确定被锁定的账户在自动解锁前保持锁定状态的分钟数。有效范围是 0～99 999 分钟。如果将账户锁定时间设置为 0，那么在管理员明确将其解锁前，该账户将被锁定。如果定义了账户锁定阈值，则账户锁定时间必须大于或等于重置时间。默认值为无。因为只有指定了账户锁定阈值，该策略设置才有意义。

账户锁定阈值设置，确定被锁定的账户登录失败尝试的次数。登录尝试失败的范围为 0～999。如果将此值设为 0，则将无法锁定账户。对于使用 Ctrl＋Alt＋Delete 组合键或带有密码的屏幕保护程序锁定的工作站或成员服务器，失败的密码尝试将计入失败的登录尝试次数中，默认值为 0。可以设置为 5 次或更多的次数以确保系统安全，如图 2—18 所示。

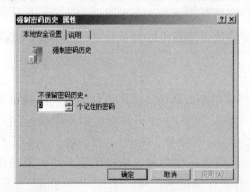

图 2—17　强制密码历史属性的管理

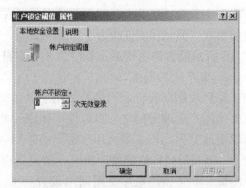

图 2—18　账户锁定阈值的修改

　　复位账户锁定计数器设置，确定在尝试登录失败之后登录尝试失败计数器被复位为 0（即 0 次失败登录尝试）之前所需的分钟数。有效范围为 1～99 999 分钟。如果定义了账户锁定阈值，则该复位时间必须小于或等于账户锁定时间，默认值为无，因为只有指定了"账户锁定阈值"，该策略设置才有意义。

实训项目 2

　　1. 实训目的

　　熟练掌握 Windows Server 2008 本地用户账户、组账户的创建与管理，以及常用的账户安全管理设置方法。

　　2. 实训环境

　　安装了 Windows Server 2008 操作系统的计算机。

　　3. 实训内容

　　(1) 通过"计算机管理"控制台添加本地账户 MyUser1、MyUser2、MyUser3，在创建时分别为三个用户选择不同的用户密码选项。

　　(2) 用不同的用户账户登录系统。

　　(3) 删除用户账户 MyUser3。

　　(4) 创建组 MyGroup1 和 MyGroup2。

　　(5) 将 (1) 中创建的用户账户 MyUser1 加入到组 MyGroup1 和 MyGroup2 中，MyUser2 加入到 Administrators 组中。

　　(6) 将 MyGroup2 重命名为 MyGroup3，将 MyUser1 从中移除。

　　(7) 删除组账户 MyGroup3。

　　(8) 从开始的"管理工具"功能提供的"本地安全策略"打开控制台。

　　(9) 对 MyUser1 进行密码安全设置、对 MyUser2 进行账户锁定安全设置，体会各种设置，尤其是设置为特殊值的效果。

习　题　2

　　1. 填空题

　　(1) 用户要登录到 Windows Server 2008 计算机系统，必须拥有一个合法的_____。

　　(2) Windows Server 2008 系统最常用的两个内置账户是_____和_____。

　　(3) 使用_____可以同时为多个用户账户或计算机账户指派一组公共的权限。

　　(4) 用户必须拥有_____权限，才可以创建用户账户。

　　(5) 用户登录后，可以在命令提示符状态下输入_____命令查询当前用户账户的安全标识符。

　　(6) _____是存储当前桌面环境、应用程序设置以及个人数据的文件夹和数据的集合。

　　2. 简答题

　　(1) Windows Server 2008 的用户账户有哪几种类型？其含义是什么？

　　(2) 简述使用组技术管理用户账户的原因。

　　(3) 用户配置文件有哪几种类型？各有什么作用？

　　(4) Windows Server 2008 关于用户账户管理的本地安全策略主要有哪些？

第3章 文件系统管理

教学重点

- 文件系统的内涵
- NTFS 文件系统管理

教学情景导读

计算机系统中最为重要的资源就是数据资源，许多计算机操作系统都是通过自身的文件系统来为用户提供数据信息服务的，并且支持其自身独具特色的文件类型。Windows Server 2008 使用不同于其他操作系统的 NTFS 文件类型，在文件系统管理、安全等方面提供了强大的功能，用户可以很方便地在计算机或者网络上使用、管理、共享和保护文件及文件资源。本章将介绍 Windows Server 2008 文件系统相关方面的内容，主要介绍文件系统的基本概念，NTFS 文件系统与 FAT 文件系统的区别，NTFS 文件系统在安全方面的特性，如何在 Windows Server 2008 内配置 NTFS 的权限，以及如何实现文件系统的加密。

3.1 文件系统概述

所谓文件系统，是操作系统在存储设备上按照一定原则组织、管理数据所用的结构和机制。文件系统规定了计算机对文件和文件夹进行操作处理的各种标准和机制，用户对于所有文件和文件夹的操作都是通过文件系统来完成的。

磁盘或分区和操作系统所包括的文件系统是不同的，在所有的计算机系统中，都存在一个相应的文件系统。FAT、FAT32 文件系统是随着计算机各种软、硬件的发展而生成的文件系统，它们所能管理的文件的最大尺寸及磁盘空间总量都有一定的局限性。从 Windows NT 开始，采用了一种新的文件系统：NTFS 文件系统，它比 FAT、FAT32 功能更加强大，在文件大小、磁盘空间、安全可靠等方面都有了较大的进步。在日常工作中，我们常会听到这种说法，"我的硬盘是 FAT 格式的"、"C 盘是 NTFS 格式的"，这是不恰当的，NTFS 或是 FAT 并不是格式，而是文件管理的系统类型。一般刚出厂的硬盘没有任何类型文件系统，在使用之前必须首先利用相应的磁盘分区工具对其进行分区且格式化后才会有一定类型的文件系统。由此可见，无论硬盘有 1 个分区还是多个分区，文件系统都是对应分区的，而不是对应硬盘的。Windows Server 2008 的磁盘分区一般支持 3 种文件系统：FAT、FAT32 和 NTFS。

在安装 Windows Server 2008 之前，应该先选择文件系统。Windows Server 2008 支持使用 FAT 和 FAT32 文件系统、NTFS 文件系统。下面将对这两类文件系统进行简单介绍。

3.1.1 FAT 和 FAT32 文件系统

FAT（File Allocation Table）是"文件分配表"的意思，就是用来记录文件所在位置的表格。FAT 文件系统最初用于小型磁盘和简单文件结构的简单文件系统。FAT 文件系统得名于它的组织方式：放置在分区起始位置的文件分配表。为确保正确装卸启动系统所必需的文件，文件分配表和根目录必须存放在磁盘分区的固定位置。文件分配表对于硬盘的使用是非常重要的，假若丢失文件分配表，那么硬盘上的数据就会因为无法定位而不能使用了。

FAT 通常使用 16 位空间来表示每个扇区（Sector）配置文件的情形，FAT 由于受到先天的限制，因此每超过一定容量的分区之后，它所使用的簇（Cluster）大小就必须扩增，以适应更大的磁盘空间。簇是磁盘空间的配置单位，就如图书馆内一格一格的书架一样。每个要保存的文件都必须配置足够数量的簇，才能存放到磁盘中。通过使用"Format"命令，用户可以指定簇的大小。一个簇存放一个文件后，其剩余的空间不能再被其他文件利用。所以在使用磁盘时，无形中都会或多或少损失一些磁盘空间。

在运行 MS-DOS、OS/2、Windows 95/98 时，FAT 文件系统是最佳的选择。需要注意的是，在不考虑簇大小的情况下，使用 FAT 文件系统的分区不能大于 2GB，因此 FAT 文件系统最好用在较小的分区上。由于 FAT 额外开销的原因，在大于 512MB 的分区内不推荐使用 FAT 文件系统。

FAT32 使用 32 位空间来表示每个扇区（Sector）配置文件的情形。利用 FAT32 所能使用的单个分区，最大可达到 2TB（2048GB），而且各种大小的分区所能用到的簇的大小也恰如其分，这些优点使 FAT32 系统在硬盘的使用上有更高的效率。例如，两个分区容量都为 2GB，一个分区采用了 FAT 文件系统，另一个分区采用了 FAT32 文件系统。采用 FAT 分区的簇大小为 32KB，而采用 FAT32 分区的簇只有 4KB。那么 FAT32 就比 FAT 的存储效率要高很多，通常情况下可以提高 15%。

FAT32 文件系统可以重新定位根目录，同时 FAT32 分区的启动记录包含在一个含有关键数据的结构中，减少了计算机系统崩溃的可能性。

使用 FAT32 文件系统也有一定的限制，主要表现在以下几个方面：

（1）与操作系统有限的兼容性。目前，支持 FAT32 的操作系统有 Windows 95、Windows 98、OS/2、Windows Me、Windows 2000、Windows XP、Windows Server 2003 和 Windows Server 2008，一些 Unix/Linux 版本也对 FAT32 提供有限支持。其他操作系统则不能读取 FAT32 的分区。例如，以 DOS 6.X 启动盘开机，硬盘中的 FAT32 分区就会凭空消失，完全看不到这个分区。

（2）虽然与 FAT 相比 FAT32 可以支持的磁盘容量达到 2TB（2048GB），但是 FAT32 不能支持小于 512MB 的分区。

（3）一些版本较旧的软件不能在 FAT32 的分区中执行，如 Office 95 等。

（4）不能在 FAT32 分区中做磁盘压缩，如在 Windows 98 中使用磁盘压缩是行不通的。

需要注意的是，这种分区方式还有明显的缺点，由于文件分配表的扩大，FAT32 运行速度比 FAT 慢。此外，FAT 和 FAT32 不能较好地集成，当分区变大时，文件分配表也随之变大，这就相应增加了系统重新启动的时间。因此，在 Windows Server 2008 中不支持用户使用格式化程序来创建超过 32GB 的 FAT32 分区。

3.1.2　NTFS 文件系统

NTFS（New Technology File System）是 Windows Server 2008 推荐使用的高性能文件系统，支持许多新的文件安全、存储和容错功能，而这些功能正是 FAT 和 FAT32 所缺少的，它支持文件系统大容量地存储媒体、长文件名。NTFS 文件系统的设计目标是在容量大的硬盘上能够快速执行如读/写、搜索文件等标准操作。NTFS 还支持文件系统恢复等高级操作。

NTFS 文件系统不仅支持企业环境中文件服务器和高端个人计算机所需的安全特性，还支持对于关键数据完整性十分重要的数据访问控制和私有权限。NTFS 是 Windows Server 2008 中唯一允许为单个文件指定权限的文件系统。

像 FAT 文件系统一样，NTFS 文件系统使用簇作为磁盘分配的基本单元。在 NTFS 文件系统中，默认的簇大小取决于卷的大小。在"磁盘管理器"中，用户可以指定簇最大为 4KB。

NTFS 是以卷为基础的，卷建立在磁盘分区之上。分区是磁盘的基本组成部分，是一个能够被格式化和单独使用的逻辑单元。当以 NTFS 文件系统来格式化磁盘分区时就创建了 NTFS 卷。一个磁盘可以有多个卷，一个卷也可以由多个磁盘组成。需要注意的是，当用户从 NTFS 卷移动或复制文件到 FAT 卷时，这些文件的 NTTS 文件系统权限和其他特有属性将会丢失。

NTFS 文件系统最为重要的是，它是一个基于安全性的文件管理系统，建立在保护文件和目录数据基础之上，同时兼顾节省存储资源、减少磁盘占用量，是一种先进的文件系统。早期的 Windows NT 4.0 采用的就是 NTFS 4.0 文件系统，它使系统的安全性得到了很大提高。Windows 2000/XP、Windows Server 2008 采用的是新版本的 NTFS 文件系统。NTFS 使用户不但可以像 Windows 9X 那样方便快捷地操作和管理计算机，同时也可享受到 NTFS 所带来的系统安全性。NTFS 的特点主要体现在以下几个方面：

（1）NTFS 是一个日志文件系统，这意味着除了向磁盘中写入信息，该文件系统还会为所发生的所有改变保留一份日志。这一功能让 NTFS 文件系统在发生错误时（如系统崩溃或电源供应中断）更容易恢复。在 NTFS 分区上，用户很少需要运行磁盘修复程序，NTFS 通过使用标准的事务处理日志和恢复技术来保证分区的一致性。发生系统失败事件时，NTFS 使用日志文件和检查点信息的自动恢复功能保持文件系统的一致性。

（2）良好的安全性是 NTFS 另一个引人注目的特点，这也是 NTFS 成为 Windows 网络中最常用的文件系统的主要原因。NTFS 的安全系统非常强大，可以对文件系统中对象的访问权限（允许或禁止）做非常精确的设置。在 NTFS 卷上，可以为共享资源、文件夹以及文件设置访问许可权限。许可权限的设置包括两方面的内容：一是允许哪些组或用户对文件夹、文件和共享资源进行访问；二是获得访问许可的组或用户可以进行什么级别的访问。访问许可权限的设置不仅适用于本地计算机的用户，而且也应用于通过网络的共享文件夹对文件进行访问的网络用户。与 FAT32 文件系统下对文件夹或文件进行的访问相比，其安全性要高得多。另外，在采用 NTFS 的 Windows Server 2008 中，用审核策略可以对文件夹、文件以及活动目录对象进行审核，审核结果记录在安全日志中。通过安全日志就可以查看组或用户对文件夹、文件或活动目录对象进行了什么级别的操作，从而发现系统可能面临的非法访问，通过采取相应的措施，将这种安全隐患降到最低。这些在 FAT32 文件系统下是不能实现的。

（3）NTFS 支持对卷、文件夹和文件的压缩。任何基于 Windows 的应用程序在对 NTFS 卷上的压缩文件进行读/写时，都不需要事先由其他程序进行解压缩，文件将自动进行解压缩，文件关闭或保存时也会自动对文件进行压缩。

（4）在 Windows Server 2008 的 NTFS 文件系统中可以进行磁盘配额管理。磁盘配额是指管理员对用户所能使用的磁盘空间进行配额设置，每一用户只能使用最大配额范围内的磁盘空间。设置磁盘配额后，可以对每一用户的磁盘使用情况进行跟踪和控制，通过监测标识出超过配额报警阈值的用户，从而采取相应的措施。磁盘配额管理功能使管理员可方便合理地为用户分配存储资源，避免了由于磁盘空间使用失控造成的系统崩溃，提高了系统的安全性。

（5）对大容量的驱动器有良好的扩展性。在磁盘空间使用方面，与 FAT 32 相比，NTFS 的效率非常高。NTFS 采用了更小的簇，可以更高效地管理磁盘空间，最大限度地避免了磁盘空间的浪费。因此，NTFS 中最大驱动器的尺寸远远大于 FAT，且 NTFS 的性能和存储效率并不像 FAT 那样随着驱动器尺寸的增大而降低。

Windows Server 2008 提供的系统工具，可以很轻松地把分区转化为新版本的 NTFS 文件系统。即使以前的分区使用的是 FAT 或 FAT32，在安装 Windows Server 2008 时通过安装向导的帮助下也可完成所有操作：安装程序会检测现有的文件系统，如果是 NTFS，则自动进行转换；如果是 FAT 或 FAT32，则会提示安装者是否转换为 NTFS。用户也可以在安装完毕之后使用 Convert. exe 来把 FAT 或 FAT32 分区转化为 NTFS 分区。无论是在运行安装程序过程中还是在运行安装程序之后，这种转换都不会使用户的文件受到损害。

3.2 项目：NTFS 文件系统管理

3.2.1 任务 1：理解 NTFS 权限

Windows Server 2008 在 NTFS 类型卷上提供了 NTFS 权限管理功能，允许为每个用户或组指定 NTFS 权限，以保护文件和文件夹资源的安全。通过允许、禁止或是限制访问某些文件和文件夹，NTFS 权限提供了对资源的保护。不论用户是访问本地计算机上的文件、文件夹资源，还是通过网络来访问，NTFS 权限都是有效的。

NTFS 权限可以实现高度的本地安全性，即通过对用户或组赋予 NTFS 权限，可以有效地控制用户对文件和文件夹的访问。NTFS 卷上的每一个文件和文件夹都有一个列表，称为访问控制列表（Access Control List，ACL），该列表记录了每一用户和组对该资源的访问权限。当用户要访问某一文件资源时，ACL 必须包含该用户或组的入口，只有入口允许的访问类型与请求的访问类型一致时，才允许用户访问该文件资源。如果在 ACL 中没有合适的入口，那么该用户就无法访问该文件资源。

Windows Server 2008 的 NTFS 许可权限包括普通权限和特殊权限。

（1）NTFS 的普通权限有读取、列出文件夹内容、写入、读并且执行、修改、完全控制，以下将对它们分别进行说明：

1) 读取：允许用户查看文件或文件夹所有权、权限和属性，但不能修改文件内容。

2) 列出文件夹内容：仅文件夹有此权限，可查看文件夹下子文件和文件夹的属性和权限，读取文件夹下子文件内容。

3) 写入：授权用户可以对一个文件进行写操作。

4) 读并且执行：用户可以运行可执行文件，包括脚本。

5) 修改：用户可以查看并修改文件或者文件属性，包括在目录下增加或删除文件，以及修改文件属性。

6) 完全控制：用户可以修改、增加、移动或删除文件，能够修改所有文件和文件夹的权限设置。

（2）NTFS 的特殊权限包括以下内容：

1) 遍历文件夹/运行文件："遍历文件夹"允许或拒绝通过文件夹移动以到达其他文件或文件夹（即使用户没有禁止的文件夹）的权限（仅适用于文件夹）。只有当"组策略"管理单元中没有授予组或用户"忽略通过检查"用户权限时，禁止文件夹才起作用（默认情况下，授予 Everyone 组"忽略通过检查"用户权限）。对于文件，"运行文件"允许或拒绝运行程序文件（仅适用于文件）。设置"遍历文件夹"权限不会自动设置该文件夹中所有文件的"运行文件"权限。

2) 列出文件夹/读取数据：允许或拒绝用户查看文件夹内容列表或数据文件。

3) 读取属性：允许或拒绝用户查看文件或文件夹的属性，如只读或者隐藏，属性由 NTFS 定义。

4) 读取扩展属性：允许或拒绝用户查看文件或文件夹的扩展属性。扩展属性由程序定义，可能因程序而变化。

5) 创建文件/写入数据："创建文件"权限允许或拒绝用户在文件夹内创建文件（仅适用于文件夹）；"写入数据"允许或拒绝用户修改文件（仅适用于文件）。

6) 创建文件夹/附加数据："创建文件夹"允许或拒绝用户在文件夹内创建文件夹（仅适用于文件夹）。"附加数据"允许或拒绝用户在文件的末尾进行修改，但是不允许用户修改、删除或者改写现有的内容（仅适用于文件）。

7) 写入属性：允许或拒绝用户修改文件或者文件夹的属性，比如只读或者是隐藏，属性由 NTFS 定义，而不可以创建或删除文件或文件夹。要允许（或者拒绝）创建或删除操作，可参阅"创建文件/写入数据"、"创建文件夹/附加数据"、"删除子文件夹及文件"和"删除"。

8) 写入扩展属性：允许或拒绝用户修改文件或文件夹的扩展属性，而不可以创建或删除文件或文件夹。扩展属性由程序定义，可能因程序而变化。要允许（或者拒绝）创建或删除操作，可参阅"创建文件/写入数据"、"创建文件夹/附加数据"、"删除子文件夹及文件"和"删除"。

9) 删除子文件夹及文件：允许或拒绝用户删除子文件夹和文件。

10) 删除：允许或拒绝用户删除文件夹和文件（如果用户对于某个文件或文件夹没有删除权限，但是拥有删除子文件夹和文件权限，仍然可以删除文件夹和文件）。

11) 读取权限：允许或拒绝用户对文件或文件夹读的权限，如完全控制、读或写权限。

12）修改权限：允许或拒绝用户修改该文件或文件夹的权限分配，如完全控制、读或写权限。

13）获得所有权：允许或拒绝用户获得对该文件或文件夹的所有权。无论当前文件或文件夹的权限分配状况如何，文件或文件夹的拥有者都具有管理所有文件或文件文件夹的最高权限。

14）同步：允许或拒绝不同线程的等待文件或文件夹的句柄，并与另一个向它发信号的线程同步。该权限只用于多线程、多进程程序。

NTFS 的普通权限由更小的特殊权限元素组成。管理员可以根据需要利用 NTFS 特殊权限进一步控制用户对 NTFS 文件或文件夹的访问。

上述权限设置中比较重要的是修改权限和获得所有权，通常情况下，这两个特殊权限要慎重使用，一旦赋予了某个用户修改权限，便可以改变相应文件或者文件夹的权限设置。同样，一旦赋予了某个用户所有权权限，他就可以作为文件或文件夹的所有者对其进行查阅并更改。

3.2.2 任务 2：设置 NTFS 权限

只有 Administrators 组内的成员、文件和文件夹的所有者、具备完全控制权限的用户，才有权更改文件或文件夹的 NTFS 权限。设置方法：打开"资源管理器"或"计算机"，在 NTFS 卷上指定要设置 NTFS 权限的文件夹或文件，单击鼠标右键，在弹出的菜单中选择"属性"命令，在随后出现的"属性"对话框中单击"安全"选项卡，在图 3—1 所示的选项卡上进行 NTFS 权限设置。

进行 NTFS 权限设置实际上就是设置"谁"有"什么"权限，图 3—1 所示的选项卡上端的窗口和按钮用于选取用户和组账户，解决"谁"的问题；下端的窗口和按钮则为已选中的用户或组设置相应的权限，解决"什么"的问题。

1. 添加/删除用户和组

若要添加权限用户，单击"编辑|添加"按钮，出现如图 3—2 所示的对话框，在这个对话框中可以直接在文本框中输入用户或组账户名称。

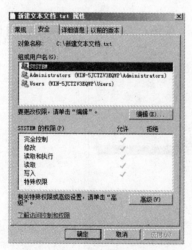

图 3—1 "安全"选项卡

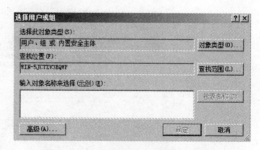

图 3—2 "选择用户或组"对话框

以选取的方式添加用户或组账户名称的方法是：单击"高级"按钮，在图 3—3 所示的对话框中单击"对象类型"按钮缩小搜索账户类型的范围，然后单击"位置"按钮搜索账户的位置,最后单击"立即查找"按钮。搜索完成后在"搜索结果"窗口中,用鼠标选取需要的账户,可以按住 Shift 键连续选取或者按住 Ctrl 键间隔选取多个账户,最后单击"确定"按钮,返回再次单击"确定"按钮完成账户选取操作。此时,在"属性"对话框的"安全"选项卡上端的窗口中已经可以看到新添加的用户和组,如图 3—4 所示。若要删除权限用户或组,在图 3—4 的组或用户名列表中选择这个用户或组,单击"删除"按钮即可。

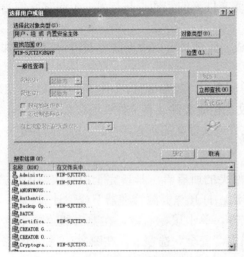

图 3—3 以查找方式添加用户或组

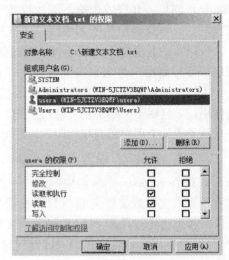

图 3—4 "安全"选项卡

2. 为用户和组设置权限

若要设置一个账户的 NTFS 权限,则在如图 3—4 所示的对话框上端选取该账户,就可以在下端的窗口中对其设置相应的 NTFS 权限。在该对话框中显示的是 NTFS 标准权限,对于每一种标准权限,对钩表示"允许",没有对钩表示"拒绝",已经用灰色的对钩选中的权限表示这种默认的权限设置是从父对象继承的,选项继承了该用户或组对该文件或文件夹在上一级文件夹所设置的 NTFS 权限。

如果需要进一步设置 NTFS 权限,可以单击"高级"按钮,在如图 3—5 所示的对话框中进行设置。

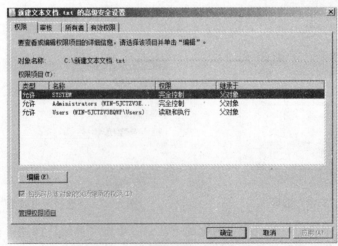

图 3—5 NTFS 权限的高级设置

3. NTFS 权限的应用规则

管理员可以根据需要赋予用户访问 NTFS 文件或文件夹的权限，同时管理员也可以赋予用户所属组访问 NTFS 文件或文件夹的权限。用户访问 NTFS 文件或文件夹时，其有效权限必须通过相应的应用原则来确定。NTFS 权限的应用遵循以下几个原则：

（1）NTFS 权限是累加的。用户对某个 NTFS 文件或文件夹的有效权限，是用户对该文件或文件夹的 NTFS 权限和用户所属组对该文件或文件夹的 NTFS 权限的组合。如果一个用户同时属于两个组或者多个组，而各个组对同一个文件资源有不同的权限，这个用户会得到各个组的累加权限。假设用户 Jack 属于 A 和 B 两个组，A 组对某文件有读取权限，B 组对此文件有写入权限，而 Jack 的自己对此文件有修改权限，那么 Jack 对此文件的最终权限为"读取＋写入＋修改"。

（2）文件权限超越文件夹权限。当一个用户对某个文件及其父文件夹都拥有 NTFS 权限时，如果用户对父文件夹的权限小于对文件的权限，那么该用户对该文件的有效权限以对文件权限为准。例如，folder 文件夹包含 file 文件，用户 Jack 对 folder 文件夹有列出文件夹内容的权限，对 file 有写的权限，那么 Jack 访问 file 时的有效权限则为写。

（3）拒绝权限优先于其他权限。管理员可以根据需要拒绝指定用户访问指定文件或文件夹，当系统拒绝用户访问某文件或文件夹时，不管用户所属组对该文件或文件夹拥有什么权限，用户都无法访问该文件或文件夹。

假设用户 Jack 属于 A 组，管理员赋予 Jack 对某一文件拒绝写的权限，赋予 A 组对该文件完全控制的权限，那么 Jack 访问该文件时，其有效权限则为读。又如，Jack 属于 A 和 B 两个组，Jack 对某一文件有写入权限、A 组对此文件有读取权限，但是 B 组对此文件为拒绝读取权限，那么 Jack 对此文件只有写入权限。如果 Jack 对此文件只有写入权限，此时 Jack 的写入权限有效吗？答案很明显，Jack 对此文件的写入权限无效，因为无法读取是不可能写入的。

（4）文件权限的继承。当用户对文件夹设置权限后，在该文件夹中创建的新文件和子文件夹将自动默认继承这些权限。从上一级继承下来的权限是不能直接修改的，只能在此基础上添加其他权限，也就是不能把权限上的对钩去掉。灰色的框为继承的权限，是不能直接修改的，白色的框是可以添加的权限。

如果不希望子文件夹或文件继承父文件夹或文件的权限，可以在为父文件夹和文件设置权限时，设置为"不继承父文件夹"权限，这样子文件夹或文件的权限将改为用户直接设置的权限。从而避免了由于疏忽或者没有注意到而产生的传播反应，导致后门大开，让一些人有机可乘。

（5）复制或移动文件或文件夹时权限的变化。文件或文件夹的移动、复制操作对权限的继承会产生影响，主要体现在以下几个方面：

1）在同一个卷内移动文件或文件夹时，此文件或文件夹会保留原位置的 NTFS 权限；在不同的 NTFS 卷之间移动文件或文件夹时，文件或文件夹会继承目的卷中文件夹的权限。

2）当复制文件或文件夹时，不论是否复制到同一卷还是不同卷，都将继承目的卷中文件夹的权限。

3）当从 NTFS 卷向 FAT 分区复制或移动文件或文件夹时将导致文件或文件夹权限的丢失。

在实际复制或移动文件夹或文件前，应确保拥有移动、复制文件或文件夹的权限。假如没有移动、复制文件或文件夹的权限，即使作为一名管理员也无法对该文件或文件夹进行操作。但是，如果先获得了文件夹或文件的所有权，然后再分配给自己必要的权限就可以操作了。

4. NTFS 权限与共享权限的组合权限

NTFS 权限与共享权限都会影响用户获取网上资源的能力。共享权限只对共享文件夹的安全性做控制，即只控制来自网络的访问，适合于 FAT 和 FAT32 文件系统。NTFS 权限则对所有文件和文件夹做安全控制（无论访问来自本地主机还是网络），但只适用于 NTFS 文件系统。当共享权限和 NTFS 权限冲突时，以两者中最严格的权限设定为准。需要强调的是，在 Windows XP、Windows Server 2008 及后续的 Windows 版本中，系统所默认的共享权限都是只读，这样通过网络访问 NTFS 卷所能获得的权限就受到了限制。

共享权限有三种：读取、更改和完全控制。Windows Server 2008 默认的共享文件设置权限是 Everyone 组的用户只具有读取权限。而 Windows 2000 默认的共享文件设置权限是 Everyone 组的用户具有完全控制权限。下面解释三种权限：

（1）读取：读取权限是指派给 Everyone 组的默认权限，可实现以下操作：

1）查看文件名和子文件夹名。

2）查看文件中的数据。

3）运行程序文件。

（2）更改：更改权限不是任何组的默认权限。更改权限除允许所有的读取权限外，还增加了以下权限：

1）添加文件和子文件夹。

2）更改文件中的数据。

3）删除子文件夹和文件。

（3）完全控制：完全控制权限是指派给本机 Administrators 组的默认权限。完全控制权限除允许全部读取权限外，还具有更改权限。

与 NTFS 权限一样，如果赋予某用户或组拒绝的权限，则该用户或该组的成员将不能执行被拒绝的操作。

当用户从本地计算机直接访问文件夹时，将不受共享权限的约束，只受 NTFS 权限的约束。当用户从网络访问一个存储在 NTFS 文件系统上的共享文件夹时，则会受到 NTFS 权限与共享权限的约束，而有效权限是最严格的权限。同样，这里也要考虑到两个权限的冲突问题。例如，共享权限为只读，NTFS 权限是写入，那么最终权限是完全拒绝，这是因为这两个权限的组合权限是两个权限的交集。

共享权限只对通过网络访问的用户有效，所以需要与 NTFS 权限配合（如果分区是 FAT/FAT32 文件系统，则不需要考虑）才能严格控制用户的访问。当一个共享文件夹设置了共享权限和 NTFS 权限后，就要受到两种权限的控制。如果希望用户完全控制共享文件夹，首先要在共享权限中添加此用户或组，并设置完全控制的权限，然后在 NTFS 权限设置中添加此用户或组，并设置完全控制的权限，只有两个地方都设置了完全控制权限，才能最终拥有完全控制权限。

5. NTFS 所有权

在 Windows Server 2008 的 NTFS 卷上，每个文件和文件夹都有其"所有者"，我们称之为"NTFS 所有权"，系统默认创建文件或文件夹的用户是该文件或文件夹的所有者。NTFS 所有权即 NTFS 文件和文件夹所有权，当用户对某个文件或文件夹具有所有权时，就具备了更改该文件或文件夹权限设置的能力。

更改所有权的前提条件是用户必须具备"所有权"的权限，或者具备"取得所有权"的能力。Administrator 组的成员拥有"所有权"的权限，可以修改所有文件和文件夹的所有权设置。对于某个文件夹具备读取权限和更改权限的用户，就可以为自身添加"取得所有权"的权限，即具备了"取得所有权"的能力。获得或更改对象的所有权的步骤如下：

步骤 1：打开"资源管理器"或"计算机"，找到要修改 NTFS 权限的文件或文件夹（以"C:\新建文本文档 . txt"为例）。

步骤 2：在指定文件或文件夹上右键单击鼠标，选择"属性"，然后切换到"安全"选项卡。

步骤 3：单击"高级"按钮，然后从高级安全设置对话框中选择"所有者"选项卡，如图 3—6 所示。

图 3—6　"所有者"选项卡

步骤 4：在"将所有者更改为"列表框中，选择要获得所有权的用户或组的账户名称，如果要将所有权转移给其他用户或组，则依次单击"编辑|其他用户或组"按钮，选择输入的指定用户或组，最后单击"确定"按钮。

3.2.3　任务 3：NTFS 的压缩与加密

1. NTFS 文件系统的压缩

优化磁盘空间管理的一种方法是使用压缩技术，即压缩文件或文件夹，减少它们在驱动器或可移动存储设备上所占用的空间。Windows Server 2008 的数据压缩功能是 NTFS 文件系统的内置功能，该功能可以对单个文件、整个目录或卷上的目录树进行压缩。NTFS 压缩只能在用户数据文件上执行，而不能在文件系统元数据上执行。NTFS 文件系统的压缩过程和解压缩过程对于用户而言是完全透明的（与第三方的压缩软件无关），用户只要将文件数据应用压缩功能即可。当用户或应用程序使用压缩的数据文件时，操作系统会自动在后台对数据文件进行解压缩，无须用户干预。利用这项功能，可以节省一定的硬盘使用空间。

使用 Windows Server 2008NTFS 压缩文件或文件夹的步骤如下：

步骤1：打开"资源管理器"或"计算机"，找到要压缩的文件或文件夹。

步骤2：在指定文件或文件夹上单击鼠标右键，然后选择"属性"菜单，可以看到如图 3—7 所示的"常规"选项卡。

步骤3：在"常规"选项卡中，单击"高级"按钮。

步骤4：在文件的高级属性页的"压缩或加密属性"下，选中"压缩内容以便节省磁盘空间"复选框，然后单击"确定"按钮，如图 3—8 所示。

步骤5：如果是压缩指定的文件夹，那么在"属性"对话框中，单击"确定"按钮时，将弹出如图 3—9 所示的在"确认属性更改"对话框中需要选择的选项。

图 3—7　"常规"选项卡

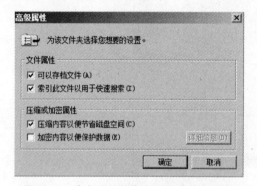

图 3—8　选中"压缩内容以便节省磁盘空间"

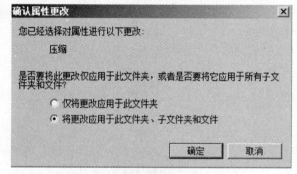

图 3—9　"确认属性更改"对话框

> **提示**：可以使用 NTFS 压缩功能，压缩 NTFS 卷上的文件和文件夹。如果没有出现"高级"按钮，则说明所选的文件或文件夹不在 NTFS 驱动器上。NTFS 的压缩和加密属性互斥，文件加密后就不能再压缩，压缩后就不能再加密。

在 Windows Server 2008 操作系统的同一卷内移动文件或文件夹时，文件或文件夹不会发生任何变化，系统只更改卷中指向文件或文件夹头指针的位置；在 NTFS 卷间移动 NTFS 文件或文件夹时，系统将目标文件或文件夹作为新文件或文件夹对待，文件或文件夹将继承目的地文件夹的压缩属性。另外，任何被压缩的 NTFS 文件或文件夹移动或复制到 FAT/FAT32 分区时都将自动解压，不再保留压缩属性。

2.NTFS 文件系统的加密

NTFS 文件系统的加密属性是通过加密文件系统（Encrypting File System，EFS）实现的。EFS 提供的是一种核心文件加密技术，仅能用于 NTFS 卷上的文件和文件夹加密。EFS

加密对用户是完全透明的，当用户访问加密文件时，系统自动解密该文件，当用户保存加密文件时，系统会自动加密该文件，不需要用户任何手工交互动作。EFS 是 Windows 2000、Windows XP Professional（Windows XP Home 不支持 EFS）、Windows Server 2003/2008 NTFS 文件系统的一个组件。EFS 采用高级标准加密算法实现透明的文件加密和解密，任何没有合适密钥的个人或者程序都不能读取加密数据。即便是物理上拥有驻留加密文件的计算机，加密文件仍然受到保护，甚至是有权访问计算机及其文件系统的用户，也无法读取这些数据。

（1）EFS 技术特性。EFS 加密技术作为集成的系统服务运行，具有管理容易、攻击困难、对文件所有者透明等特点。具体而言，具有如下特性：

1）透明的加密过程，不要求用户（文件所有者）每次使用都进行加、解密。

2）强大的加密技术，基于公钥加密。

3）完整的数据恢复。

4）可保护临时文件和页面文件。

文件加密的密钥驻留在操作系统的内核中，并且保存在非分页内存中，这保证了密钥不会被复制到页面文件中，因而不会被非法访问。

使用 EFS 类似于使用文件和文件夹上的权限。未经许可对加密文件、文件夹进行物理访问的入侵者将无法阅读其中的内容。入侵者如果试图打开或复制已加密文件或文件夹，则会收到拒绝访问的消息。但文件和文件夹上的权限不能防止未授权的物理攻击。

EFS 将文件加密作为文件属性保存，通过修改文件属性对文件和文件夹进行加密和解密。正如设置其他属性（如只读、压缩或隐藏）一样，通过设置文件或文件夹的加密属性，可以对文件或文件夹进行加密和解密。如果加密一个文件夹，则在加密文件夹中创建的所有文件和子文件夹都将自动加密。Windows Server 2008 操作系统的 EFS 具有以下特征：

1）只能加密 NTFS 卷上的文件或文件夹。

2）不能加密压缩的文件或文件夹，如果用户加密某个压缩文件或文件夹，则该文件或文件夹会被解压。

3）如果将加密的文件复制或移动到非 NTFS 的分区上，则该文件会被解密。

4）如果将非加密文件移动到加密文件夹中，则这些文件将在新文件夹中自动加密。反向操作则不能自动解密文件，文件必须明确解密。

5）无法加密标记为"系统"属性的文件，位于％systemroot％目录结构中的文件也无法加密。

6）加密文件或文件夹不能防止删除或列出文件或目录。具有合适权限的人员可以删除或列出已加密的文件或文件夹，因此建议结合 NTFS 权限使用 EFS。

7）在允许进行远程加密的远程计算机上可以加密或解密文件及文件夹。然而，如果通过网络打开已加密文件，此操作过程在网络上传输的数据则并不会被加密，必须使用诸如 SSL\TLS（安全套接字层/传输层安全性）或 IPSec（Internet 协议安全性）等协议加密数据。

（2）EFS 的操作。用户可以使用 EFS 加密、解密、访问、复制文件或文件夹。下面就介绍如何使用 EFS 对文件或文件夹进行加密。

步骤 1：打开"资源管理器"或"计算机"，找到要加密的文件或文件夹。

步骤 2：在指定文件夹上单击鼠标右键，选择"属性"菜单。在弹出的属性对话框中单击"高级"按钮。

步骤 3：在弹出的高级属性对话框"压缩或加密属性"中选择"加密内容以便保护数据"，如图 3—10 所示，然后单击"确定"按钮。

步骤 4：如果是压缩指定的文件夹，在出现"确认属性更改"对话框时，选择"仅将更改应用于该文件夹"，系统将只对文件夹加密，里面的原有内容则不会被加密，但是在其中创建的文件或文件夹将被加密。选择"将更改应用于该文件夹、子文件夹和文件"，文件夹内部的所有内容将都被加密。

步骤 5：单击"确定"按钮，完成加密。

注意：在首次进行加密操作时，Windows Server 2008 操作系统提示操作者备份文件加密证书和密钥，如图 3—11 所示，创建备份文件可避免在丢失或损坏原始证书和密钥之后，无法再对加密文件进行访问。加密操作者可根据不同选择进行备份。

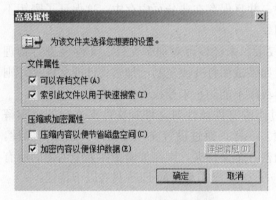

图 3—10 加密文件或文件夹

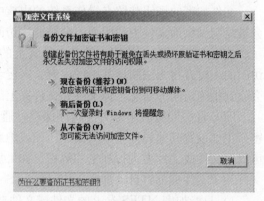

图 3—11 加密文件系统的备份提示

文件的所有者也可以使用与加密相似的方法对文件夹进行解密，而且无须解密即可打开文件进行编辑（EFS 在所有者面前是透明的）。如果正式解密一个文件，将会使其他用户访问该文件。下面是解密文件或文件夹的具体步骤：

步骤 1：打开"资源管理器"或"计算机"，找到要解密的文件或文件夹。

步骤 2：在指定文件或文件夹上，单击鼠标右键，选择"属性"菜单。在弹出的属性对话框中单击"高级"按钮，打开"高级属性"对话框，在"压缩或加密属性"中取消选择"加密内容以便保护数据"，然后单击"确定"按钮。

步骤 3：如果是文件夹操作，那么在弹出的"确认属性更改"对话框中选择是对文件夹及其所有内容进行解密，还是只解密文件夹本身，默认情况下是只解密文件夹本身。最后单击"确定"按钮即可。

（3）使用加密文件或文件夹。作为当初加密一个文件或文件夹的用户（即所有者），无须特定的解密操作就能使用它，EFS 会在后台透明地为用户执行解密任务。用户可正常地打开、编辑、复制和重命名。然而，如果用户不是加密文件或文件夹的创建者或不具备一定的访问权限，则在试图访问该文件或文件夹时将会看到一条访问被拒绝的消息。

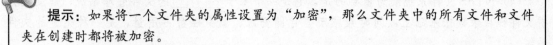

提示：如果将一个文件夹的属性设置为"加密"，那么文件夹中的所有文件和文件夹在创建时都将被加密。

（4）复制或移动加密文件或文件夹。与文件的压缩属性相似，在 Windows Server 2008 操作系统的同一卷内移动文件或文件夹时，文件或文件夹的加密属性不会发生任何变化；在 NTFS 不同卷间移动 NTFS 文件或文件夹时，系统将目标文件或文件夹作为新文件或文件夹对待，文件或文件夹将继承目的地文件夹的加密属性。另外，任何已经加密的 NTFS 文件被移动或复制到 FAT/FAT32 分区时，文件将会丢失加密属性。最后，用户在使用 EFS 加密文件或文件夹时，要注意以下事项：

1）不要加密系统文件夹。

2）不要加密临时目录。

3）应始终加密个人文件夹。

4）使用 EFS 后应尽量避免重新安装系统，重新安装系统前应先将文件解密。

5）加密文件系统不对传输过程加密。

实训项目 3

1. 实训目的

熟练掌握 Windows Server 2008 NTFS 文件系统的管理。

2. 实训环境

正常的局域网络；安装 Windows Server 2008 操作系统的计算机。

3. 实训内容

（1）在 Windows Server 2008 系统中增加用户 UserA 和 UserB，创建工作文件夹 A 和 B。

（2）设置权限，使用户 UserB 在对文件夹 A 有完全控制权限的情况下，文件夹 A 中的文件却不能被 UserB 读取。

（3）修改某个指定文件或文件夹的特殊权限。

（4）设置一个文件或文件夹不继承父文件夹的权限。

（5）实现对某个文件或文件夹的加密和解密。

（6）将压缩过的文件和加密过的文件移动到其他 NTFS 分区，观察其压缩和加密属性的变化情况。

习　题　3

1. 填空题

（1）文件系统是操作系统在_____按照一定原则组织、管理数据所用的结构和机制。

（2）FAT 文件系统最初用于_____的简单文件系统。

（3）_____是 Windows Server 2008 推荐使用的高性能文件系统，支持许多新的文件安全、存储和容错功能。

（4）NTFS 文件系统最为重要的是，它是一个基于_____的文件管理系统，建立在保护文件和目录数据基础上，同时兼顾节省存储资源、减少磁盘占用量，是一种先进的文件系统。

（5）Windows Server 2008 的 NTFS 许可权限包括_____和特殊权限。

（6）只有_____组内的成员、文件和文件夹的所有者、具备完全控制权限的用户，才有权更改文件或文件夹的 NTFS 权限。

（7）共享权限有三种：读取、更改和_____。

2. 简答题

（1）Windows Server 2008 NTFS 文件系统的主要特性有哪些？

（2）NTFS 权限的含义是什么？NTFS 权限的应用规则包括哪些？

（3）试述 NTFS 权限与共享权限对文件有何影响？

（4）在 Windows Server 2008 系统中，对已压缩或加密的文件，在同一分区或不同分区之间进行复制、移动操作时，会产生什么结果呢？

第4章 系统磁盘管理

教学重点

- Windows Server 2008 磁盘分类
- 基本磁盘管理设置
- 动态磁盘管理设置

教学情景导读

计算机在运行过程中，难免会出现各种故障，造成系统的中断和数据的丢失。如果这些情况发生在服务器上，带来的损失往往是巨大的。如何提高系统的稳定性？对于服务器有限的磁盘空间，如何能尽量提高其存储效率并对磁盘空间进行合理的分配？Windows Serve 2008 系统提供了灵活的磁盘管理功能，用于管理计算机的磁盘设备及其各种分区或卷系统，以提高磁盘的利用率，确保系统访问的便捷与高效，同时提高系统文件的安全性、可靠性、可用性和可伸缩性。在计算机运行过程中，系统管理员经常要进行磁盘管理工作，如新建磁盘分区/卷、删除磁盘分区/卷、更改驱动器号和路径以及设置磁盘配额等。

4.1 项目一：Windows Server 2008 磁盘分类

Windows Server 2008 根据磁盘分区方式不同将磁盘分为两种类型：基本磁盘和动态磁盘。

4.1.1 任务1：认识基本磁盘

基本磁盘是采用传统的磁盘分区方式进行分区的一种磁盘类型，与其他操作系统兼容，Windows Server 2008 操作系统默认支持该磁盘类型。运行 Windows Server 2008 操作系统的基本磁盘支持主分区和扩展分区两种磁盘分区格式。系统管理员在一个基本磁盘上最多可以创建四个磁盘分区，四个分区中最多只能包含一个扩展分区，系统管理员可以根据需要在扩展分区内创建多个逻辑驱动器。磁盘管理的操作界面如图 4—1 所示。

Windows Server 2008 操作系统的磁盘分区只能包含单个物理磁盘上的空间，不能跨越物理磁盘创建分区，在使用基本磁盘之前一般要使用 FDISK 等工具对磁盘进行分区。

1. 主磁盘分区

在一个基本磁盘上最多可以创建四个主分区。在存储数据之前，首先需要进行格式化操作，并为各分区指定驱动器号。主磁盘分区是用来启动操作系统的分区，也就是操作系统引导文件所在的物理磁盘分区，物理上像独立的磁盘一样工作。通常计算机在检查系统配置之后，会自动在物理硬盘上按照设置找到主分区，然后在这个主分区中寻找启动操作系统的引导文件。

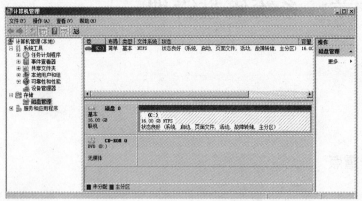

图 4—1　磁盘管理的操作界面

提示：由于可划分多个主分区，所以不同的主分区可以安装不同的操作系统，从而实现多操作系统引导。但在一般情况下系统默认第一个主分区为启动分区。

2. 扩展磁盘分区

在一个基本磁盘上最多可以创建一个扩展分区，不能直接格式化扩展分区，也不能为扩展分区指定驱动器号，必须在扩展分区上创建逻辑驱动器并且格式化之后才能使用，理论上在扩展分区中创建的逻辑驱动器的数目不受限制。

扩展磁盘分区是相对于主磁盘分区而言的一种分区类型。一个硬盘可将除主磁盘区外的所有磁盘空间划为扩展磁盘分区。扩展分区不能用来启动操作系统。

逻辑驱动器是在扩展分区上创建的，从理论上讲没有数目的限制，可以直接格式化且要指派驱动器号。

4.1.2　任务 2：了解动态磁盘

动态磁盘是 Windows 2000 Server、Windows Server 2003/2008 等系列服务器操作系统所支持的一种特殊的磁盘类型。动态磁盘不再使用分区概念，而是使用动态卷（简称卷）来称呼动态磁盘上的可划分区域。动态卷的使用方式与基本磁盘的主磁盘分区或逻辑驱动器的操作相似，也可以为其指派驱动器号。动态磁盘的卷分为以下五种类型：简单卷、跨区卷、带区卷、镜像卷和 RAID-5 卷。

1. 简单卷

简单卷是必须建立在同一块硬盘上的连续空间，创建好以后也可扩展至硬盘的非连续空间。

2. 跨区卷

跨区卷由两块或两块以上的硬盘存储空间组成，每块硬盘所提供的磁盘空间可以不同。例如，硬盘 A 提供 20G 的空间，硬盘 B 提供 30G 的空间，所组合起来的跨区卷就有 50G 的空间。

3. 带区卷

带区卷由两块或两块以上的硬盘存储空间组成，但是每块硬盘的空间大小必须相同。当将文件存放到带区卷时，系统会将数据分散存于等量磁盘位于各块硬盘的空间。

4. 镜像卷

镜像卷的构成与带区卷相似，只是带区卷未提供容错功能。若带区卷中的任何一块硬盘发生故障，就不能读出磁盘中的数据。镜像卷由两块硬盘中大小相同的磁盘空间所组成，数据则在两块硬盘上各存一份。

5. RAID-5 卷

RAID-5 卷是具有容错功能的磁盘阵列，至少需要 3 块硬盘才能建立，并且每块硬盘必须提供相同的磁盘空间。使用 RAID-5 卷时，数据会分散写入各块硬盘中，同时建立一份奇偶校验数据信息，保存在不同的硬盘上。例如，以 4 块硬盘建立 RAID-5 卷，那么第一组数据可能分散地存储于第 1、2、3 块硬盘上，校验数据则写入第 4 块硬盘中；下一组数据就有可能存储第 1、2、4 块硬盘中，校验数据写入第 3 块硬盘中。当有一块硬盘出现故障时，其他硬盘数据将结合校验数据信息计算出该硬盘上的原有数据，使系统正常工作。

4.2　项目二：基本磁盘管理设置

在 Windows Server 2008 中，基本磁盘管理的主要内容是浏览基本磁盘的分区情况，并根据实际系统管理工作的需要添加、删除、格式化分区，指派、更改或删除驱动器号；建立逻辑驱动器；将分区标记为活动分区；把基本磁盘升级到动态磁盘等。下面介绍利用磁盘管理工具对基本磁盘进行管理。

以往 MS-DOS 操作系统提供的磁盘分区管理工具是 fdisk，很多用户都习惯使用这个命令（这个命令操作简单）。但是，在 Windows Server 2008 中并没有该命令，因为这个命令功能过于简单，无法完成磁盘的复杂管理。因此，在 Windows Server 2008 中取而代之的是diskpart。使用该命令可以有效管理复杂的磁盘系统，diskpart 命令的运行界面如图 4—2 所示，该命令的详细使用情况可以参看帮助（帮助命令是 "help"）。

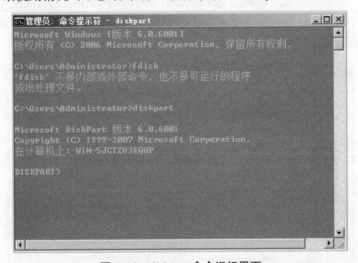

图 4—2　diskpart 命令运行界面

此外，可以使用图形化界面的磁盘管理工具，下面将主要介绍使用 "计算机管理" 控制台的 "磁盘管理" 工具来完成常见的磁盘管理任务。

具体操作步骤是：选择 "开始|管理工具|计算机管理" 命令，打开 "计算机管理" 控制

台，单击左侧窗口中的"存储"结点，选择"磁盘管理"工具，在右侧窗口中将显示计算机的磁盘信息，如图 4—1 所示。下面的操作步骤都是在"计算机管理"控制台中进行的。

4.2.1　任务 1：在虚拟计算机中增加虚拟磁盘设备

本书介绍的操作系统应用管理工作，都是在由 VMware Workstation 所支持的虚拟机中完成的，在虚拟机中增加磁盘设备是非常容易实现的，下面介绍在 Windows Server 2008 虚拟机中如何增加虚拟磁盘设备，具体操作步骤如下：

步骤 1：启动 VMware Workstation，如图 4—3 所示。

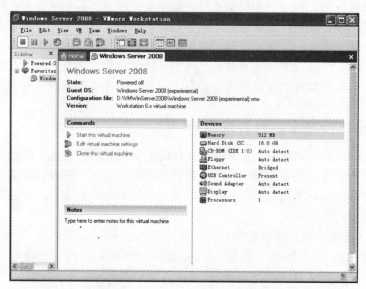

图 4—3　VMware Workstation 界面

步骤 2：在"Commands"区域，选择"Edit virtual machine settings"，打开如图 4—4 所示的选项卡，在"Hardware"选项卡中，可看到当前虚拟机中的所有"物理设备"信息，单击"Add"按钮。

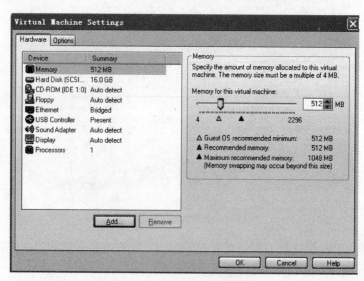

图 4—4　"Hardware"选项卡

步骤 3：打开"Add Hardware Wizard"（增加物理设备）对话框，选择"Hard Disk"，然后单击"Next"按钮，打开如图 4—5 所示的对话框，选择"Create a new virtual disk"，单击"Next"按钮。

步骤 4：进入如图 4—6 所示的选择磁盘的接口类型，这里不做修改，选择默认值"SC-SI〔Recommended〕"，单击"Next"按钮。

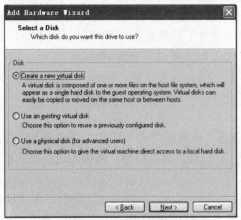

图 4—5 选择磁盘

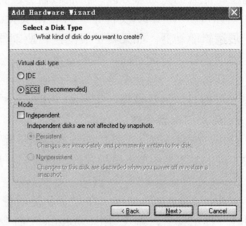

图 4—6 选择磁盘接口类型

步骤 5：打开"Specify Disk File"指定虚拟磁盘信息存储对话框，选取默认值（即新建虚拟磁盘信息保存在当前虚拟机文件中），单击"Next"按钮。

步骤 6：如图 4—7 所示，进入"Specify Disk Capacity"指定新建虚拟磁盘容量对话框，在"Disk size"中输入指定的磁盘容量大小（根据虚拟机所在的物理计算机磁盘空间设置），单击"Finish"按钮完成创建虚拟磁盘。

提示：新建的虚拟磁盘在 Windows Server 2008 系统中启动磁盘管理工具时，将出现如图 4—8 所示的初始化磁盘界面，单击"确定"按钮初始化新建磁盘，也可以选择"取消"以后再初始化新建磁盘。新建磁盘在使用之前必须先进行初始化。

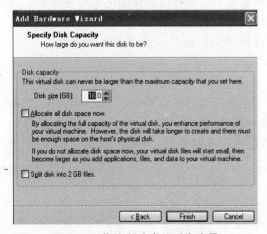

图 4—7 指定新建虚拟磁盘容量

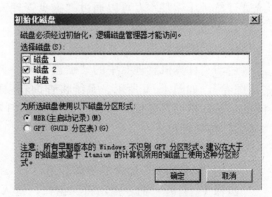

图 4—8 初始化新建磁盘

4.2.2 任务 2：扩展基本磁盘

基本磁盘是一种包含主磁盘分区、扩展磁盘分区（包括建在其上的逻辑驱动器）的物理磁盘（即基本卷）。基本磁盘上的分区（包括扩展磁盘分区）当被格式化为 NTFS 时被称为基本卷。可以为基本磁盘上现有的主磁盘分区和扩展磁盘分区添加更多空间，方法是在同一磁盘上将原有的主磁盘分区、扩展磁盘分区扩展到邻近的连续未分配的空间。若要扩展基本卷，则必须使用 NTFS 文件系统将其格式化。还可以在包含连续可用空间的扩展磁盘分区内扩展逻辑驱动器。如果要扩展的逻辑驱动器大小超过了扩展磁盘分区内的可用空间，只要有足够的连续未分配空间，扩展磁盘分区就会增大直到能够包含逻辑驱动器。

扩展基本卷（包括主分区、扩展磁盘分区）的空间，通常在同一磁盘上操作完成，其操作过程可通过"磁盘管理"工具和"diskpart"命令两种方法实现。

1. 使用"磁盘管理"工具

使用"磁盘管理"工具扩展基本卷的步骤：启动"计算机管理"中的"磁盘管理"工具，在要扩展的基本卷中单击鼠标右键，选择"扩展卷"，启动扩展卷向导，按提示进行操作即可。

2. 使用"diskpart"命令

使用"diskpart"命令：在"命令提示符"窗口中，键入"diskpart"命令，在"DISK-PART"提示符下，输入"list volume"命令，显示可被扩展的基本卷；然后输入"select volume<volume_number>"命令，该命令将选择要扩展到同一磁盘的连续可用空间的基本卷 volume_number；最后，输入"extend［size=<size>］"命令，将选定的卷扩展 size MB，如果未指定大小，该磁盘将扩展为占用下一个连续的所有未分配的空间。

注意：要扩展的基本卷，必须是原始卷（未使用文件系统进行格式化）或已使用 NTFS 文件系统进行格式化。

4.2.3 任务 3：压缩基本磁盘

压缩基本磁盘可以减少用于主磁盘分区和扩展磁盘分区（包括建在其上的逻辑驱动器）的空间，也就是在同一磁盘上将主磁盘分区和逻辑驱动器压缩到邻近的连续未分配空间。如果需要一个另外的分区却没有多余的磁盘，则可以从卷结尾处压缩现有分区，进而创建新的未分配空间，并将这部分空间用于新的分区。

压缩基本磁盘上的分区时，将在磁盘上自动重定位一般文件以创建新的未分配空间。压缩分区无须重新格式化磁盘。完成基本卷压缩操作的具有最低权限的成员为备份操作员或系统管理员。压缩基本卷可以通过"磁盘管理"工具和"diskpart"命令两种方法实现。

1. 使用"磁盘管理"工具

使用"磁盘管理"工具的步骤如下：

启动"计算机管理"中的"磁盘管理"工具，在要压缩的基本卷中单击鼠标右键，选择"压缩卷"，如图 4—9 所示。系统将查询卷以获取可压缩空间的信息，系统返回可压缩卷空间的信息，根据需要输入压缩空间大小，但不超过可用压缩空间，如图 4—10 所示，单击"压缩"按钮即可。

2. 使用"diskpart"命令

使用"diskpart"命令的步骤如下：

步骤 1：打开"命令提示符"窗口，键入"diskpart"命令。

步骤 2：在"DISKPART"提示符下，输入"list volume"命令，记下要压缩的基本卷的卷号。

步骤 3：在"DISKPART"提示符下，输入"select volume＜volume _ number＞"，选择要压缩的简单卷的卷号。

步骤 4：在"DISKPART"提示符下，输入"shrink [desired=＜desiredsize＞] [minimum=＜minimumsize＞]"命令，可以将选定卷压缩到 desiredsize MB，如果 desiredsize MB 过大，则可以压缩到 minimumsize MB。

如果省略可选项"desired"、"minimum"，则执行"shrink"命令，系统将自动压缩当前选中的基本卷。

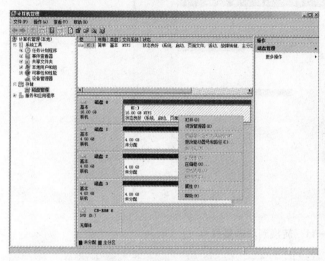

图 4—9　压缩基本磁盘

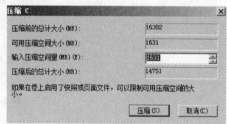

图 4—10　压缩信息窗口

4.3　项目三：动态磁盘管理设置

Windows Server 2008 提供的动态磁盘管理，可以实现一些基本磁盘不具备的功能，可以有效地利用磁盘空间和提高磁盘性能，如创建可跨磁盘的卷和容错能力的卷。与基本磁盘相比，动态磁盘的卷数目不受限制，基本磁盘最多只能建立 4 个磁盘分区；动态磁盘则不用分区表，而是通过一个数据库来记录其相关信息，使得动态磁盘能容纳 4 个以上的卷。

动态磁盘优于基本磁盘主要表现在以下几方面：

（1）动态卷可以扩展到非邻接的空间，这些空间可以在任何可用的磁盘上。

（2）对每个磁盘上可以创建卷的数目没有任何限制，而基本磁盘的号一般受 26 个英文字母的限制。

（3）Windows Serve 2008 将动态磁盘配置信息存储在磁盘上，而不是存储在注册表中或者其他位置。单个磁盘的损坏将不会影响访问其他磁盘上的数据。

（4）动态磁盘在建立、删除、调整卷时，不必重新启动计算机就能生效；基本磁盘在创建、删除磁盘分区后必须重新启动才能生效。

4.3.1　任务 1：转换磁盘类型

1. 基本磁盘转换为动态磁盘

Windows Server 2008 系统安装完成后，所存储的磁盘类型默认是基本磁盘，那么在使用动态磁盘功能之前，首先需要将基本磁盘转换为动态磁盘（注意在转换之前，要关闭在该磁盘运行的所有程序）。操作步骤如下：

步骤 1：单击"开始|管理工具|计算机管理"命令，打开"计算机管理"窗口，单击左侧窗格中的"磁盘管理"，在右侧窗格中显示计算机的磁盘信息。

步骤 2：在待转换的基本磁盘上单击鼠标右键，在弹出的快捷菜单中选择"转换到动态磁盘"命令，如图 4—11 所示。需要注意的是，如果在分区、卷或驱动器上单击鼠标右键，或者当前磁盘已经是动态磁盘，则弹出的快捷菜单中没有"转换到动态磁盘"命令。

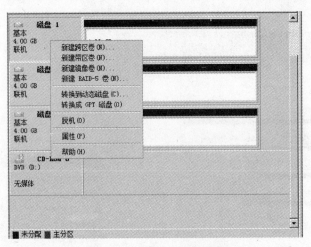

图 4—11　转换到动态磁盘

步骤 3：打开"转换到动态磁盘"对话框，选中欲转换的一个或多个基本磁盘，然后单击"确定"按钮即可。

> **提示**：如果待转换的基本磁盘上有分区并安装有其他可启动的操作系统，转换前系统会提示"如果将这些磁盘转换为动态磁盘，您将无法从这些磁盘上的卷启动其他已安装的操作系统"。如果选择"是"按钮，系统会提示欲转换磁盘上的文件系统将被强制卸掉，要求用户对该操作进一步确认。转换完成后，会提示重新启动操作系统。

在基本磁盘转换为动态磁盘时，应注意以下几个方面的问题：

（1）必须以管理员或管理组成员的身份登录才能完成该过程。如果计算机与网络连接，则网络策略设置也有可能妨碍转换。

（2）为保证转换成功，任何要转换的磁盘都必须至少包含 1MB 的未分配空间。在磁盘上创建分区或卷时，"磁盘管理"工具将自动保留这个空间。但是带有其他操作系统创建的分区或卷的磁盘可能没有这个空间。

（3）扇区容量超过 512B 的磁盘，不能从基本磁盘升级为动态磁盘。

（4）一旦升级完成，动态磁盘不能包含分区或逻辑驱动器，也不能被非 Windows Server 2008 的其他操作系统所访问。

（5）基本磁盘转换为动态磁盘后，如果将动态卷改回到基本分区，则将删除磁盘上的所有动态卷，因此需要提前做好备份。

2. 动态磁盘转换为基本磁盘

当动态磁盘上存在卷时，是无法直接转换回到基本磁盘的。在动态磁盘转换为基本磁盘时，首先进行删除卷的操作。如果不删除动态磁盘上的所有卷，转换操作将不能被执行。在"磁盘管理"中，鼠标右键单击需要转换成基本磁盘的动态磁盘上的每个卷，在每个卷对应的快捷菜单中，单击"删除卷"命令。

所有卷被删除后，在该磁盘上单击鼠标右键，选择"转化成基本磁盘"命令，然后根据向导提示完成操作。动态磁盘转换为基本磁盘后，原磁盘上的数据将全部丢失且不能恢复，所以进行转换之前，要做好必要的数据备份工作。

4.3.2 任务2：管理简单卷

动态磁盘通过"卷"指定动态磁盘的驱动器号。卷相当于基本磁盘的分区，在将基本磁盘转换为动态磁盘之后便可以创建动态卷了。

简单卷是动态磁盘的一种，但它在使用中就像是物理上的一个独立单元。当用户只有一个动态磁盘时，简单卷是唯一可以创建的卷。简单卷不能包含分区或逻辑驱动器，也不能由Windows Server 2008以外的其他操作系统访问。如果网络中有运行Windows 98或更早版本操作系统的计算机，那么应该创建分区而不是动态卷。

1. 创建简单卷

下面具体介绍创建简单卷的步骤。

步骤1：选择"开始|管理工具|计算机管理"命令，打开"计算机管理"窗口，单击左侧窗格中的"磁盘管理"，在右侧窗格中显示计算机的磁盘信息。

步骤2：在"磁盘管理"中，用鼠标右键单击该磁盘上"未分配"的磁盘图标，在弹出的快捷菜单中选择"新建简单卷"命令，如图4—12所示。

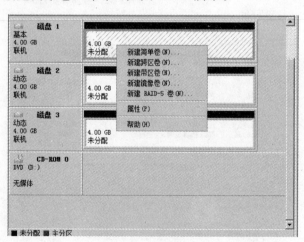

图4—12 新建简单卷

步骤3：弹出"新建简单卷向导"对话框，单击"下一步"按钮，在"指定卷大小"对话框中，根据最大磁盘空间和最小磁盘空间，输入需要的卷空间，如图4—13所示。

步骤4：单击"下一步"按钮，打开"分配驱动器号和路径"对话框，这里指派为"E:"盘。指派完驱动器号和路径后，单击"下一步"按钮，打开"格式化分区"对话框，确认是否将卷进行格式化，选择文件系统，并使用格式设置，如图 4—14 所示。单击"下一步"按钮后显示以上操作过程的汇总信息，如果选项无误，单击"完成"按钮即可完成新建简单卷。

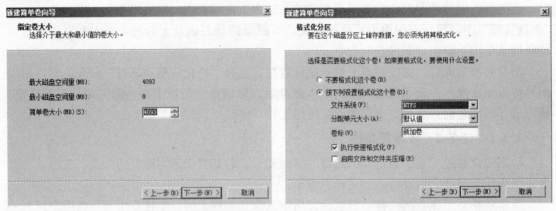

图 4—13　"指定卷大小"对话框　　　　　图 4—14　"格式化分区"对话框

如果想在创建简单卷后增加它的容量，则可通过磁盘上剩余的未分配空间来扩展这个卷。要扩展一个简单卷，则该卷必须使用 Windows Serve 2008 中所用的 NTFS 文件系统，另外该简单卷不是由基本磁盘中的分区转换而成的，而是在磁盘管理中新建的。

2. 扩展简单卷

扩展简单卷的具体操作步骤如下：

步骤 1：在"磁盘管理"中，用鼠标右键单击要扩展的简单卷，这里选择前面新创建的简单卷"E"。在弹出的快捷菜单中选择"扩展卷"命令，如图 4—15 所示。

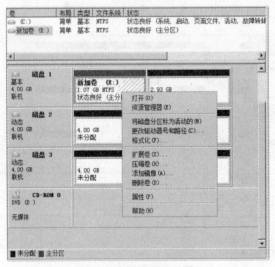

图 4—15　扩展简单卷

步骤 2：打开"扩展卷向导"对话框，单击"下一步"按钮，打开"选择磁盘"对话框，选择与简单卷在同一磁盘上的空间，也可以选择其他动态磁盘上的空间，从而确定需扩展的容量，如图 4—16 所示，单击"添加"按钮，这里选择磁盘 2 的所有空间。

步骤 3：单击"下一步"按钮完成扩展卷，扩展后的简单卷"E:"如图 4—17 所示。总容量由原来的 1000MB 变为了 8GB，实现了容量的扩展。本例简单卷的操作是由"磁盘 1"扩展到"磁盘 2"，原来的简单卷也转变为跨区卷。

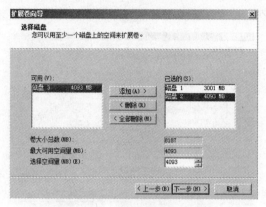

图 4—16 "选择磁盘"对话框

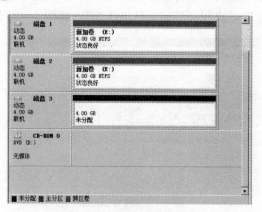

图 4—17 完成扩展简单卷

4.3.3 任务 3：创建跨区卷

跨区卷是由多个物理磁盘上的磁盘空间组成的卷。利用跨区卷，可以将来自两个或者更多磁盘（最多为 32 块硬盘）的剩余磁盘空间组成一个卷。数据在写入跨区卷时，首先填满第一个磁盘上的剩余部分，然后再将数据写入下一个磁盘，依此类推。虽然利用跨区卷可以快速增加卷的容量，但是跨区卷既不能提高对磁盘数据的读取效率，也不能提供任何容错功能。当跨区卷中的某个磁盘出现故障时，存储在该磁盘上的所有数据将全部丢失。建立跨区卷的首要条件是至少要有两块动态磁盘。创建跨区卷的具体操作步骤如下：

步骤 1：在"磁盘管理"中，用鼠标右键单击该磁盘上"未分配"的磁盘图标，在弹出的快捷菜单中选择"新建跨区卷"命令。打开"新建跨区卷"向导，如图 4—18 所示。单击"下一步"按钮继续。

步骤 2：打开"选择磁盘"对话框。选择创建跨区卷的动态磁盘，并指定动态磁盘上的卷容量大小，如图 4—19 所示。这里选择在"磁盘 2"上创建 2000MB，在"磁盘 3"上创建 1500MB，共 7593MB 的容量。单击"下一步"按钮继续。

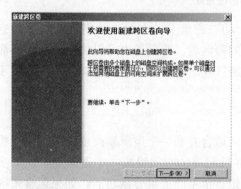

图 4—18 "新建跨区卷"向导

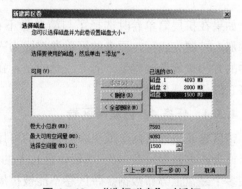

图 4—19 "选择磁盘"对话框

步骤 3：打开如图 4—20 所示的"分配驱动器号和路径"对话框分配驱动器号和路径，分配默认的驱动器号即可，不再指定 NTFS 文件夹，单击"下一步"按钮继续。

步骤 4：为了在即将创建好的跨区卷中存储数据，必须将其格式化，可以根据需要选择文件系统类型格式化卷，一般选择"NTFS"；分配单元大小选择"默认值"；可以为新建跨区卷命名，卷标取值"新加跨区卷"；还可选择新建跨区卷的参数，即是否"执行快速格式化"、"启用文件和文件夹压缩"，如图 4—21 所示。

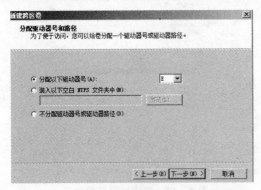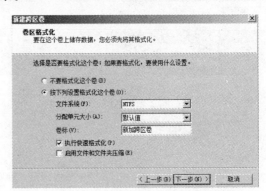

图 4—20　"分配驱动器号和路径"对话框　　图 4—21　"卷区格式化"对话框

步骤 5：单击"下一步"按钮，出现新建跨区卷操作过程的信息汇总，确认无误后单击"完成"按钮，创建的新跨区卷"E；"如图 4—22 所示。

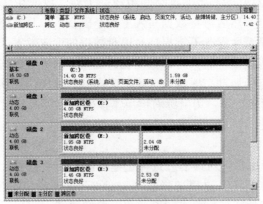

图 4—22　新跨区卷创建完成

如果在扩展简单卷时选择了与简单卷不在同一动态磁盘上的空间，并确定扩展卷的空间，那么扩展完成后，原来的简单卷就成为一个新的跨区卷。跨区卷也可以使用类似扩展简单卷的方法扩展卷的容量。需要注意的是，在扩展跨区卷之后，如果不删除整个跨区卷就不能将它的任何部分删除。

4.3.4　任务 4：创建带区卷

带区卷是通过将两个或更多磁盘上的可用空间区域合并到一个逻辑卷而创建的，可以将两个或者更多磁盘（最多为 32 块硬盘）上的可用并且相等的空间组成一个逻辑卷，从而实现在多个磁盘上分布数据。带区卷不能被扩展或镜像，也不能提供容错功能，如果包含带区卷的任何一块硬盘出现故障，则整个卷都将无法工作。

尽管带区卷不具备容错能力，但在所有 Windows 磁盘管理策略中它的性能最好，同时通过在多个磁盘上分配 I/O 请求提高了 I/O 性能。在向带区卷写入数据时，数据被分割为 64KB 的块，均衡地对所有磁盘进行写数据操作。当创建带区卷时，最好使用同一厂商、相同大小、相同型号的磁盘，以使其性能达到最佳状态。

例如，选择在 2 个大小为 4G 的动态磁盘上创建带区卷，每个磁盘上使用全部空间，创建后共有 8186MB 磁盘空间，具体步骤如下：

步骤 1：在"磁盘管理"中，用鼠标右键单击该磁盘上"未分配"的磁盘图标，在弹出的快捷菜单中选择"新建带区卷"命令。打开"新建带区卷"向导，单击"下一步"按钮继续。

步骤 2：打开"选择磁盘"对话框，选择创建带区卷的动态磁盘，并指定动态磁盘的卷容量大小，这里选择"磁盘 1、2"，如图 4—23 所示。

步骤 3：按照向导提示操作：给新建的带区卷分配驱动器号，取"默认值"；以"NTFS"文件系统执行快速格式化；最后确认以上选择信息无误，单击"完成"按钮创建新的带区卷，结果如图 4—24 所示。

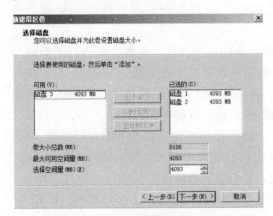

图 4—23　"选择磁盘"对话框

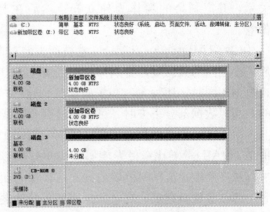

图 4—24　新带区卷创建完成

4.3.5　任务 5：创建镜像卷和 RAID-5 卷

计算机系统在实际运行过程中，难免会出现各种软、硬件故障或系统状态数据的丢失和损坏，这时要求操作系统必须具备一定的容错功能，以保证整个系统安全稳定运行。也就是当错误发生之后，系统能尽快地得到修复并恢复到正常的工作状态，并且要尽最大可能，恢复到系统错误发生之前的状态。Windows Serve 2008 系统提供了容错磁盘管理功能（主要是通过 RAID 提供系统容错技术），保证了系统运行的安全性和可靠性。

1. RAID 技术简介

RAID（Redundancy Array of Inexpensive Disks）是廉价磁盘冗余阵列的英文缩写，是为了防止硬盘出现故障导致数据丢失而不能正常工作的一组磁盘阵列。RAID 保护数据的主要方法是保存冗余数据，以保证在磁盘发生故障时，保存的数据仍可以被读取。所谓冗余数据就是将重复的数据保存在多个硬盘上，以保证数据的安全性。由于组成磁盘阵列的方式不同，所以形成了不同级别的 RAID。

（1）镜像卷。磁盘镜像卷又称为 RAID-1，是将需要保存的数据同时保存在两块硬盘上，分为主盘和辅助盘。将写入主盘的数据镜像到辅助盘中，当其中一块硬盘出现故障无法工作时，镜像盘仍然可以使用。RAID-1 提供了很高的容错能力，但磁盘的利用率很低，只有 50%，因为所有的数据都要写入两个地址，并且至少需要两块磁盘。RAID-1 支持 FAT

和 NTFS 文件系统，并能保护系统的磁盘分区和引导分区。

要创建一个镜像卷，必须使用另一磁盘上的可用空间。动态磁盘中现有的卷（包括系统卷和引导卷），都可以使用相同的或不同的控制器，镜像到其他磁盘上容量相同或更大的另一个卷。在创建一个镜像卷时，最好使用容量、型号和制造厂家都相同的磁盘作为镜像卷，避免可能产生的兼容性问题。

镜像卷可以大大增强读取性能，因为容错驱动程序同时从两个磁盘成员中读取数据，所以读取数据的速度会有所增加。当然，由于容错驱动程序必须同时向两个成员写数据，所以它的写入性能会略有降低。镜像卷中的两个磁盘必须是 Windows Server 2008 动态磁盘。

如果镜像卷中的空间用于其他方面时，必须首先中断镜像卷之间的关系，然后删除其中的一个卷。如果镜像卷中的某个卷出现了不可恢复的错误，则需要中断镜像卷之间的关系，并把剩余的卷作为独立卷，然后在其他磁盘上重新分配空间，继续创建新的镜像卷。

（2）RAID-5 卷。RAID-5 卷被称为带有奇偶校验的条带化集，是将需要保存的数据分成大小相同的数据块，分别保存在多块硬盘中，数据在条带卷中被交替、均匀地保存。在写入数据的同时，还写入一些校验信息。这些校验信息是由被保存的数据通过数学运算得来的，当源数据部分丢失时，可以通过剩余数据和校验信息来恢复丢失的数据。

由于要计算奇偶校验信息，所以 RAID-5 卷上的写操作要比镜像卷上的写操作慢一些。但是，RAID-5 卷比镜像卷能够提供更好的读取性能。原因很简单，Windows Server 2008 可以从多个磁盘上同时读取数据。与镜像卷相比，RAID-5 卷的性价比较高，而且 RAID-5 卷中的磁盘数量越多，冗余数据带区的成本越低，RAID-5 广泛应用于存储环境。RAID-5 可以支持 FAT 和 NTFS 文件系统，但不能保护系统的磁盘分区，不能包含引导分区和系统分区。

2. 创建 RAID-5 卷

镜像卷与 RAID-5 卷的创建过程类似，这里只介绍 RAID-5 的实现过程，镜像卷的实现由读者自己完成。需要注意的是，创建镜像卷至少需要两块大小、规格相同的磁盘；创建 RAID-5 卷至少需要三块大小、规格相同的磁盘。创建 RAID-5 卷的具体操作步骤如下：

步骤 1：在"磁盘管理"中，用鼠标右键单击该磁盘上"未分配"的磁盘图标。在弹出的快捷菜单中选择"新建 RAID-5 卷"命令，打开"新建 RAID-5 卷"向导，单击"下一步"按钮继续。

步骤 2：打开"选择磁盘"对话框，如图 4—25 所示。选择创建"RAID-5"的动态磁盘。这里选择"磁盘 1、磁盘 2、磁盘 3"，每个磁盘使用 4093MB（即 4GB）创建 RAID-5。单击"下一步"按钮继续。

步骤 3：为该 RAID-5 卷分配驱动器号，单击"下一步"按钮继续；弹出"卷区格式化"对话框，选择默认的 NTFS 文件系统并分配单位大小，给新建的 RAID-5 卷命名为"新加 RAID-5 卷"，指定执行快速格式化操作。

步骤 4：单击"下一步"按钮，确认以上选择无误后单击"完成"按钮创建新的 RAID-5 卷。新创建的 RAID-5 卷如图 4—26 所示。

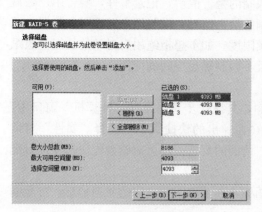

图 4—25 "选择磁盘"对话框   图 4—26 新 RAID-5 卷创建完成

提示： 在镜像卷中，其中一块磁盘损坏不会造成数据的丢失。但是在 RAID-5 中，如果有两块或两块以上的磁盘损坏，将会造成数据的丢失。

4.4 项目四：磁盘管理的其他辅助功能

4.4.1 任务 1：管理磁盘配额

1. 磁盘配额简介

Windows Server 2008 会对不同用户使用的磁盘空间进行容量限制，这就是磁盘配额。磁盘配额对于网络系统管理员尤为重要，管理员可以通过磁盘配额功能，为各个用户分配合适的磁盘空间，这样做可以避免个别用户滥用磁盘空间，提高服务器磁盘空间的利用率。另外磁盘配额还可以实现其他一些功能。例如，Widows Server 2008 内置的电子邮件服务器无法设置用户邮箱的容量，可通过限制每个用户可用的磁盘空间容量来限制用户邮箱的容量；Windows Server 2008 内置的 FTP 服务器无法设置用户可用的上传空间大小，可通过磁盘配额限制，限定用户能够上传到 FTP 的数据量；此外，还可通过磁盘配额限制 Web 网站中个人网页可使用的磁盘空间等。

利用磁盘配额，可以根据用户所拥有的文件和文件夹来分配磁盘空间；可以设置磁盘配额、配额上限，以及对所有用户或者单个用户的配额限制；还可以监视用户已经占用的磁盘空间和它们的配额剩余量；当用户安装应用程序将文件指定存放到启用配额限制的磁盘中时，应用程序检测到的可用容量不是磁盘的最大可用容量，而是用户还可以访问的最大磁盘空间。Windows Server 2008 的磁盘配额功能在每个磁盘驱动器上都是独立的，也就是说，用户在一个磁盘驱动器上使用了多少磁盘空间，对于另外一个磁盘驱动器上的配额限制并无影响。

在启用磁盘配额时，可以设置两个值：

（1）磁盘配额限度，用于指定允许用户使用的磁盘空间容量。

（2）磁盘配额警告级别，指定用户接近其配额限度的值。

可以设置当用户使用磁盘空间达到磁盘配额限制的警告值后，记录事件，警告用户磁盘空间不足；当用户使用磁盘空间达到磁盘配额限制的最大值时，限制用户继续写入数据并记录事件。系统管理员还可以指定用户能超过其配额限度。如不想拒绝用户对卷的访问但想跟踪每个用户的磁盘空间的使用情况，则启用配额且不限制磁盘空间的使用。

2. 配置磁盘配额

在进行磁盘配额设置之前，首先启用磁盘配额，其操作步骤是：在"计算机"窗口中，单击鼠标右键，选择要分配磁盘空间的驱动器号，在弹出的快捷菜单中选择"属性"对话框，单击"配额"选项卡，选中"启用配额管理"前面的复选框即可对磁盘配额选项进行配置，如图 4—27 所示。

在"配额"选项卡中，通过检查交通信号灯图标，并读取图标右边的状态信息，对配额状态进行判断。交通信号灯的颜色和对应的状态如下：

（1）红灯表示磁盘配额没有启用。

（2）黄灯表示 Windows Server 2008 正在重建磁盘配额。

（3）绿灯表明磁盘配额系统已经被激活。

在图 4—27 所示的配额选项卡中，选中"启用配额管理"后可对其中的选项进行设置。其中几个选项的含义介绍如下，用户可以根据需要进行相应的配额管理设置。

（1）拒绝将磁盘空间给超过配额限制的用户：如果选中此复选框，超过其配额限制的用户将收到"磁盘空间不足"的提示信息，并且不能再往磁盘写入数据，除非删除原有的部分数据。如果清除该复选框，则用户可以超过其配额限制。此时系统不会拒绝用户对卷的访问，同时跟踪每个用户的磁盘空间使用情况。

（2）将磁盘空间限制为：设置用户访问磁盘空间的容量。

（3）将警告等级设置为：设置当用户使用了多大磁盘空间后将报警。当用户使用的空间将要达到设置值时，用户将收到"磁盘空间不足"的提示信息。

根据具体需要设置完成后，单击"确定"按钮，保存所做的设置，即可启用磁盘配额。启用磁盘配额后，除了管理员组成员外，所有用户都会受到这个卷上默认配额的限制。

3. 设置单个用户的配额项

系统管理员可以为各个用户分别设置磁盘配额，让经常更新应用程序的用户有一定的磁盘空间，而限制其他非经常登录的用户的磁盘空间；也可以对经常超出磁盘空间的用户设置较低的警告等级，这样更有利于提高磁盘空间的利用率。

为单个用户设置配额项的方法是，单击图 4—27 中"配额项"按钮，打开配额项工具窗口，选择"配额|新建配额项"菜单，选择需要设置磁盘配额的用户，如图 4—28 所示。然后可为添加的用户设置指定磁盘的空间限制等参数，这样该用户的配置限额将被重新设置，而不受默认配额的限制。

使用磁盘配额应注意以下情况：

（1）在默认情况下，管理员（Administrator）不受磁盘配额的限制。

（2）在删除用户的磁盘配额项之前，用户具有所有权的全部文件都必须删除，或者将所有权移交给其他用户。

（3）通常需要在共享的磁盘卷上设置磁盘配额，以限制用户存储数据使用的空间。

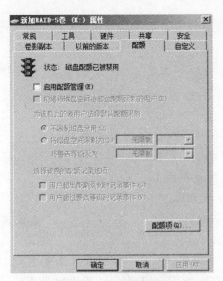

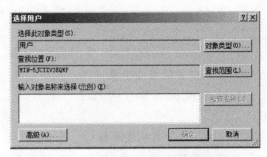

图 4—27　启用配额管理　　　　图 4—28　选择需要设置磁盘配额的用户

4.4.2　任务 2：认识磁盘连接

以往的 Windows 操作系统都使用驱动器的概念，即用户必须通过驱动器号来访问计算机中的文件。在 Windows Server 2008 系统中提供了类似 Unix 磁盘安装功能的磁盘连接技术，可以实现将某个驱动器连接到 NTFS 卷的一个文件夹，这样用户再访问被连接的驱动器的文件时，就可以直接访问被连接的文件夹，用户完全感觉不到是对被连接驱动器的读写，方便了某些系统操作。实际上被连接的驱动器和负责连接的驱动器是两个完全独立的驱动器，并分别保留了各自原来的文件系统和设置。

实训项目 4

1. 实训目的

掌握 Windows Server 2008 基本磁盘、动态磁盘和磁盘配额的管理操作。

2. 实训环境

局域网环境；由 VMware Workstation 工具支持安装 Windows Server 2008 操作系统的虚拟机。

3. 实训内容

（1）在 VMware Workstation 虚拟机环境中，新添加 3 块容量是 4G 的虚拟磁盘设备。

（2）利用磁盘管理工具将所建的"磁盘 1、2、3"转换为动态磁盘。

（3）分别创建简单卷、带区卷、跨区卷、镜像卷和 RAID-5 卷。

（4）把简单卷扩展为跨区卷。

（5）在镜像卷和 RAID-5 卷中分别存入文件。

（6）在 VMware Workstation 虚拟机中禁用（相当于损坏）其中一块磁盘，查看镜像卷和 RAID-5 卷中的数据是否存在；禁用 RAID-5 所用的其中两块磁盘，再查看结果。

（7）选择某一块磁盘，进行磁盘配额设置。

（8）限制用户的磁盘使用空间并设置警告等级，使用户不能使用超过设置的磁盘空间，查看测试效果。

（9）单独设置系统某用户的磁盘配额，限制其磁盘使用空间并设置警告等级，查看测试效果。

习 题 4

1. 填空题

（1）Windows Server 2008 根据磁盘分区方式不同将磁盘分为两种类型，即_____和_____。

（2）Windows Server 2008 操作系统支持的默认磁盘类型是_____。

（3）在一个基本磁盘上最多可以创建_____个主分区。

（4）动态磁盘的卷分为以下五种类型：简单卷、_____、_____、镜像卷和RAID-5卷。

（5）RAID-5 卷是具有容错功能的磁盘阵列，至少需要_____块硬盘才能建立。

（6）磁盘镜像卷又称为 RAID-1，是将需要保存的数据同时保存在两块硬盘上，分为_____和_____。

（7）RAID-5 卷被称为带有奇偶校验的条带化集，是将需要保存的数据分成大小相同的数据块，分别保存在多块硬盘中，数据在条带卷中_____保存。

（8）Windows Server 2008 磁盘配额是对不同用户使用的磁盘空间进行_____。

2. 简答题

（1）动态磁盘和基本磁盘相比有哪些优点？

（2）简要介绍动态磁盘的卷的类型，比较不同类型的卷在读写能力和容错方面的差异。

（3）什么是磁盘配额？使用磁盘配额应注意哪些情况？

（4）在基本磁盘和动态磁盘的相互转换过程中，应该注意哪些问题？

第 5 章　活动目录服务与域模式账户管理

教学重点

- 活动目录的逻辑、物理结构
- 活动目录服务的安装与管理
- 域模式的账户管理

教学情景导读

活动目录服务是企业 Windows Server 2008 操作系统管理的重要组成部分，掌握活动目录服务对提高 Windows Server 2008 的管理技能具有非常重要的意义。活动目录（Active Directory，AD）是 Windows Server 2008 操作系统中提供的一种目录服务，用于存储网络上各种对象的相关信息，以便系统管理员和用户查找和使用。域是活动目录服务的逻辑管理单位，在 Windows Server 2008 中安装了活动目录服务的服务器称为域控制器，这样就可把一个域作为一个完整的目录进行管理。

5.1　项目一：掌握活动目录服务

活动目录服务是用于 Windows Server 2008 操作系统中的目录服务，它存储了网络中各种对象（如用户账户、组账户、计算机、打印机和共享资源等）的有关信息，方便了系统管理员和用户的查找、使用。

5.1.1　任务 1：理解活动目录服务的概念

说起目录，用户可能会想起 Windows 的文件夹，它是文件及目录信息存放的起始点。其实文件夹从操作系统的角度讲，就是目录，是存储有关数据对象信息的管理层次结构，在操作系统的文件子系统中，目录是存储并管理有关文件信息集合的技术手段。在一个分布式的计算机系统环境中或一个公共计算机网络（如 Internet）中，有许多用户感兴趣的对象（如打印机、应用程序、数据库以及其他用户），可以利用目录服务功能把这些对象作为数据库内容进行组织，由此用户可利用目录服务来查找和使用这些对象，管理人员亦可以利用目录方便地管理这些对象。

活动目录服务是 Windows Server 2008 操作系统提供的一种新的目录服务，是按层次结构方式组织信息，然后按名称关联检索信息的一种服务方式。这种服务提供了一个存储在目录中的各种资源的统一管理视图，从而减轻了企业的管理负担。

5.1.2 任务 2：了解活动目录的特性

在 Windows Server 2008 系统环境中，活动目录及其服务占有非常重要的地位，是 Windows Server 2008 操作系统的精髓。因此，系统管理员若想管理好 Windows Server 2008 系统，为广大用户提供良好的计算机系统工作平台，就应当很好地理解活动目录的工作方式、结构特点以及基本的操作技能。

活动目录服务是一个完全可扩展、可伸缩的目录服务，系统管理员可在统一的系统环境下管理整个网络中的各种资源，与以往的操作系统相比，Windows Server 2008 的活动目录具有更加突出的新特性。

1. 服务的集成性

活动目录的集成性包含内容更丰富，主要体现在三个方面：用户及资源的管理、基于目录的网络服务、网络应用管理。Windows Server 2008 活动目录服务采用 Internet 标准协议，用户账户可以使用"用户名@域名"来表示，以进行网络登录。单个域树中所有的域共享一个等级命名结构，与 Internet 的域名空间结构一致。一个子域的名称就是将该名称添加到父域的名称中，如 zz. edu. cn 是 edu. cn 的子域。域名解析服务是一个 Internet 的标准服务，主要用来将用户的主机名翻译成 IP 地址。活动目录使用域名解析服务为域完成命名和定位服务，域名同时也是 DNS 名。

2. 信息的安全性

Windows Server 2008 系统支持多种网络安全协议，使用这些协议能够获得更强大、更有效的安全性。在活动目录数据库中存储有域安全策略的相关信息，如域用户口令的限制策略和系统访问权限等，由此可实施基于对象的安全模型和访问控制机制。在活动目录中的每个对象都有一个独有的安全性描述，主要是定义浏览或更新对象属性所需要的访问权限。在域网络环境中，计算机信息的安全性主要由活动目录服务管理来实现，其中资源的访问控制权限不仅可在目录数据库中对每个对象进行定义，而且还可对每个对象的属性进行定义。

3. 管理的简易性

活动目录以层次结构组织域中的资源。每个域中可有一台或多台域控制器，为了简化管理，用户可在任何域控制器上进行修改，相应的更新能复制到所有其他域控制器的活动目录数据库中。活动目录提供对网络资源管理的单点登录，即管理员可登录环境中的一台计算机来管理其他联网计算机中的对象。为了使域控制器实现更高的可用性，活动目录允许在线备份。系统管理员通过部署、安装活动目录服务，可以使网络系统环境的管理工作变得更加容易、方便。

4. 应用的灵活性

活动目录具有较强的、自动的可扩展性。系统管理员可以将新的对象添加到应用框架中，并将新的属性添加到现有对象。活动目录可实现一个域或多个域，每个域中有一个或多个域控制器，多个域可合并为域树，多个域树又可合并成为域林。

Windows Server 2008 中的活动目录不仅可以应用到局域网计算机系统环境中，还可以应用于跨地区的广域网计算机系统环境中。

5.2　项目二：深入理解活动目录与域

Windows Server 2008 的活动目录功能扩展了 Windows 以往服务器操作系统中的目录服务，它在运行上可以管理从拥有几百个对象的单一服务器到拥有成千上万个对象的数百台服务器。

Windows 域（Domain）是基于 Windows NT 技术构建组成的计算机网络独立安全范围，是 Windows 的逻辑管理单位，一个域就是一系列的用户账户、访问权限和其他各种资源的集合，也就是包括各种对象属性信息的目录数据库。活动目录由一个或多个域构成，一个域可以跨越多个物理地点。每个域都有自己的安全策略，以及本域与其他域之间的信任关系。当多个域通过信任关系连接起来并且拥有共同的模式、配置和全局目录时，它们就构成了一个域树，多个域树连接起来就形成了一个域林，如图 5—1 所示。

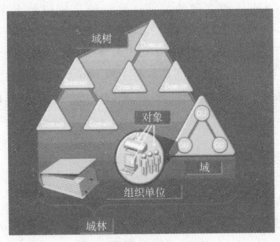

图 5—1　活动目录的结构

5.2.1　任务 1：理解活动目录的逻辑结构

活动目录是一个分布式的目录服务，其管理的信息分散在多台不同的计算机上，以保证各计算机用户迅速访问。在用户访问、处理信息数据时，为用户提供统一的视图，便于理解和掌握。

活动目录采用层次化（域、域树、域林）的目录结构。在介绍活动目录的结构之前，先讲述一些有关活动目录（或域）的相关概念，即对象、容器、组织单元。

（1）**对象**是对某具体主题事物的命名，如用户、打印机或应用程序等。对象的相关属性是用来识别对象的描述性数据。例如，一个用户的属性可能包括用户的 Name、E-mail 和 Phone 等。

（2）**容器**是活动目录名称空间的一部分，代表存放对象的空间，不代表有形的实体，仅限于该对象本身所能提供的信息空间。

（3）**组织单元**是一个域内对象的容器，包括用户账户、用户组、计算机、打印机和其他组织单元。组织单元具有清晰的层次结构，系统管理员根据自身环境需求，定义不同的组织单元，帮助管理员将网络所需的域数量降到最低，同时可以创建任意规模、具有伸缩性的管理模型。运用组织单元可以根据实际组织模型管理账户和资源的配置和使用。组织单元的包容结构可以使系统管理员将组织单元切入域中来反映企业的组织结构，同时还可以进行任务委派与授权等系统管理。

1. 域

域是 Windows Server 2008 活动目录的核心逻辑单元，是共享同一活动目录的一组计算机集合。从安全管理角度讲，域是安全的边界，在默认情况下，一个域的管理员只能管理自己的域，若要管理其他域则需专门的授权。同时域也是复制单位，一个域可包含多个域控制器。当某个域控制器的活动目录数据库修改以后，往往此修改会快速复制到其他域控制器中的活动目录数据库。

2. 域树

如果多个域之间建立了关系，那么这些域就可以构成域树。**域树**是一个由若干具有共同模式、配置的域构成的临近的名字空间，其中的域通过自动建立的信任关系连接起来。域树通过两种途径表示，一种是域之间的关系，另一种是域树的名字空间。一棵 Windows Server 2008 域树就是一个 DNS 名字空间。它有唯一的根域并且是一个严格的层次结构，根域下的每个子域都只有一个父域，此域树中可以有多个相同级别的子域。因此，根据这种层次结构所创建的名字空间是相邻的。例如，某个域 edu.cn 是父域，a.edu.cn 则是其子域，与该子域同级的子域还有 b.edu.cn，任一层次结构中的每一级都能直接与其上一级和下一级（如果存在时）相连，如图 5—2 所示。

3. 域林

域林是由一棵或多棵 Windows Server 2008 域树构成的，各树之间地位相当，由双向传递的信任关系关联。单个域可以组成一棵单域树，单域树也可组成具有单域树的域林。域林与活动目录是同一个概念，也就是说，一个特定的目录服务实例（包括所有的域、所有的配置和模式信息）中的全部目录分区集合组成一片域林。

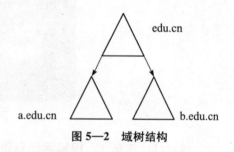

图 5—2　域树结构

在同一个域林中的多棵域树并不构成一个邻接的名字空间，但对象的名字仍然可以由同一个活动目录解析。域林中第一个创建的域称为域林根域，它不可以被删除、更改或重命名。当用户创建一棵新域树时，要指定初始的根域，在第二棵域树的根域和域林根域间建立起一种信任关系。由于信任关系是相互的、双向的，第三棵域树的根域与第二棵域树的根域之间也存在一个双向的信任关系，这种信任关系都是在安装 Windows Server 2008 活动目录服务的过程中根据配置自动建立的。

5.2.2　任务2：了解域的信任关系

域之间的通信是通过信任关系进行的，信任可使一个域中的用户由另一个域中的域控制器来进行验证。在一个用户访问另一个域的资源之前，Windows Server 2008 安全机制必须确定信任域（用户准备要访问的目的域）和受信任域（用户登录所在的域）之间是否有信任关系，以判断并指定信任域的域控制器和受信任域的域控制器之间的信任路径。域的信任关系一般分为单向、双向、可传递和不可传递四种。

1. 单向信任

单向信任是指两个域之间创建的单向身份验证路径。假设域 A 到域 B 之间是单向信任关系，也就是说域 A 中的用户可以访问域 B 中的资源，但是域 B 中的用户不能访问域 A 中的资源。

2. 双向信任

双向信任是指两个域之间的信任关系是相互的。例如，域 A 和域 B 之间是双向信任关系，那么两域之间的用户就可以互相访问对方域中的资源。

3. 可传递信任

可传递信任是指三个以上的一组域之间产生的一种信任关系。例如，域 A 和域 B 之间有可传递信任关系，域 B 和域 C 有可传递信任关系，那么域 A 和域 C 之间也具有可传递信任关系，即域 C 中的用户就可访问域 A 中的资源。

Windows Server 2008 域树中的所有信任都是可传递的、双向信任的，因此，信任关系中的两个域都是相互受信任的。由于信任关系的流动性，在相同 Windows Server 2008 域林中的域之间的信任关系也是可传递的。

4. 不可传递信任

不可传递信任关系默认为单向信任关系，但用户可通过建立两个单向信任来构建一个双向信任关系。在不同域林中的域之间手动创建的所有信任关系都是不可传递的。Windows Server 2008 域中的不可传递信任关系大多数情况下都是由系统管理员明确创建的。

> **提示：**当一个域加入一个 Windows Server 2008 域树中时，在加入域与该域树中父代之间的可传递双向信任关系就自动建立了。由于信任是可传递的和双向的，所以域树成员之间的其他附加信任关系是不需要的。

5.2.3　任务 3：理解活动目录的物理结构

活动目录的物理结构是指在规划 Windows Server 2008 域模式的网络环境中，具体部署的各种角色计算机的组织状况。

在域中作为服务器的系统可以充当以下两种角色中的任何一种：域控制器或成员服务器，其他机器则是非成员服务器和工作站。

1. 域控制器

域控制器是安装、运行活动目录的 Windows Server 2008 服务器。在域控制器上，活动目录存储了域范围内的所有账户和策略信息（如系统的安全策略、用户身份验证数据和目录搜索）。账户信息可以属于用户、服务和计算机账户。

注意：由于存在活动目录，域控制器不需要本地安全账户管理器（SAM）。一个域中可以有一个或多个域控制器，通常单个域网络用户只需要一个域。而在具有多个网络位置的大型网络或组织中，为了获得高可用性和较强的容错能力，可能在每个部分都会增加一个或多个域控制器。

系统管理员可以更新域中任何域控制器上的活动目录数据，若在一个域控制器上对域中的信息进行了修改，这些数据都将会自动传递到网络中其他的域控制器中。

2. 成员服务器

一个**成员服务器**就是一台在 Windows Server 2008 域环境中实现一定功能或提供某项服务的服务器，如文件服务器、FTP 应用服务器、数据库服务器或者 Web 服务器。由于它们都不是域控制器，因此成员服务器不执行用户身份验证且不存储安全策略信息，这样便可以让成员服务器拥有更高的处理能力来处理网络中的其他服务，即将身份认证和服务分开，可以获得较高的处理效率。

3. 站点

活动目录中的**站点**是一个或多个 IP 子网地址的计算机集合，用来描述域环境网络的物理结构或拓扑。为确保域内目录信息的有效交换，域中的计算机需要很好地连接，尤其是不同子网内的计算机，通过站点可以简化活动目录内的站点之间的复制、身份验证等活动，这样可以提高工作效率。

站点在概念上不同于 Windows Server 2008 的域，站点代表网络的物理结构，而域代表组织的逻辑结构。一个站点可以跨越多个域，而一个域也可以跨越多个站点。站点并不是域名空间的一部分，站点的最大特色体现在控制域信息的复制方面，它可以帮助确定资源位置的远近，选择有利于网络流量的最佳方式来进行活动目录数据库的复制。站点反映网络的物理结构，而域反映组织的逻辑结构，二者关系如下：

（1）物理结构与逻辑结构之间没有必然的相关性。

（2）活动目录允许单个站点中有多个域，单个域中有多个站点。

（3）站点和域名称空间之间没有必然的连接。

在 Windows Server 2008 中应用站点，活动目录可以确定地使用可用网络资源，其便利之处如下：

（1）客户从域控制器请求服务时，只要相同域中的域控制器有一个可用，则此请求就会发送给该域控制器。选择与发出请求的客户连接良好的域控制器，将使该请求的处理效率更高。

（2）在复制活动目录数据库时，可以大大降低网络的拥塞程度。由于用户各种信息资源的变化，使得活动目录在一个站点内比在站点之间会更频繁地复制目录管理属性数据。这样，在连接好的域控制器之间，就需要一个特定的域控制器首先接收复制的内容，其他站点中的域控制器接收目录所进行的更改。这样的操作并不频繁，可以降低网络带宽的消耗。

> **提示：**站点中的对象分别由域客户机和控制器来确定。客户机确定它打开时所在的站点，所以其站点位置经常动态更新；域控制器的站点位置由其目录内服务器对象所属的站点决定。

5.3 项目三：活动目录服务的安装

活动目录的功能十分强大，已成为 Windows Server 2008 操作系统的特色，但是 Windows Server 2008 初始安装默认是没有安装活动目录服务的，因此用户只有安装了活动目录服务，才能搭建域环境，将服务器配置成域控制器。

在安装活动目录服务之前，应当明确一些必备的安装条件：在安装有 Windows Server 2008 系统的计算机上，安装的系统分区必须是 NTFS；指定配置 TCP/IP 协议属性中的 DNS 信息，并且保证网络接口的正常连接（因为安装活动目录服务的同时也要安装域名解析服务，域名解析服务要求服务器使用静态 IP 地址）。用户可通过系统提供的活动目录安装向导，安装、配置自己的服务器。如果网络中没有其他域控制器，那么可新建域树或者新建子域，并将服务器配置为域控制器。

安装活动目录服务可以使用两种方式：使用 Windows Server 2008 服务器管理器；使用命令方式。

5.3.1　任务 1：使用 Windows Server 2008 服务器管理器安装

安装步骤如下：

步骤 1：打开"开始|管理工具|服务器管理器"。

步骤 2：在"角色"区域中，选择"添加角色"。

步骤 3：打开"添加角色向导"界面，此向导帮助系统管理员在这台服务器上安装指定的角色，在继续操作之前，应当确保 Administrator 账户具有强密码；已配置网络设置（例如静态 IP 地址）；已安装 Windows Update 中的最新安全更新等。

步骤 4：在图 5—3 所示的"选择服务器角色"中，选择"Active Directory 域服务"，单击"下一步"按钮启动 Active Directory 域服务安装向导。

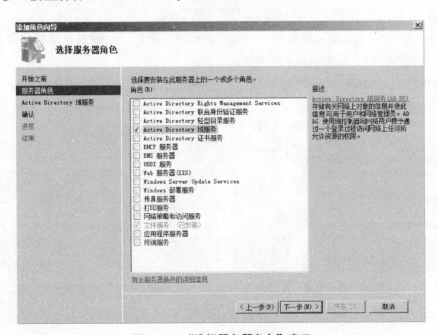

图 5—3　"选择服务器角色"窗口

5.3.2　任务 2：使用命令方式安装

安装步骤如下：

步骤 1：单击"开始|运行"按钮，输入"dcpromo"命令，然后单击"确定"按钮。

步骤 2：系统自动复制 Active Directory 域服务的二进制文件，完成后将出现"Active Directory 域服务安装向导"窗口，如图 5—4 所示，单击"下一步"按钮开始安装。

步骤 3：弹出"操作系统兼容性"窗口，如图 5—5 所示，单击"下一步"按钮。

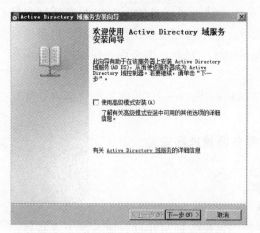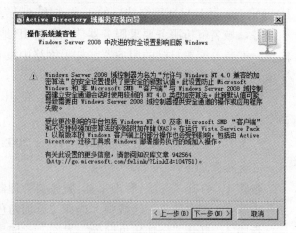

图 5—4　"Active Directory 域服务　　　　图 5—5　"操作系统兼容性"窗口
　　　　安装向导"窗口

步骤 4：如果服务器是新域中的第一个域控制器，则选择"在新林中新建域"。如果域中已经有域控制器，则此域控制器只是作为域的额外控制器；若是在现有域中新建域，则选择"现有林"，如图 5—6 所示，然后单击"下一步"按钮。

步骤 5：如图 5—7 所示，在出现的"命名林根域"窗口中，输入目录林根级域的完全限定域名（即 FQDN），这里输入 xyz.com。

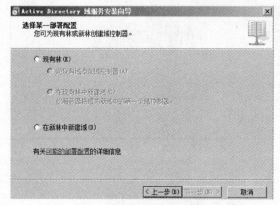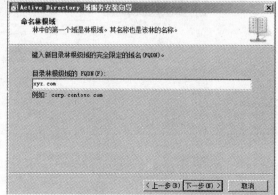

图 5—6　"选择某一部署配置"窗口　　　　图 5—7　"命名林根域"窗口

步骤 6：单击"下一步"按钮，系统将自动检查已有的域名并验证其 NetBIOS 名，打开图 5—8 所示的"设置林功能级别"窗口，林功能级别包含"Windows Server 2000"、"Windows Server 2003"和"Windows Server 2008"三个等级。这里选择"Windows Server 2008"，单击"下一步"按钮。

步骤 7：如图 5—9 所示，为此域控制器选择其他选项，选中"DNS 服务器"，将 DNS

服务器安装在域林中的第一个域控制器上，单击"下一步"按钮。

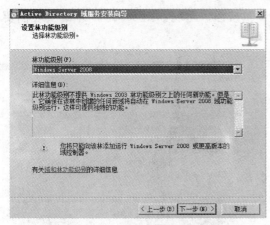

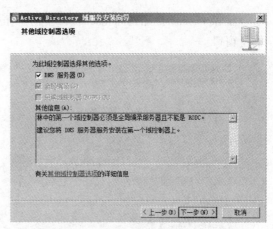

图 5—8　"设置林功能级别"窗口　　　　　　图 5—9　"其他域控制器选项"窗口

步骤 8：如图 5—10 所示，在出现的提示对话框中，单击"是"继续。

步骤 9：如图 5—11 所示，在"数据库、日志文件和 SYSVOL 的位置"对话框中，设置 Active Directory 域控制器数据库、日志文件和 SYSVOL 的位置。

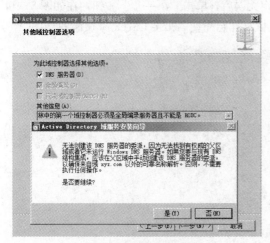

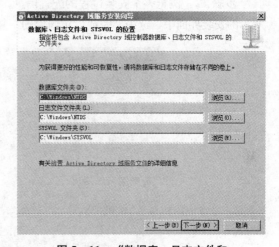

图 5—10　提示对话框　　　　　　图 5—11　"数据库、日志文件和
　　　　　　　　　　　　　　　　　　　　　 SYSVOL 的位置"对话框

活动目录数据库存储有关域环境中用户、计算机和网络其他对象的信息；日志文件记录与活动目录服务有关的活动，如当前更新对象的信息；SYSVOL 存储组策略对象和脚本，在默认情况下，SYSVOL 是位于％windir％目录中的操作系统文件的一部分。为了获得更好的性能和可恢复性，可将数据库和日志文件存储在不同的磁盘卷上。

步骤 10：设置完数据库、日志文件和 SYSVOL 的位置后，单击"下一步"按钮，在如图 5—12 所示的"目录服务还原模式的 Administrator 密码"窗口，输入在目录服务还原模式启动此域控制器时使用的账户密码。

注意：该账户密码与域管理员账户密码不同，仅是在还原活动目录服务数据库模式下而设置的密码，可能与域管理员的密码不一致。一定要记清楚其组成，否则不能正确还原活动目录数据库。

步骤 11：设置完还原密码后，单击"下一步"按钮，出现如图 5—13 所示的安装摘要信息窗口。

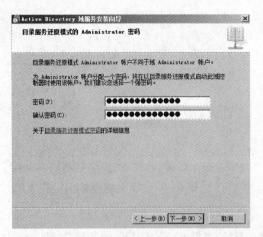
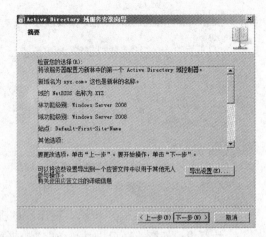

图 5—12　"目录服务还原模式的 Administrator 密码"窗口　　图 5—13　"摘要"窗口

步骤 12：浏览整个安装过程的配置信息，确定无误后，单击"下一步"按钮，在如图 5—14 所示的安装界面中，选中"完成后重新启动"复选框，开始配置 Active Directory 域服务。

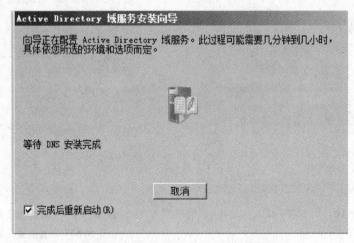

图 5—14　配置 Active Directory 域服务

> **提示**：安装好的域控制器是可以更改的，如可从域控制器上删除 Active Directory，使其成为一般的服务器。若本机已经是域控制器，则使用"dcpromo"命令启动"Active Directory 域服务安装向导"，将出现删除 Active Directory 的界面。

成功安装 Active Directory 域服务后，会在"管理工具"下生成三个与 Active Directory 相关的工具：Active Directory 用户和计算机、Active Directory 域和信任关系、Active Directory 站点和服务。

启动"服务器管理器"工具，通过查看"角色"，检查活动目录的默认结构，如图 5—15 所示。

（1）Builtin：存放的是内置的组。

（2）Computers：默认计算机加入域后，计算机账户存放的位置就是 Computers。

（3）Domain Controllers：存放该域的域控制器，不要轻易将域控制器移动到其他位置。

（4）Foreign Security Principals：存放信任的外部域中的安全实体。

（5）Users：默认用户的存放位置。

如需查看当前域中更多的容器内容，可单击当前域的"查看|高级功能"命令。

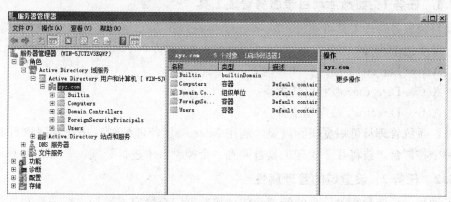

图 5—15　活动目录默认结构

5.4　项目四：客户计算机加入到域

域控制器在在整个网络中发挥着核心作用，但不是域中的唯一角色，根据域中的计算机的功能不同，还分别有成员服务器和工作站。另外，在网络中有些计算机并不属于任何域（即以工作组模式运行），可将它们分为独立服务器和一般客户端计算机。本项目讨论如何将一台计算机加入到 Windows Server 2008 的域中。

下面将以安装 Windows XP 系统的计算机为例，介绍将计算机添加到 Windows Server 2008 域中的详细操作步骤：

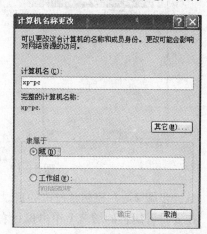

步骤 1：在控制面板中或桌面上打开"我的电脑|系统属性"，在"计算机名"选项中，单击"更改"按钮，如图 5—16 所示。

步骤 2：单击"隶属于"选择区域的"域"，这里输入 xyz.com，然后单击"确定"按钮，提示输入计算机要加入到域的用户名和密码。

步骤 3：单击"确定"按钮关闭"系统属性"对话框（将提示重新启动计算机）。

图 5—16　"计算机名称更改"对话框

注意：需要提供的用户账户名和密码为域控制器的系统管理员的名称和密码。

5.5 项目五：活动目录服务的管理

为了保证安装好的活动目录服务稳定运行，并提供用户所期望的功能，还要进行各种活动目录服务的管理操作。例如，管理域中的用户和计算机，创建本地域与其他域的信任关系，创建物理站点来管理活动目录的信息复制等。完成这些系统管理工作需要用到活动目录管理工具，这些工具是随着活动目录安装完成后，自动添加到"管理工具"菜单组中的，方便了目录服务的管理。活动目录服务的管理大多是通过对域控制器的操作来实现的。

5.5.1 任务1：熟悉活动目录服务管理工具

活动目录服务管理工具可通过访问 Windows Server 2008 域服务器，在域控制器的"管理工具"菜单组中获得：

（1）Active Directory 用户和计算机。

（2）Active Directory 域和信任关系。

（3）Active Directory 站点和服务。

另外，系统管理员可根据实际需要，利用 Microsoft 管理控制台建立专门执行单项管理任务的一个控制台，或将几个管理工具合并到一个控制台中进行管理。

5.5.2 任务2：设置域的管理属性

为了加强对域属性相关信息的管理，使域控制器安全稳定地运行，系统管理员必须设置域的属性。通过设置域的属性，不但可以确定域的常规属性，而且还可以为域控制器制定权限组和管理用户。设置域属性的具体操作步骤如下：

步骤1：打开"开始|管理工具|Active Directory 用户和计算机"，如图5—17所示。

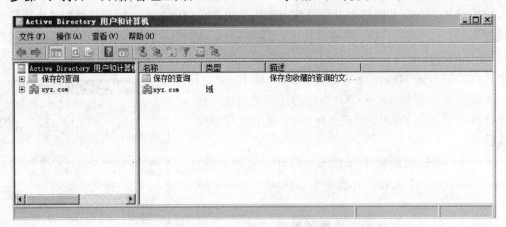

图 5—17 "Active Directory 用户和计算机"窗口

步骤2：在控制台窗口的目录树中展开域结点，单击域名，即可显示该域的相关内容，在要设置属性的域名上单击鼠标右键，在快捷菜单中选择"属性"，如图5—18所示。

步骤3：在"常规"选项卡中的"描述"文本框中，输入对该域的一般说明描述。

步骤4：若要更改域的管理者，可以打开"管理者"选项卡，单击其中的"更改"按钮打开"选择用户、联系人或组"对话框，选择新的管理者即可，如图5—19所示。

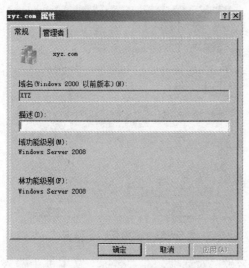

图 5—18　"xyz. com 属性"对话框

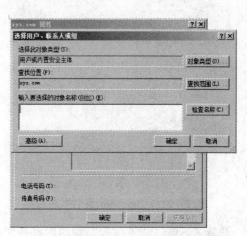

5—19　"选择用户、联系人或组"对话框

5.5.3　任务 3：创建域的信任关系

在域树或域林的搭建过程中，域与域之间的信任关系是自动创建完成的，不需要手工操作。域的信任关系主要完成的是一个域中的用户由另一个域中的域控制器进行身份验证。需要管理员创建域信任关系的情形主要有以下两种：

（1）当管理员需要将域林中的某个域与域林外的某个域建立信任关系时，就应当建立明确的外部信任关系。

（2）当管理员在域林中的两个域之间直接建立信任关系以减少信任路径身份验证时，应建立内部快捷信任关系。

创建域的信任关系的操作步骤如下：

步骤 1：打开"开始|管理工具|Active Directory 域和信任关系"，如图 5—20 所示。

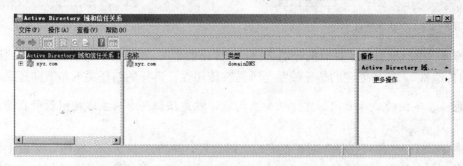

图 5—20　"Active Directory 域和信任关系"窗口

步骤 2：在"Active Directory 域和信任关系"域名结点上单击鼠标右键，在弹出的快捷菜单中选择"属性"，打开其属性对话框，如图 5—21 所示。

步骤 3：打开"信任"选项卡，查看该域控制器中受此域信任的域和信任此域的域，如图 5—22 所示。

步骤 4：创建新的信任关系，单击"新建信任"按钮，打开"新建信任向导"对话框，如图 5—23 所示。

图 5—21　"xyz. com 属性" 对话框

图 5—22　"信任" 选项卡

步骤 5：单击 "下一步" 按钮后打开 "信任名称" 对话框，在 "名称" 文本框中输入信任关系域的名称。如果该信任域是其他域林中的域，则输入 NetBIOS 或 DNS 名称来创建信任关系，如图 5—24 所示。

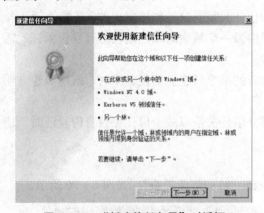

图 5—23　"新建信任向导" 对话框

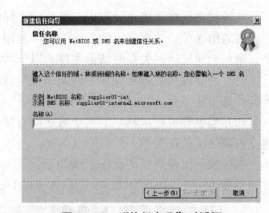

图 5—24　"信任名称" 对话框

步骤 6：用户根据提示对话框分别选择："信任类型"，根据需要选择适当的信任类型；"信任的传递性"，选择创建的信任关系是否具有传递性；选择的信任关系是双向还是单向。

注意：在不同的域林之间创建信任关系之前，首先保证两者的主域控制器所在网络能够互联互通。

步骤 7：打开 "信任密码" 对话框完成密码设置，单击 "下一步" 按钮，对以上创建信任关系时的基本情况进行确认，然后单击 "完成" 按钮即可完成信任关系的创建。返回 "信任" 选项卡查看区域列表中显示的新建信任关系。如果要撤销信任关系，则分别在 "受此域信任的域" 或 "信任此域的域" 列表框中单击 "删除" 按钮。

5.5.4　任务 4：提升域的功能级别

在 Windows Server 2008 域控制器中，整个域管理功能的级别有 3 个：Windows 2000 Server、Windows Server 2003 和 Windows Server 2008。管理员可根据自己的域网络环境、Windows 操作系统的版本实际应用情况更改域功能级别，具体操作步骤如下：

打开"开始|管理工具|Active Directory 用户和计算机",如图 5—25 所示。在控制台目录树中,在需要管理的域结点上单击鼠标右键,在弹出的快捷菜单中选择"提升域功能级别",打开"提升域功能级别"对话框,在"选择一个可用的域功能级别"下拉列表中选择新的功能级别,然后单击"提升"按钮即可。

图 5—25　"Active Directory 用户和计算机"窗口

注意:提升域功能级别的操作是不可逆的。如果将域功能级别提升至 Windows Server 2008,就不能再将运行 Windows 2000 Server 的域控制器添加到该域中。

5.5.5　任务 5:管理不同的域

系统管理员除了可以管理本地域外,还可以在本地域控制器上管理域林中的其他域,但在管理之前,需要先建立当前域和管理域之间的连接。

在企业的域网络环境下,系统管理员在管理网络用户和计算机时,必须连接到其他域控制器继续执行管理功能。由于在 Windows Server 2008 中不再区分主域控制器和辅助域控制器,域控制器的连接也变得更加简单,与其他任何一个可写的域控制器建立连接即可。

要连接到域控制器的具体操作步骤如下:打开"Active Directory 用户和计算机"控制台窗口,在控制台目录树中的域名结点上单击鼠标右键,在弹出的快捷菜单中选择"更改域",如图 5—26 所示,从中可以查看当前域控制器的名称,然后在"输入另一个域控制器的名称"文本框中输入要连接的域控制器名,或者在域控制器列表中点击"浏览"按钮选择一个要连接的域控制器,单击"确定"按钮即可完成连接。

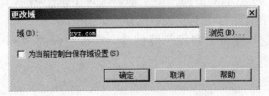

图 5—26　"更改域"对话框

5.5.6　任务 6：站点管理

站点可以使不同 IP 地址的子网更好地工作，并确保域内目录信息的有效交换，通过站点可以简化 Active Directory 内的站点之间的复制、身份验证等活动，提高工作效率。

1. 创建站点

创建站点的步骤如下：

步骤 1：打开"开始|管理工具|Active Directory 站点和服务"，如图 5—27 所示。

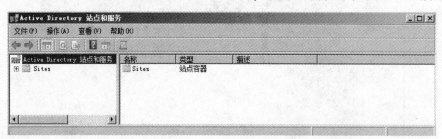

图 5—27　"Active Directory 站点和服务"窗口

步骤 2：鼠标右键单击"Sites"，在弹出快捷菜单中选择"新站点"，弹出如图 5—28 所示对话框。

步骤 3：在"名称"文本框中输入新站点的名称，然后选择一个站点连接对象，单击"确定"按钮，出现如图 5—29 所示的界面。

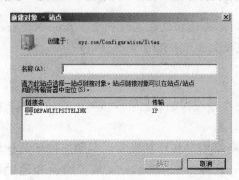

图 5—28　"新建对象-站点"对话框

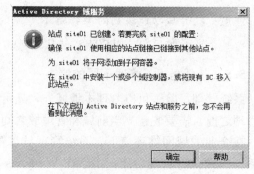

图 5—29　新站点创建完成

2. 创建子网

创建子网的步骤如下：

步骤 1：打开"开始|管理工具|Active Directory 站点和服务"。

步骤 2：在控制台目录树中，鼠标右键单击"Subnets"，在弹出快捷菜单上选择"新建子网"，弹出如图 5—30 所示的对话框。

步骤 3：在如图 5—30 所示的对话框的"前缀"文本框中输入子网地址，在"为此前缀选择站点对象"列表框中选择与该子网关联的站点，如图 5—31 所示。

步骤 4：单击"确定"按钮，完成子网创建。在控制台的"Subnets"容器内，出现新建的子网，如图 5—32 所示。

3. 将子网与站点关联

将子网与站点关联的步骤如下：

　　步骤 1：在"Active Directory 站点和服务"控制台目录树中，鼠标右键单击要关联站点的子网结点，选择"属性"，如图 5—33 所示。

　　步骤 2：在"子网属性"对话框中，选择要关联的相对应的站点，然后单击"确定"按钮即可完成。

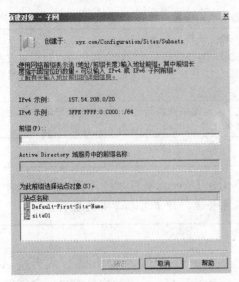

图 5—30　"新建对象-子网"对话框

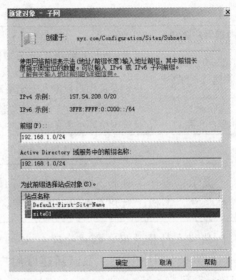

图 5—31　"新建对象-子网"配置对话框

图 5—32　子网创建完成

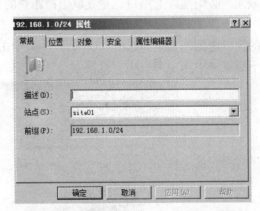

图 5—33　"192.168.1.0/24 属性"对话框

5.6　项目六：域模式的账户管理

5.6.1　任务 1：掌握域模式的登录用户账户管理技术

1. 域模式的登录用户账户简介

　　域模式的登录用户账户是建立在域控制器、存储于活动目录中的使用者账户，这里主要讲述域模式下的用户账户（即人的账户）。

　　用户账户由用户名和口令来标识。在创建域控制器后，每个网络用户登录系统之前，都会向管理员申请一个用户账户。用户在计算机上登录时，应当输入在域活动目录数据库中有效的用户名和口令，通过域控制器的验证和授权后，就可以所登录的身份和权限对域和计算机资源进行访问。

活动目录安装完后有两个主要的内置用户账户：Administrator 和 Guest。Administrator 账户对域具有最高级的权限，是内置的管理账户；而 Guest 账户只有极其有限的权限。表 5—1 列出了 Windows Server 2008 域控制器上的内置用户账户。

表 5—1   **Windows Server 2008 域控制器上的内置用户账户**

内置用户账户	特　　性
Administrator（管理员）账户	Administrator 账户具有域内最高权限，系统管理员使用这个账户可以管理域或者所有计算机上的资源，以及所有的账户信息数据库。例如，创建用户账户、组账户，设置用户权限和安全策略等
Guest（客户）账户	Guest 账户默认状态是"禁用"的，如需使用则将其打开。Guest 账户是为临时登录域网络环境并使用网络中有限资源的用户提供的，它仅有非常有限的权限

提示： 当计算机加入到域中后，可使用"Active Directory 用户和计算机"创建计算机账户，类似于对用户账户进行管理，这里不再赘述，读者可参考有关资料。

2. 域模式的登录用户账户管理

（1）新建域用户账户。具有新建域用户账户权限的账户是 Administrator，或者是 Administrators、Account Operators、Domain Admins、Power Users 组的成员账户，进行新建域用户必须是以上用户。建立域用户账户的具体步骤操作如下：

步骤 1： 选择"开始|管理工具|Active Directory 用户和计算机"命令，在图 5—34 所示的窗口左侧列表中，选中"Users"项，单击鼠标右键，从中选择"新建"命令，在激活的下级菜单中选中用户项。

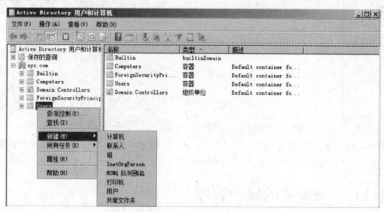

图 5—34　新建用户

步骤 2： 在图 5—35 所示的"新建对象-用户"对话框中，输入用户的相关信息，如新建用户姓名 zhangfei。建立用户账户时，可按规划内容一次输入全部有关信息，也可以仅输入部分必要信息，其他内容根据需要之后再进行补充。

步骤 3： 输入用户登录名等信息，单击"下一步"按钮，在图 5—36 中进行用户密码选项的设置，密码和确认密码中的字符最多 128 个，大小写是不同的，并且要符合密码复杂度的策略。另外还要对用户密码的性质进行设置，如选中"用户下次登录时须更改密码"。

步骤 4：单击"下一步"，打开完成窗口，如图 5—37 所示。如果需要对之前设置的内容进行修改，单击"上一步"返回；如果确认正确无误可以单击"完成"按钮。

图 5—35　"新建对象-用户"对话框

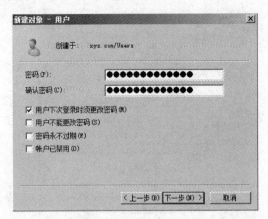

图 5—36　设置用户密码

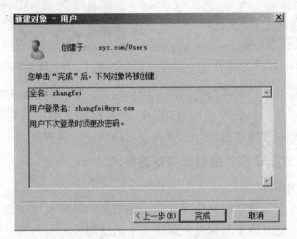

图 5—37　新域用户账户创建完成

（2）修改域用户账户属性的具体步骤如下：

步骤 1：选择"开始|管理工具|Active Directory 用户和计算机"命令，在图 5—34 所示的窗口中，选择需要修改的账户，如 zhangfei，单击鼠标右键，弹出快捷菜单，从中选择"属性"命令，如图 5—38 所示。

步骤 2：在属性窗口中，可以选择并修改该账户的各项内容。如在"账户"选项卡中修改用户的登录时间，如图 5—39 所示。在设定该用户许可登录的时间段后单击"确定"按钮，即可完成该属性的修改任务。

（3）复制和修改域用户账户。如果企业组织内拥有许多性质相同的账户，可以先建立一个典型代表用户账户，然后使用"复制"功能建立用户账户。具体操作步骤：选中已经建立好的用户账户，单击鼠标右键，从弹出的快捷菜单中选择"复制"命令，然后按类似新建用户的操作步骤，就可快速建立多个性质相同的用户账户。

如果对多个性质相同的用户账户进行某项相同属性参数的修改，也可以使用多用户账户的修改方法。具体操作步骤：在"Active Directory 用户和计算机"窗口的"Users"容器中选择多个用户账户名称，单击鼠标右键，在"属性"对话框中即可进行相应的修改，从而达到批量修改多用户账户属性的目的。

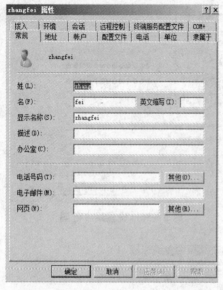

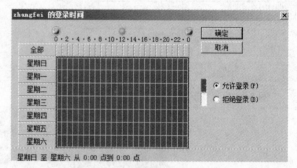

图 5—38　"zhangfei 属性"对话框　　　　　图 5—39　修改用户登录时间

（4）删除域用户账户。对于不再使用的域用户账户，要及时删除清理，以保证活动目录数据库的及时更新。删除用户账户与修改用户账户的操作类似：首先选择欲删除的用户账户，然后单击鼠标右键，选择"删除"命令，最后确定并完成删除。

5.6.2　任务 2：掌握域模式的组账户管理技术

1. 域模式的组账户简介

作为系统管理员，应当清楚域网络模式中组的概念、类型及组的管理技术等。为什么要使用组这个技术呢？使用组技术有哪些系统管理上的优势呢？

Windows Server 2008 作为多任务、多用户的操作系统，可安全和高效地管理系统资源、信息。使用组可同时为多个账户指派一组公共的权限，而不用单独为每个账户指派，这样可简化管理。在 Windows Server 2008 活动目录中，组是驻留在域控制器中的对象。活动目录自动安装了系列默认的内置组，也允许以后根据实际需要创建组，管理员还可以灵活地控制域中的组和成员。通过对活动目录中的组进行管理，可以实现如下功能：

（1）资源权限的管理，即为组而不是个别用户账户指派资源权限。这样可将相同的资源访问权限指派给该组的所有成员。

（2）用户集中的管理，即创建一个应用组，指定组成员的操作权限，然后向该组中添加需要拥有与该组相同权限的成员。

Windows Server 2008 提供的组管理功能非常强大，若要充分利用组功能，就需要清楚了解组的相关知识，这对管理好系统是非常重要的。

（1）按域中组的安全性质划分组。在 Windows Server 2008 中，按照组的安全性质可划分为安全组和通信组两种类型。

1）安全组。安全组主要用于控制和管理资源的安全性。使用安全组可以在共享资源的

"属性"窗口中选择"共享"选项卡，并为该组成员分配访问控制权限。例如，设置该组成员对特定文件夹具有"写入"权限。

2）通讯组，又称为分布式组，用来管理与安全性质无关的任务。例如，将信息发送给某个分布式组。但是，不能为其设置资源权限，即不能在某个文件夹的"共享"选项卡中为该组成员分配访问控制权限。

（2）按组的作用域划分组。组都有一个作用域，用来确定该组在域树或域林中的应用范围。按组的作用域可划分为全局组、本地域组和通用组。

1）全局组。全局组主要用来组织用户，面向域用户，即全局组中只包含所属域的域用户账户。为了管理方便，系统管理员通常将多个具有相同权限的用户账户加入到一个全局组中。之所以被称为全局组，是因为它不仅能够在所创建的计算机上使用，还能在域中的任何一台计算机上使用。只有在 Windows Server 2008 域控制器上才能创建全局组。

2）本地域组。本地域组主要用来管理域的资源。通过本地域组，可以快速地为本地域、其他信任域的用户账户和全局组的成员指定访问本地资源的权限。本地域组由该组所属域的用户账户、通用组和全局组组成，不能包含非本域的域组。为了管理方便，管理员通常在本域内建立本地域组，并根据资源访问的需要将适合的全局组和通用组加入到该组，最后为该组分配本地资源的访问权限。本地域组的成员仅限于访问本域资源，而无法访问其他域的资源。

3）通用组。通用组可以用来管理所有域内的资源，包含任何一个域内的用户账户、通用组和全局组，但不能包含本地域组。在大型企业应用环境中，管理员通常先建立通用组，然后为该组成员分配在各域内的访问权限。通用组的成员可以使用所有域的资源。

提示： 为资源（文件共享、打印机等）指派权限时，管理员应将权限指派给安全组而非个别用户。权限可一次分配给这个组，而不是多次分配给单独的用户。添加到组的每个账户将接受在活动目录中指派给该组的权限以及在资源上为该组定义的权限。

另外，Windows Server 2008 创建活动目录域时自动生成了一些默认的内置安全组。使用这些预定义的组可以方便管理员控制对共享资源的访问，并委托特定域管理角色。例如，Backup Operators 组的成员有权对域中的所有域控制器执行备份操作，当管理员将用户添加到该组时，用户将接受指派给该组的所有用户权限以及指派给该组的共享资源的所有权限。

2. 域模式的组账户管理

在这里以创建全局组 "GroupT" 的操作为例介绍在活动目录中建立自定义组的步骤。

在 "Active Directory 用户和计算机"窗口中，选中 "Users" 结点，单击鼠标右键，从弹出的快捷菜单中选择"新建|组"命令。打开如图 5—40 所示的界面，输入新建组的名称 "GroupT"，组的作用域为"全局"，组的类型为"安全组"。单击"确定"按钮即可完成新建域组账户的创建。

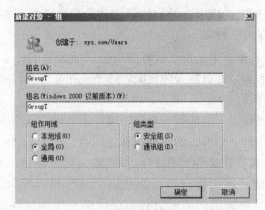

图 5—40　"新建对象-组"对话框

实训项目 5

1. 实训目的

熟练掌握 Windows Server 2008 活动目录服务及其管理。

2. 实训环境

正常的局域网络；安装 Windows Server 2008、Windows XP 操作系统的计算机。

3. 实训内容

（1）通过"服务器管理器"和"dcpromo"命令，在服务器上安装活动目录服务，建立域控制器。

（2）配置安装 Windows XP 客户机的 IP 地址，使其与 Windows Server 2008 域控制器正常连通。

（3）修改 Windows XP 客户机系统属性，加入 Windows Server 2008 域控制器。

（4）测试从 Windows XP 客户机上登录 Windows Server 2008 域控制器。

（5）建立全局组 Teachers 和安全组 Students。

（6）在 Teachers、Students 组中分别建立 Teacher1、Teacher2、Student1 和 Student2 域用户账户。

（7）分别修改各个账户的属性，并指定资源权限，测试是否正确可用。

习　题　5

1. 填空题

（1）活动目录服务是用于 Windows Server 2008 操作系统中的目录服务，它存储了_____，方便了系统管理员和用户的查找、使用。

（2）目录服务是按_____方式组织信息，然后按_____关联检索信息的一种服务方式。

（3）Windows Server 2008 活动目录服务采用 Internet 标准协议，用户账户可以使用_____来表示，以进行网络登录。

（4）当多个域通过信任关系连接起来并且拥有共同的模式、配置和全局目录时，它们就构成了_____。

（5）_____是 Windows Server 2008 活动目录的核心逻辑单元，是共享同一活动目录的一组计算机集合。

（6）当一个域加入一个 Windows Server 2008 域树中时，在加入域与该域树中父代之间的_____信任关系就自动建立了。

（7）活动目录中的站点是_____的计算机集合，用来描述域环境网络的物理结构或拓扑。

（8）域模式的登录用户账户是建立在_____、存储于活动目录中的使用者账户。

2．简答题

（1）什么是 Windows 的活动目录服务？活动目录的特性是什么？活动目录有哪些主要功能？

（2）域的信任关系有哪些类型，各有什么不同？

（3）在 Windows Server 2008 中使用组账户有什么作用？

（4）试描述创建域模式登录用户账户的步骤。

（5）Windows Server 2008 按照不同划分标准有哪几种类型的组？

（6）如何将一台 Windows XP 计算机加入到 Windows Server 2008 的域中？请描述出主要步骤。

第 6 章　共享资源管理

教学重点

- 文件夹共享的实现
- 分布式文件系统（DFS）的管理
- 卷影副本功能的实现

教学情景导读

在图书馆，用户或读者在任何时候、任何地点都可以获得所需的信息资料。图书馆通过互联网，把分布在各地的数据库有组织地连接起来，超越时间和空间的约束，使得文献资源得以共享。资源共享的原则是，建立标准化、规范化、通用化的数据库，无论是谁开发建立的，任何个人或团体都可以使用。共享资源是用户使用计算机系统的重要目的，从而满足用户对信息资源利用最大化的需求。共享资源管理是 Windows Server 2008 操作系统日常管理的核心内容之一。

6.1　项目一：文件夹共享的实现

共享可以使资源被其他用户使用。共享资源是指可由多个程序或其他设备使用的任何设备、数据或程序。对于 Windows 操作系统来说，"共享资源"是网络用户可以使用的任何资源，如文件夹、文件等，也是服务器上网络用户可用的资源。共享文件夹用来在网络上集中管理文件资源，使用户能够通过网络远程访问所需要的文件。通过计算机网络，不仅可以访问局域网络中的资源，而且还可以访问广域网络中的资源。利用共享文件夹实现共享的资源，主要是指计算机的软件资源，而计算机的软件资源包括程序文件和数据文件，在网络中所呈现的形式为目录和文件。所以软件资源的共享实质上是文件和目录的共享。

Windows Server 2008 操作系统只允许共享文件夹，不能共享单个文件，也就是说，工作组或成员在使用共享文件之前，必须先设置文件夹为共享，才可以继续访问此文件夹中的文件。

6.1.1　任务 1：创建共享文件夹

Windows Server 2008 可通过使用共享文件夹，查看本地和远程计算机上连接资源的使

88

用情况。使用"共享文件夹"，可以实现以下功能：

（1）新建、查看和设置共享资源的权限。

（2）查看通过网络连接计算机的所有用户列表，断开一个或全部用户。

（3）查看远程用户打开的文件列表，关闭一个或全部打开的文件。

如果希望服务器上的程序和数据能够被网络上的其他用户所使用，那么必须创建共享文件夹。创建共享文件夹的方法有多种，以下将分别介绍创建共享文件夹的几种方法。

注意：在 Windows Server 2008 操作系统环境中，并非所有用户都可以创建共享文件夹。首先，创建共享文件夹的用户必须是 Administrator、Server Operators 或 Power Users 等内置组的成员；其次，如果该文件夹位于 NTFS 分区，则该用户必须对被设置的文件夹具备"读取"的 NTFS 权限。

1. 使用"文件共享"创建共享文件夹

具体操作步骤如下：

步骤 1：选择要设置为共享文件夹的驱动器，并在其中选定文件夹，在快捷菜单中选择"共享"命令（或在工具栏中单击"共享"），打开"文件共享"对话框，如图 6—1 所示。

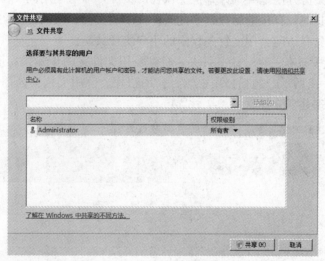

图 6—1　"文件共享"对话框

步骤 2：在"文件共享"对话框中，可选择执行以下操作之一完成用户的添加：

● 在文本框中输入共享文件的用户名，然后单击"添加"按钮。

● 单击文本框右边的下拉列表，选择表中的用户名，然后单击"添加"按钮。

● 如果列表中看不到共享文件的用户名，那么单击文本框右边的下拉列表，选择"创建新用户"，以创建一个新的用户账户。

步骤 3：在"权限级别"下，单击该用户的"权限级别"旁边的箭头，然后执行以下操作之一以设置共享权限，如图 6—2 所示。

● 单击"读者"，以限制用户只能查看共享文件夹中的文件。

● 单击"参与者"，允许用户查看所有文件、添加文件，以及更改或删除他们所添加的文件。

● 单击"共有者"，允许用户查看、更改、添加和删除共享文件夹中的文件。

步骤 4：完成选择要共享文件的用户后，单击"共享"按钮，出现如图 6—3 所示界面，单击"完成"按钮即可实现对文件夹的共享设置。

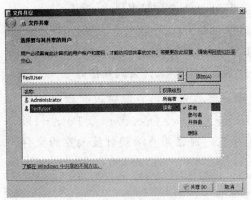

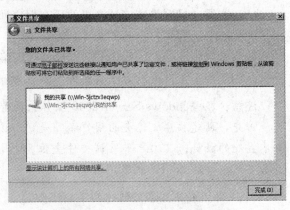

图 6—2　选择权限级别　　　　　　　图 6—3　完成共享文件夹的设置

2. 通过公用文件夹共享文件

通过公用文件夹可方便地共享计算机上保存的文件，即与使用同一台计算机的其他用户或同一网络中使用其他计算机的用户共享此文件夹中的文件。放入公用文件夹的任何文件或文件夹都将自动与具有访问公用文件夹权限的用户实现共享。

Windows 系统中只有一个公用文件夹，打开公用文件夹的步骤是：依次单击"开始|文档|公用"，如图 6—4 所示，包括公用视频、公用图片、公用文档、公用下载和公用音乐等文件夹，可分类管理共享文件。

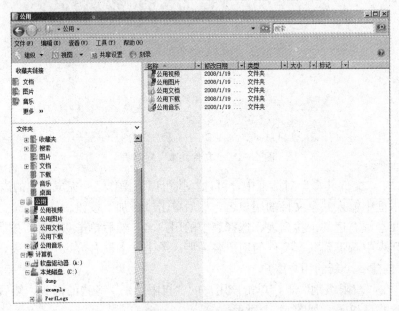

图 6—4　公用文件夹

在系统默认情况下，将关闭对公用文件夹的网络访问，如要启用可在"网络和共享中心"选择"启用共享"，如图 6—5 所示。

（1）控制哪些人可以访问公用文件夹：如果限制只有此计算机的用户账户和密码的操作者

才具有对公用文件夹的网络访问权限，那么可在图 6—5 所示"网络和共享中心"的"密码保护的共享"的下拉列表中，选择"启用密码保护的共享"选项，然后单击"应用"按钮。

（2）控制公用文件夹的访问级别：在图 6—5 所示的"网络和共享中心"的"公用文件夹共享"下拉列表中，可选择"启用共享，以便能够访问网络的任何人都可以打开文件"；也可选择"启用共享，以便能够访问网络的任何人都可以打开、更改或创建文件"；还可选择"禁用共享"。

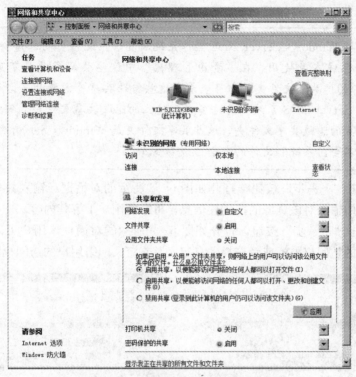

图 6—5　"网络和共享中心"对话框

3. 利用"计算机管理"创建共享文件夹

操作步骤如下：

步骤 1：打开"开始|管理工具"，单击打开"计算机管理"窗口，如图 6—6 所示。

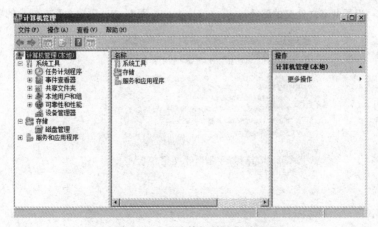

图 6—6　"计算机管理"窗口

步骤 2：在导航子窗口中，展开"共享文件夹"，单击"共享"结点，在右边窗口中显示出计算机中所有共享文件夹的信息。如果要建立新的共享文件夹，可通过选择主菜单"操作"中的"新建共享"子菜单，或者在左侧窗口"共享"结点上单击鼠标右键，选择"新建共享"，打开"共享文件夹向导"，单击"下一步"按钮，打开如图6—7 所示的对话框，输入要共享的文件夹路径。

提示：根据 Windows Server 2008 操作系统配置，系统将自动创建特殊共享资源，以便于管理和系统本身使用。在"资源管理器"中这些共享资源是不可见的，但在"计算机管理"的"共享文件夹"中可查看，这些特殊共享资源的共享名都以"＄"结尾。Windows Server 2008 系统内有许多自动建立的隐藏共享文件夹，例如每个磁盘分区都有默认设置的隐藏共享文件夹，这些共享文件夹是 Windows Server 2008 出于管理目的设置的，不会对系统和文件的安全造成影响。

步骤 3：单击"下一步"按钮，打开如图 6—8 所示的对话框。输入共享名称、共享描述。在共享描述中输入对该资源的描述性信息，可方便用户了解其内容。

步骤 4：单击"下一步"按钮，打开如图 6—9 所示的对话框，用户可以根据自己的需要设置网络用户的访问权限；或者选择"自定义"来定义网络用户的访问权限。

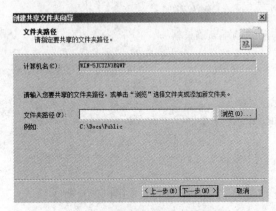

图 6—7　设置共享文件夹的路径

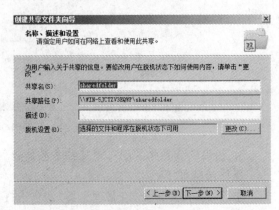

图 6—8　设置共享文件夹的名称、描述

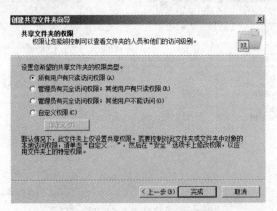

图 6—9　共享文件夹的权限设置

步骤 5：单击"完成"按钮，即完成共享文件夹的创建。

6.1.2　任务 2：访问共享文件夹

共享文件夹创建完成后，当用户知道计算机网络中的某台计算机上有共享信息时，可在本地计算机上，像使用本地资源一样使用这些共享资源。在 Windows Server 2008 中，有多种方法可以连接共享文件夹，下面分别进行介绍。

1. 搜索计算机

当用户要访问某台计算机时，如果知道该计算机的名称，可直接利用"网络"的"网络发现"搜索功能在整个网络中进行搜索，而不必根据它的位置连续进行查找。

网络发现是一种网络设置，该设置会影响用户的计算机是否可以查看（即找到）网络上的其他计算机，以及网络上的其他计算机是否可以查看用户的计算机。网络发现可通过"网络和共享中心"窗口进行设置：

（1）启用，此设置允许用户的计算机查看网络中的其他计算机和设备，并允许网络中的其他计算机用户查看这台计算机，这样使共享文件更加容易使用。

（2）禁用，此设置阻止用户的计算机查看网络中的其他计算机和设备，并阻止网络中的其他计算机用户查看这台计算机。

打开"网络"窗口，双击共享文件所在的计算机，即可显示该计算机中所有的共享文件夹。

2. 映射和断开网络驱动器

共享文件夹可以被映射为一个驱动器，映射后访问该驱动器就相当于访问相应的共享文件夹。网络驱动器中的内容与共享文件夹的内容是完全一致的，并与其他驱动器一样，可进行文件的剪切、复制、粘贴、删除。映射的网络驱动器可以在用户每次登录时自动进行连接，因此在使用时速度比较快。映射网络驱动器操作步骤如下：

步骤 1：打开"计算机"窗口，在"工具"菜单中，选择"映射网络驱动器"命令，出现如图 6—10 所示的对话框。

步骤 2：在"映射网络驱动器"窗口的"驱动器"下拉列表框中选择一个要映射到共享资源的驱动器号，"文件夹"栏中单击"浏览"选择共享文件夹的路径，其名称形式为：

\\共享文件夹的计算机名\要共享的文件夹名

步骤 3：如果每次登录时都要映射到网络驱动器，则选中"登录时重新连接"复选框。

步骤 4：单击"完成"按钮，就可以在资源管理器中看到这个驱动器。

在"计算机"窗口中，双击代表共享文件夹的网络驱动器图标，即可直接访问该驱动器下的文件和文件夹。

如果需要断开网络驱动器，那么在"计算机"窗口的"工具"菜单中，选择"断开网络驱动器"，然后选取要断开连接的网络驱动器，如图 6—11 所示，并单击"确定"按钮即可。

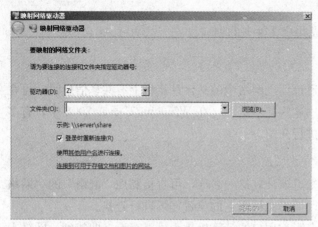

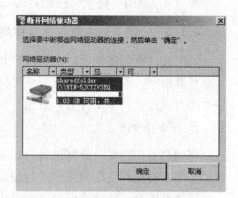

图 6—10　"映射网络驱动器"对话框　　　　图 6—11　"断开网络驱动器"窗口

6.1.3　任务 3：了解共享文件夹的权限

对于共享文件夹，要进行合理的权限设置，为系统提供一定的安全保证，避免由于用户自由使用资源，导致文件损坏或遗失，因此在建立共享文件夹之后一定要设置合理的共享权限。共享文件夹权限分为读取、更改和完全控制。

（1）共享文件夹的读取权限：包括查看文件名和子文件夹名，访问共享文件夹中不同的子文件夹，查看文件内容、属性和运行程序文件。

（2）共享文件夹的更改权限：包括读取权限中的所有权限，添加文件和子文件夹，更改文件中的数据，删除子文件和文件夹。

（3）共享文件夹的完全控制权限：包括更改权限，取得所有权。

1. 复制和移动对共享权限的影响

复制和移动文件或文件夹时，文件或文件夹的权限可能会发生变化。在复制、移动文件或文件夹之前，应该检查移动、复制的访问权限。

当共享文件夹被复制到另一位置后，原文件夹的共享状态不受影响，复制产生的新文件夹不具有原有的共享设置。当共享文件夹被移动到其他位置时，移动后的文件夹将失去原有的共享设置。

2. 共享权限与 NTFS 权限

共享权限仅对网络访问有效，当用户从本机访问一个文件夹时，共享权限完全派不上用场。NTFS 权限对于网络访问和本地访问都有用，但是要求文件或文件夹必须在 NTFS 卷，否则无法设置 NTFS 权限。

注意： FAT 和 FAT32 分区的文件夹不具备 NTFS 权限，也就是说，在这两种分区上只能通过共享权限来控制该文件夹的远程访问权限，无法使用 NTFS 权限来控制对本机的访问权限。这种情况下，建议减少用户从本机登录，尽量强制用户从网络上访问该文件夹。

共享权限只应用于通过网络访问资源的用户，这些权限不会应用于通过本机登录的用户。若要限制用户从本地登录，则需要设置对象文件的"属性"的"安全"选项卡中的 NTFS 权限。

6.2 项目二：分布式文件系统 (DFS) 的管理

Windows Server 2008 为用户更好地共享网络资源而提供了一个功能强大的工具——分布式文件系统 (Distributed File System，DFS)，通过 DFS，可以使分布在多个服务器上的文件如同位于网络上的同一位置，用户无须知道这些文件的实际物理位置即可实现对这些文件的访问。

6.2.1 任务 1：认识 DFS

DFS 是一种全新的网络文件对象资源管理应用系统，它可以让用户访问和管理物理上跨网络分布的文件变得更容易，能够解决分散的共享资源集中管理的问题。DFS 为整个企业网络上的文件系统资源提供了一个逻辑树结构。用户抛开文件的实际物理位置，仅通过一定的逻辑关系就能查找和访问网络上的共享资源，用户可以像访问本地文件一样访问分布在网络中的多个服务器上的文件。

DFS 由管理员在一台服务器上将分布在多个服务器中的共享文件夹组织为一种树形的逻辑关系，而用户不必做任何工作。即使共享文件夹的物理位置发生变化，也不会影响用户对共享文件夹的访问。另外，可以通过自动复制功能，提供负载均衡服务，即将共享文件夹的逻辑关系复制到多台服务器上，分散用户对资源的访问，实现信息同步，提供容错服务。

例如，用户的销售资料分布在某个域中的多个服务器上，利用 DFS 可使所有的销售资料如同存储在一个服务器中。这样，用户可避免访问网络上的多个位置。

以下情形，应该考虑实施 DFS：

(1) 访问共享文件夹的用户分布在一个站点的多个位置或多个站点上。

(2) 大多数用户都需要访问多个共享文件夹。

(3) 通过重新分布共享文件夹可以改善服务器的负载平衡状况。

(4) 用户需要对共享文件夹进行不间断的访问。

(5) 用户的组织中有供内部或外部使用的 Web 站点。

> **提示**：分布式文件系统也称为文件系统，但不同于操作系统的文件系统，它是 Windows Server 2008 所提供的一种共享资源的技术机制。

1. DFS 的相关术语

DFS 相关术语是在 DFS 环境中应用的，了解它可以帮助读者更好地学习和应用 DFS 技术。

(1) 命名空间。命名空间是共享文件夹的虚拟视图，这些文件夹可以位于不同的地点，展示给用户的仅仅是文件夹树。

(2) 命名空间服务器。命名空间服务器用于承载命名空间，可以是一个成员服务器或域控制器。

(3) 命名空间根。命名空间根是服务于特定命名空间的共享文件夹。因为 DFS 是一个虚拟的文件系统，那么命名空间根可以是 NTFS 卷上的任何共享文件夹。

(4) 文件夹。DFS 命名空间中的文件夹可以提供深层次的结构或映射到共享的文件夹。

（5）文件夹目标。文件夹目标是某个共享文件夹或其他命名空间的 UNC 路径，是存储数据和内容的地方。

2. DFS 的主要特性

（1）访问文件更加容易。分布式文件系统使用户可以更容易地访问文件。共享文件可能在物理上跨越多个服务器，但用户只需要转到网络上的一个位置即可访问文件。更改共享文件夹的物理位置不会影响用户访问文件夹。这是因为文件的位置看起来仍然相同，所以用户可以相同的方式访问文件夹，而不需要通过多个驱动器映射来访问他们需要的文件。对于文件服务器的维护、软件升级和其他任务（一般需要服务器脱机的任务）可以在不中断用户访问的情况下完成，这对 Web 服务器特别有用。通过将 Web 站点的根目录作为 DFS 根目录，可以在分式文件系统中移动资源，而不会断开任何 HTML 链接。

（2）可用性。基于域的 DFS 命名空间以两种方法确保用户保持对文件的访问，一是 Windows Server 2008 自动将 DFS 拓扑发布到活动目录中，以确保 DFS 拓扑对域中所有服务器上的用户总是可见的；二是用户可以复制 DFS 根目录和 DFS 共享文件夹。复制意味着可以在域中的多个服务器上存储 DFS 根目录和 DFS 共享文件夹，即使这些文件驻留的一个物理服务器不可用，用户仍然可以访问此文件。

（3）服务器负载平衡。DFS 根目录支持物理上分布在网络中的多个 DFS 共享文件夹。这一点很有用，例如，当用户频繁访问某一文件时，并非所有的用户都在单个服务器上物理地访问此文件，这将会增加服务器的负担，DFS 确保访问文件的用户分布于多个服务器。然而，在用户看来，文件驻留在网络上的位置是相同的。

3. DFS 的拓扑

拓扑是一种研究与大小、形状无关的线、面特性的方法。在计算机网络环境下，拓扑是指网络站点与通信链路（站点间的连接）的几何布置，定义了各站点之间的物理位置与逻辑位置。

分布式文件系统拓扑结构由 DFS 根目录、一个或多个 DFS 共享文件夹（或每个 DFS 所指的副本）组成。

DFS 根目录所驻留的域服务器被称为宿主服务器。通过在域中的其他服务器上创建"根目录共享"，可以复制 DFS 根目录。这将确保在宿主服务器不可用时，共享文件仍可使用。对于用户来说，DFS 拓扑对所需网络资源提供统一和透明的访问。对于系统管理员来说，DFS 拓扑是单个 DNS 名称空间。使用基于域的 DFS，可将 DFS 根目录共享的 DNS 名称解析到 DFS 根目录的宿主服务器中。

由于基于域的分布式文件系统的宿主服务器是域中的成员服务器，在默认情况下，会将 DFS 拓扑自动发布到活动目录中，因此提供了跨越主服务器的 DFS 拓扑同步。从另一面来看，这也对 DFS 根目录提供了容错，支持 DFS 共享文件夹的可选复制。

通过将 DFS 链接添加到 DFS 根目录，可以扩展 DFS 拓扑，但在 DFS 拓扑中分层结构层数的唯一限制是对任何文件路径最多使用 260 个字符。新 DFS 链接可以引用共享文件夹或子文件夹，或整个 Windows Server 2008 卷。如果用户有足够的权限，则可以访问任何本地子文件夹，该子文件夹位于（或被添加到）DFS 共享文件夹中。

4. DFS 的安全性

除了创建必要的管理员权限之外，DFS 所提供的服务不实施任何超出 Windows Server 2008 系统所提供的其他安全措施。是否具有访问这些共享文件夹的权限决定了用户是否可以访问文件夹中的信息，此访问由标准 Windows Server 2008 安全控制台决定。

总之，当用户尝试访问 DFS 共享文件夹及其内容时，共享文件夹权限提供文件的共享级安全，而 NTFS 文件系统则提供完整的 Windows Server 2008 安全服务。

5. DFS 命名空间的类型

DFS 命名空间包括独立 DFS 和域 DFS，下面将对其功能分别进行说明。

（1）独立 DFS。独立 DFS 的实施方法是在网络中的一台计算机上以一个共享文件夹为基础，建立 DFS 目录，通过该目录将分布于网络中的共享资源组织起来，构成以 DFS 根目录为根的虚拟共享文件夹。

（2）域 DFS。域 DFS 不仅提供 DFS 链接的容错，而且提供 DFS 目录的容错。前面曾经提到 DFS 目录是建立在一台计算机上的，如果这台计算机出现问题，仍然难以达到共享资源绝对被访问的要求。域 DFS 可以提供 DFS 根目录的同步和容错，但要求存储 DFS 根目录的计算机必须是域成员。

由于 DFS 是一个较新的功能，并非所有操作系统都支持 DFS。支持 DFS 的系统也需要事先安装 DFS 客户端软件才可以访问 DFS 中的文件。几种主要的微软操作系统对 DFS 的支持情况如下：

是否建立 DFS 根目录：Windows 95/98、Windows 2000/XP Professional 不支持独立 DFS，Windows NT、Windows 2000 Server、Windows Server 2003/2008 支持独立 DFS 和域 DFS。

是否访问 DFS 中的文件：Windows 95/98、Windows NT 只能访问独立 DFS 中的文件，Windows 2000/XP Professional、Windows 2000 Server、Windows Server 2003/2008 可以访问独立 DFS 和域 DFS 中的文件。

6.2.2 任务 2：安装 DFS

在 Windows Server 2008 系统中，使用和管理 DFS 之前，必须首先安装 DFS，安装的具体步骤如下：

步骤 1：启动"服务器管理器"工具，在"角色摘要"区域，选择"添加角色"链接，出现"添加角色向导"窗口；单击"下一步"按钮后出现"选择服务器"窗口，选中"文件服务"复选框；单击"下一步"按钮后出现介绍文件服务功能的"文件服务器"窗口。

步骤 2：单击"下一步"按钮，出现如图 6—12 所示的"选择角色服务"窗口，选中要安装的"分布式文件系统"及其子项。

步骤 3：单击"下一步"按钮，出现如图 6—13 所示的"创建 DFS 命名空间"窗口，选择"立即使用此向导创建命名空间"选项，输入空间名称，即可创建一个新的 DFS 命名空间。

步骤 4：单击"下一步"按钮，出现如图 6—14 所示的"选择命名空间类型"窗口，系统默认为"基于域的命名空间"选项，勾选"启用 Windows Server 2008 模式"。

步骤 5：单击"下一步"按钮，出现如图 6—15 所示的"配置命名空间"窗口，单击"添加"按钮出现如图 6—16 所示的"将文件夹添加到命名空间"窗口，在其中单击"浏览"按钮出现如图 6—17 所示的"浏览共享文件夹"窗口，单击"浏览"按钮选择共享文件夹所在的计算机，单击"显示共享文件夹"按钮显示当前计算机中的所有共享文件夹信息；或者在当前计算机上新建共享文件夹。返回如图 6—16 所示的窗口，指定在命名空间中创建的相应文件夹名，单击"确定"按钮完成添加。

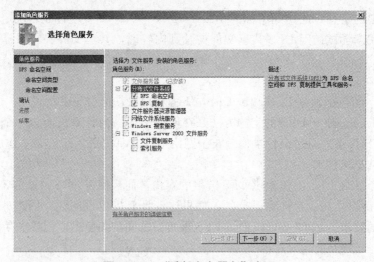

图6—12　"选择角色服务"窗口

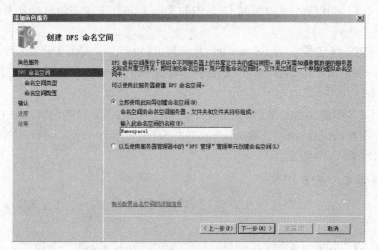

图6—13　"创建 DFS 命名空间"窗口

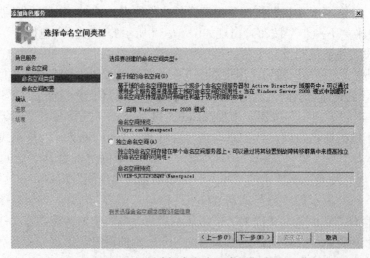

图6—14　"选择命名空间类型"窗口

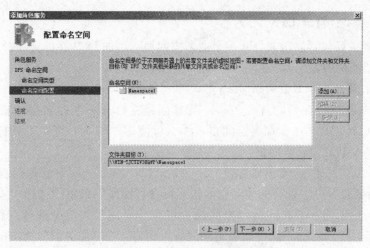

图 6—15　"配置命名空间"窗口

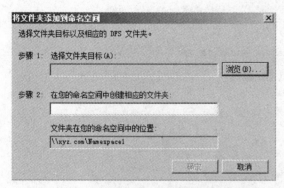

图 6—16　"将文件夹添加到命名空间"窗口

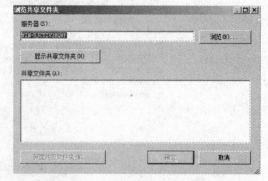

图 6—17　"浏览共享文件夹"窗口

步骤 6：单击"下一步"按钮，出现如图 6—18 所示的"确认安装选择"窗口，复查安装 DFS 过程的配置信息，如有不妥则单击"上一步"按钮返回修改，确认无误后单击"安装"按钮直到提示安装完成。

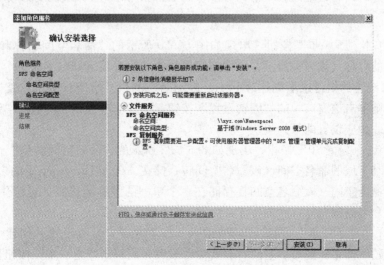

图 6—18　"确认安装选择"窗口

6.2.3　任务3：管理 DFS

DFS 的管理主要包括创建或打开一个命名空间根、添加 DFS 文件夹和命名空间服务器。在此仅重点介绍前两项。

1. 创建或打开一个命名空间根

对于 DFS 命名空间管理的首要工作，就是创建或打开一个命名空间根。如果在安装"DFS"的时候已经创建了一个命名空间根，那么可使用"DFS 管理"工具打开；否则按照以下步骤创建一个新的命名空间根。

步骤1：单击"开始"，选中"管理工具|DFS 管理"，出现 DFS 管理控制台界面。

步骤2：若要打开一个现有的命名空间根，可在"操作"菜单中选择"添加要显示的命名空间"项；若要创建一个新的命名空间根，可在"操作"菜单中选择"新建命名空间"项，出现如图 6—19 所示的"新建命名空间向导"窗口，在"服务器"文本框中输入承载该命名空间的服务器名（或单击"浏览"按钮）。

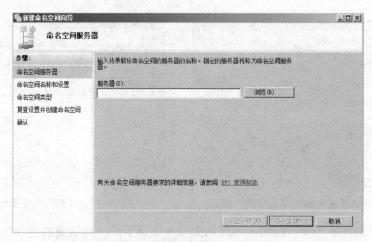

图 6—19　"新建命名空间向导"窗口

注意：创建新的命名空间根之前，Windows Server 2008 操作系统要启动分布式文件系统服务。

步骤3：单击"下一步"按钮，出现如图 6—20 所示的"命名空间名称和设置"窗口，输入命名空间的名称（该名称显示在命名空间路径中的服务器名或域名之后），在 Windows Server 2008 系统卷的根目录下创建\DFSRoots 命名空间根，给所有用户只读权限。若要更改这些设置，则单击该窗口中的"编辑设置"按钮，出现如图 6—21 所示的"编辑设置"窗口，在其中更改相应设置即可。

步骤4：单击"下一步"按钮，出现如图 6—22 所示的"命名空间类型"窗口，选择是否要创建一个基于域的命名空间（该命名空间将存储在 Active Directory 中的多个服务器上）或一个独立的命令空间（该命名空间将存储在一个单一的服务器或服务器群集上）。这里选择创建"独立命名空间"。

步骤5：单击"下一步"按钮，出现如图 6—23 所示的"复查设置并创建命名空间"窗口，单击"创建"按钮新建命名空间；若要更改设置，则单击"上一步"按钮，或在步骤窗中选择相应的页。

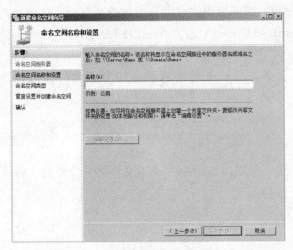

图 6—20 "命名空间名称和设置"窗口

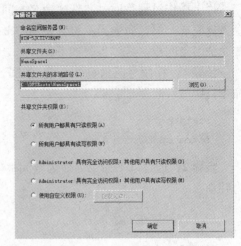

图 6—21 "编辑设置"窗口

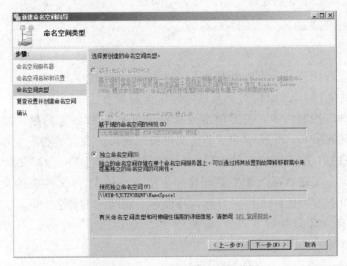

图 6—22 "命名空间类型"窗口

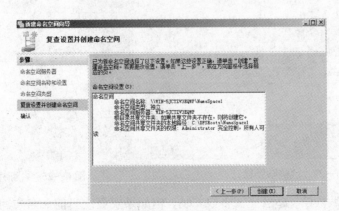

图 6—23 "复查设置并创建命名空间"窗口

步骤 6：单击"创建"按钮，出现如图 6—24 所示的"确认"窗口，表示成功完成一个命名空间根的创建。

以上操作过程是通过"新建命名空间向导"图形界面完成的，系统管理员也可以通过命令方式完成。可在命令提示符下使用"dfsutil/addftroot"或"dfsutil/addstdroot"命令创建一个命名空间根，具体步骤如下：

步骤1：在命令提示符中，启动 DFS 服务，启动类型为自动，如未启动可输入以下命令：

```
sc start dfs
sc config dfs start = auto
```

步骤2：通过以下命令为命名空间根创建一个 C：\namespace 的文件夹并设置此文件夹为共享。

```
md c:\namespace
net share public = c:\namespace
```

步骤3：通过以下命令创建基于域的命名空间根。

```
dfsutil/addftroot/server:<servername>/share:c:\namespace
```

2. 添加 DFS 文件夹

DFS 文件夹允许用户从命名空间根定位到网络上的其他共享文件夹，而无须离开 DFS 命名空间结构。要创建 DFS 文件夹，其具体操作步骤如下：

在"DFS 管理"控制台中，右键单击要添加文件夹的命名空间根，然后选择"新建文件夹"选项，出现如图 6—25 所示的"新建文件夹"窗口，在"名称"文本框中输入文件夹的名称，单击"添加"按钮添加文件夹目标，然后输入共享文件夹的 UNC（通用命名规则）路径，单击"确定"按钮即可。如果要创建一个包含其他 DFS 文件夹的文件夹，则直接单击"确定"按钮而不添加任何文件夹目标，将创建一层结构的命名空间。如要利用命令提示符创建 DFS 文件夹（即命令行方式），可使用"dfscmd/map"命令，不能从命令提示符下添加没有文件夹目标的 DFS 文件夹。

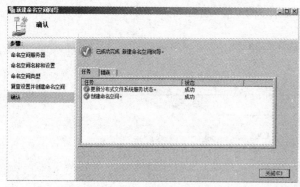
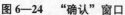

图 6—24　"确认"窗口

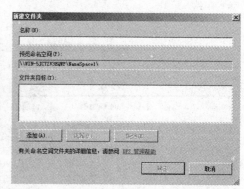

图 6—25　"新建文件夹"窗口

"DFS 管理"默认设置适合于大多数安装，但如果要更改当前命名空间的高级参数设置（如检索顺序、使命名空间服务器因 DFS 元数据轮询域控制器或委派 DFS 管理权限等）以及 DFS 复制（该功能基于域的分布式文件系统）等，可参阅 Windows Sever 2008 系统的相关资料，这里不再深入讲解。

6.2.4　任务 4：访问 DFS 中的文件

通常有两种方法可以访问 DFS 中的文件，一种是用运行方式访问 DFS 根目录，另一种是通过"映射网络驱动器"来进行访问，以下分别进行说明。

1. 通过运行方式访问

方法一：要访问独立 DFS 中的 DFS 共享文件夹，使用以下 UNC 路径：

\服务器\DFSRoots

其中，服务器是 DFS 服务器的名称，DFSRoots 是 DFS 根目录的名称。

例如，访问名为 ServerA 的成员服务器上的 Share1 共享（以名为 RootA 的独立 DFS 根目录为宿主），使用以下 UNC 路径：

\ServerA\RootA

方法二：要访问基于域 DFS 中的 DFS 共享文件夹。使用下列 UNC 路径之一：

\域名\ DFSRoots
　　　　　　　　　　　或
\服务器\ DFSRoots

其中，域名是域名称，服务器是 DFS 服务器的名称，DFSRoots 是 DFS 根目录。

2. 通过"映射网络驱动器"访问

鼠标单击"开始|运行"或者单击"Windows 资源管理器"中"工具"菜单下的"映射网络驱动器"进行访问，其方法与访问普通共享文件夹的方法相同。

6.3　项目三：卷影副本功能的实现

卷影副本服务（Volume Shadow Copy Service，VSCS）是 Windows Server 2008 操作系统的一种文件恢复功能，该功能用来帮助用户预防偶然性的数据丢失事件，能够以事先计划的时间间隔为存储共享文件夹中的文件或文件夹创建"卷影副本"。本项目将介绍卷影副本的作用、卷影副本的工作原理以及卷影副本的设置与使用方法。

6.3.1　任务 1：理解卷影副本

在计算机的使用过程中，常会发生人为操作失误而造成损失的情况。如用户通常会遇到某个文件被修改或删除后感到后悔的情形，Windows Server 2008 中的卷影副本可以在一定程度上解决这个问题。当用户对某些共享资源删除或修改后，可以利用创建的卷影副本进行还原，以减少可能发生的数据丢失现象。

卷影副本功能可以事先计划的时间间隔为存储共享文件夹中的文件或文件夹创建备份，并且可将文件恢复成任意一次备份时的版本。卷影副本的恢复行为可以在客户端进行，可有效地提高数据还原的效率，而不需要每次都麻烦管理员进行操作，一般用户也可以随时进行与数据相关的还原操作。

卷影副本的工作原理：将共享文件夹中的所有文件复制到卷影副本的存储区域中，当共享文件夹中的文件被错误删除或修改后，卷影副本存储区域中的文件就可以恢复为以前的文件。即恢复文件或文件夹的先前版本。

建议用户维护一个按周进行的备份操作，将所有数据重新备份一次，备份过的文件将被标记为"已备份过"；与此同时维护一个按日进行的差异备份计划，备份每天修改过的文件。

应用这种组合计划进行数据备份更加便于管理，而且能够有效保证数据的可恢复性。

　　注意：卷影副本内的文件为只读，而且最多只能存储 64 个卷影副本，超过容量后继续添加卷影副本将覆盖最早的副本。卷影副本备份占用空间的数量不仅取决于备份文件的大小，而且决定于文件修改的频率。对于经常变换文件操作的系统分区来说，不需要进行整个磁盘卷的备份操作。

6.3.2　任务 2：卷影副本的应用

　　使用卷影副本首先需要在网络环境中的计算机上进行相应设置，设置过程如下：

　　步骤 1：在共享文件夹所在的计算机上单击"开始"，单击"管理工具|计算机管理"，弹出如图 6—26 所示的"计算机管理"窗口。

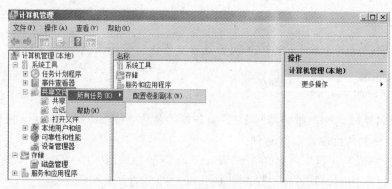

图 6—26　"计算机管理"窗口

　　步骤 2：在"共享文件夹"项上单击鼠标右键，在弹出菜单中选择"所有任务"子菜单中的"配置卷影副本"命令后出现"卷影副本"对话框，如图 6—27 所示。

　　步骤 3：选取一个或多个卷后单击"启用"按钮，并在随后出现的对话框中单击"是"按钮即可启用相应分区中的卷影副本功能。同时相应卷中的共享文件夹也将被复制到该卷的卷影副本存储区域中。注意，该分区必须是 NTFS 文件系统。单击"设置"按钮，在图 6—28 所示的"设置"对话框中对卷影副本进行进一步设置。

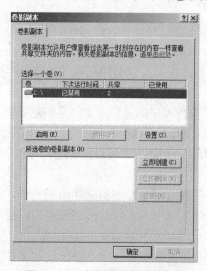

图 6—27　"卷影副本"对话框

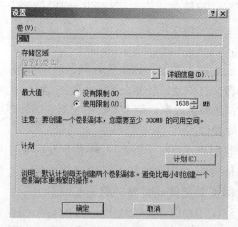

图 6—28　"设置"对话框

在 Windows Server 2008 中，完成卷影副本功能的启用、配置操作后，如果共享文件夹中的文件被误修改或误删除，可利用卷影副本功能进行恢复，具体操作分为以下两种情况：

（1）还原被修改的文件。在用户计算机上，鼠标右键单击该共享文件，选择"属性"命令，然后单击"以前的版本"标签，弹出"以前的版本"选项卡。单击"查看"按钮，查看选中的卷影副本版本中的该文件，单击"还原"按钮即可将文件还原为修改前的状态。

（2）还原被删除的文件。在用户计算机上，鼠标右键单击该文件夹的空白区域，在弹出的菜单中选择"属性"，然后打开"以前的版本"选项卡。选中文件被删除前的卷影副本版本并单击"还原"按钮即可。

6.4　项目四：脱机文件夹的管理

脱机文件、文件夹对经常出差的用户特别方便，可以使他们在与网络断开时能够使用与网络连接时相同的文件集，也就是说，用户在网络服务器关闭时，照样能访问这些服务器上的共享文件。脱机文件是指即使未与网络连接但仍能够继续使用的网络文件和程序。如果断开与网络的连接或移除笔记本电脑，指定为脱机使用的共享网络资源的视图与先前连接到网络时的情形完全相同。也就是说，用户可以像往常一样继续工作，用户对这些文件和文件夹的访问权限与之前连接到网络时相同。当连接状态发生变化时，脱机文件图标将出现在通知区域中，通知区域中会显示一个提示气球，通知用户发生的变化。

6.4.1　任务 1：了解脱机文件夹

当计算机连接网络工作时，用户可以随时、方便地访问系统所提供的共享文件夹资源，但是当该计算机断开网络后，如何能继续使用共享文件呢？譬如带着笔记本电脑出差到外地，离开公司网络环境后，这台笔记本电脑怎样才能继续使用公司网络中的共享文件呢？在这种情况下，用户也许会在出发之前将需要的文件复制到笔记本电脑中，但是在离开公司的这段时间，复制的共享文件很可能被其他人做了修改，这样本来共享的文件信息就失去了其原有的使用目的，正是为了满足这种需要，脱机文件夹的应用才得以推广。

进行脱机文件夹设置后，脱机文件将自动被复制到用户计算机的缓存中。在网络可用的情况下，用户可以正常使用网络上的共享文件；在网络连接不可用的情况下，则使用已经复制到用户计算机上的文件。当用户计算机重新连接到网络上的共享文件时，可以根据预先的设置，对文件进行同步处理。

在 Windows Server 2008 中，脱机文件功能得到进一步改进，主要表现在以下几个方面：

（1）用户可以随时将脱机文件的状态转变为"在线"，而不必等待所有的缓存文件全部同步完成。例如，用户的笔记本电脑上启用了脱机文件功能，当用户连接到网络时，就可以直接将工作状态改变为"在线"而不必等待所有用户的脱机文件全部完成同步。

（2）如果在连接到网络时，用户的本地计算机正在处理文件，那么这一操作将直接转移到服务器上，而无须用户关闭文件。例如，用户在处理一个 Microsoft Word 文档时恢复了网络连接，那么在之前的版本中，用户将会在同步前看到关闭文件的提示，而在 Windows Server 2008 中，这一操作将会自动转移到服务器上，用户可以继续处理他的文档而不用进行任何附加操作。

（3）在 Microsoft Windows XP 操作系统中，如果某一个文件无法同步，那么整个服务器都将处于脱机状态，服务器上将没有共享文件可以被访问，而不管这些共享文件是否已在本地计算机上被缓存存储。但是在 Windows Server 2008 中，这个功能得到了提升，文件的可用性细化到每个文件级别。如某个文件不可用，而相同共享文件夹下的其他共享文件则不会受到影响，这样就为分布式文件系统的运行提供了更好的协作。

（4）Windows Server 2008 脱机文件的同步管理功能有了全新的改进，新的特性包括同步出错后的报告、出错文件的列表以及提供同步过程中脱机文件修改后的多种操作选择。

（5）每个文件或者文件夹的属性页，都会有一个脱机文件选项卡用于显示和控制文件及文件夹的脱机状态。脱机文件可以通过客户策略来启用。

6.4.2　任务 2：配置脱机文件和文件夹

要使用脱机文件和文件夹，就要先将指定文件和文件夹放到网络上，也就是说，网络中要有共享文件和文件夹，同时用户要有对该共享文件和文件夹相应的访问权限，然后才能连接要脱机访问的共享文件和文件夹。

1. 服务器上脱机文件和文件夹的设置

步骤 1：在 Windows Server 2008 系统中启动"资源管理器"工具，从中找到目标共享文件夹，鼠标右键单击该文件夹图标，选择"属性"命令，进入目标共享文件夹的属性设置窗口。

步骤 2：单击该设置窗口中的"共享"标签，在其后出现的共享设置页面中单击"高级共享"按钮，打开高级共享设置对话框，如图 6—29 所示。单击该对话框中的"缓存"按钮，进入目标共享资源的缓存设置窗口，根据需要可在该对话框中进行相应的设置，具体分为如下三种情况：

（1）只有用户指定的文件和程序才能在脱机状态下可用：用户需要预先从自己的计算机（客户端）指定需要脱机使用的文件和程序，未被指定的文件和程序将无法脱机使用。

（2）用户从该共享打开的所有文件和程序将自动在脱机状态下可用：文件和程序能否脱机使用取决于脱机前是否从客户端被访问过。如果曾访问过则自动在脱机状态下可用，否则在脱机状态下不可用。

（3）该共享上的文件或程序将在脱机状态下不可用：对于此共享禁用脱机文件夹。

选中该设置窗口中的"用户从该共享打开的所有文件和程序将自动在脱机状态下可用"选项，同时将该选项下面的"已进行性能优化"子项也选中，再单击"确定"按钮执行参数保存操作，以后通过网络访问过一次目标共享资源后，该共享资源就会自动被缓存到本地硬盘中，再次访问相同的共享资源时，共享访问速度将会大大提升。

2. 计算机上脱机文件和文件夹的设置

在使用脱机文件的计算机上，启动"资源管理器"，执行"工具"菜单的"文件夹选项"命令，弹出"文件夹选项"对话框，单击"脱机文件"标签，弹出"脱机文件"选项卡，如图 6—30 所示。

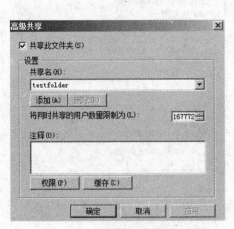

图 6—29　"高级共享"对话框

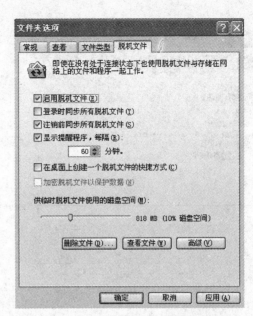

图 6—30　"脱机文件"选项卡

注意：只有取消了"用户账户的快速切换"选项后，才能启用脱机文件功能。要更改快速用户切换设置，可打开控制面板中的"用户账户"，选择"更改用户登录或注销方式"。

选中"启用脱机文件"是设置脱机文件夹的第一步，随即下面的选项由灰色变为可编辑状态。然后选择同步所有脱机文件的时间、是否加密脱机文件以及设置供脱机文件使用的磁盘空间等选项。

3. 指定脱机使用的文件

在服务器端设置时，选择"只有用户指定的文件和程序才能在脱机状态下可用"选项，在客户端用户需要指定脱机使用的文件和程序。在客户端计算机（如 Windows XP）的"网上邻居"中找到指定文件所在的位置，鼠标右键单击该文件，并在弹出的菜单中选择"允许脱机使用"命令。当文件或程序被设置为"允许脱机使用"后，文件将执行同步操作。

提示：被设置为允许脱机使用的文件的图标左下角有一个双箭头的特殊标记。

脱机状态下，用户可以继续使用相应的文件，但实际上使用的是复制到本地计算机上的缓存版本。

4. 脱机文件的同步

脱机文件的同步分为手工同步和自动同步两种。

手工同步：在"资源管理器"中，执行"工具"菜单下的"同步"命令后将出现如图 6—31 所示的"要同步的项目"对话框，单击"同步"按钮即可。

自动同步：在如图 6—31 所示的对话框中单击"设置"按钮，弹出"同步设置"对话框，如图 6—32 所示。

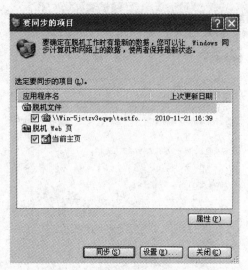

图6—31 "要同步的项目"对话框

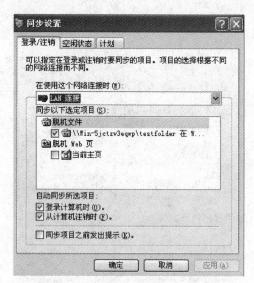

图6—32 "同步设置"对话框

（1）"登录/注销"选项卡：在登录、注销时对设定的文件或程序进行自动同步。

（2）"空闲状态"选项卡：当计算机处于空闲状态并达到设定时间时进行自动同步。单击该选项卡上的"高级"按钮后，在图6—33所示的对话框中指定启动自动同步所依据的计算机空闲时间长度和空闲状态下的同步周期。

（3）"计划"选项卡：根据预先设定的同步计划进行自动同步。单击该选项卡上的"添加"按钮后将打开"同步计划向导"，在该向导的帮助下制定同步计划。在图6—34所示的选项卡中制定同步项目时除选取计划的同步项目外，还可以设置计算机在同步开始前自动连接尚未连接的目标计算机。然后，设置同步计划的时间和周期。最后为该计划命名并完成同步计划设置。

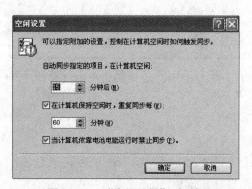

图6—33 "空闲设置"对话框

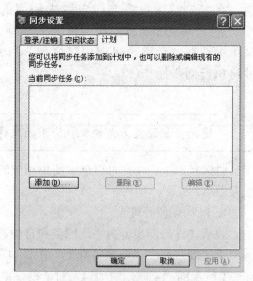

图6—34 "计划"选项卡

实训项目 6

1. 实训目的

熟练掌握 Windows Server 2008 系统中共享资源的方式及其管理。

2. 实训环境

正常的局域网络；安装 Windows Server 2008 操作系统的服务器，以及 Windows XP 操作系统的客户机。

3. 实训内容

（1）独立 DFS 的应用。

1）在"DFS 管理"工具中，新建一个命名空间，其命名空间根为独立 DFS。

2）添加共享文件夹，并打开应用。

（2）利用卷影副本还原被修改的文件。

1）在用户计算机上，鼠标右键单击该共享文件，选择"属性"命令。

2）单击"以前的版本"标签，弹出"以前的版本"选项卡。

3）单击"查看"按钮，查看选中的卷影副本版本中的该文件。

4）单击"还原"按钮即可将文件还原为修改前的状态。

（3）脱机文件和文件夹的配置。

1）服务器上脱机文件和文件夹的设置。

2）计算机上脱机文件和文件夹的设置。

3）指定脱机使用的文件。

4）脱机文件的同步。

习　题　6

1. 填空题

（1）Windows Server 2008 操作系统只允许共享＿＿＿＿＿＿，不能共享＿＿＿＿＿＿。

（2）Windows 系统中只有一个公用文件夹，包括公用视频、公用图片、＿＿＿＿＿＿、公用下载和公用音乐等文件夹，可分类管理共享文件。

（3）DFS 的主要特性有＿＿＿＿＿＿、＿＿＿＿＿＿和＿＿＿＿＿＿。

（4）DFS 命名空间包括＿＿＿＿＿＿和＿＿＿＿＿＿。

（5）卷影副本的英文是＿＿＿＿＿＿。

2. 简答题

（1）什么是 DFS？DFS 有何特性？

（2）复制和移动对共享权限有什么影响？

（3）如何访问 DFS 中的文件？

（4）什么是卷影副本？卷影副本有何作用？

（5）根据实际情况说明为何使用脱机文件技术？

第7章 域名解析服务管理

教学重点

- 理解域名解析服务
- 域名解析的实现
- 域名解析服务的创建

教学情景导读

在 Internet 应用中，计算机之间的 TCP/IP 网络通信是通过 IP 地址进行信息交换处理的。不过，用户在具体的使用过程中很难把所有的计算机 IP 地址都记住，于是就产生了域名系统（Domain Name System，DNS），它实现了计算机主机名称与 IP 地址的映射，并高效地提供了域名解析服务。域名解析服务是非常重要的网络服务，用于管理计算机域名及 IP 地址。

7.1 域名解析服务概述

多数用户喜欢使用方便、易记的名称（如 www.microsoft.com）来定位互联网中的 Web 服务器，但很少人使用 IP 地址去访问。友好的名称更容易记住，但是计算机是使用数字地址在网络上通信的。为了方便地使用网络资源，DNS 提供了一种方法，即将用户方便而且容易使用的计算机或服务名称映射为数字地址。

DNS 是 Internet 上计算机命名的规范，DNS 服务器是存储域名与 IP 地址映射记录或连接其他 DNS 服务器的计算机，它把计算机的名字（主机名）与其 IP 地址相对应。DNS 客户机（需申请名称解析的计算机）可通过 DNS 服务器，由计算机的主机名查询到 IP 地址，或者由 IP 地址查询到主机名，DNS 服务器提供的这种服务称为域名解析服务。

7.1.1 初识域名解析服务

域名解析服务是在 Internet 网络或基于 TCP/IP 的网络中广泛使用的，主要用于提供主机名登记和由主机名到地址转换的一组协议和服务。**DNS 服务器**是用于存储 Web 域名和 IP 地址，接受客户查询的计算机。DNS 通过分布式名称解析数据库系统，为管理大规模网络中的主机名和相关信息提供了一种可靠、高效的应用。

　　DNS 采用了层次化、分布式、面向客户机/服务器模式的名字管理来代替原来的集中管理，允许命名管理者在较低的结构层次上管理他们自己的名字。这样就可以把名字空间划分得足够小，由不同的组织进行分散管理。

7.1.2　理解 DNS 域名空间

　　DNS 域名空间是指用于组织名称的域的层次结构。DNS 的域名体系结构是一种称作域名空间（Domain Name Space）的分层逻辑树形结构，像一棵倒立的大树，树根在最上面，树的每个等级都可代表树的一个分支或叶，分支是用多个名称标识一组命名资源的等级。全球 Internet 域名空间由 Internet 域名管理机构负责划分，用名称解析服务器（DNS 服务器）来管理域名，每个 DNS 服务器中有一个数据库文件，其中包含了域名树中某个区域的记录信息，DNS 包括命名的方式和对名字的管理。

　　Internet 将所有联网主机的名称空间划分为许多不同层次的域。树根（Root）下是最高一级的域，再往下是二级域、三级域，最高一级的域名称作顶级（或一级）域名。例如，在域名 www.develop.microsoft.com 中，com 是一级域名，microsoft 是二级域名，develop 是三级域名，www 是主机名。分层树状结构关系如图 7—1 所示。

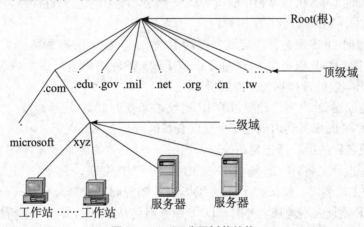

图 7—1　DNS 分层树状结构

　　如图 7—1 所示，完全合格的域名（Fully Qualified Domain Name，FQDN）也称完整域名，如 www.xyz.com。层次型命名的过程是从树根（Root）开始沿箭头向下进行的，在每一处选择相应标号的名字，然后将这些名字串联起来，形成一个唯一代表主机的特定名字。

　　DNS 域名是按组织来划分的，Internet 中最初规定的一级域名有 7 个，如表 7—1 所示。

表 7—1　　　　　　　　　　　　　　网点标号与组织的对应关系

网点标号	组　　织	网点标号	组　　织
GOV	政府组织	MIL	军事部门
EDU	教育机构	ORG	其他组织
ARPA	ARPANET	INT	国际组织
COM	商业组织		

　　2000 年，ICANN 在原来 7 个域名的基础上新增了 7 个域名，这 7 个新增域名后缀分别

是：.info（提供信息服务的单位）、.biz（公司）、.name（个人）、.pro（专业人士）、.museum（博物馆）、.coop（商业合作机构）和.aero（航空业）。

一般情况下，域名可以向提供域名注册服务的网站进行在线申请。例如，可以向中国互联网络信息中心（CNNIC）的网站 http://www.cnnic.net.cn 查看并注册域名。目前全球有三大 Internet 网络信息中心：位于美国的 InterNIC，主要负责美国及其他地区；位于荷兰的 RIPENIC，主要负责欧洲地区；位于日本的 APNIC，主要负责亚太地区。

7.2 项目一：域名解析的实现

在 Internet 各级域中，都有相应的 DNS 服务器记录着域中计算机的域名和 IP 地址。如果想通过域名访问某台计算机，访问者的计算机必须通过查询域中的 DNS 服务器，得知被访问计算机的 IP 地址，这样才能实现。这时，对于 DNS 服务器而言，访问者的计算机被称为 DNS 客户端。

7.2.1 任务 1：理解域名解析的过程

DNS 客户端向 DNS 服务器提出查询，DNS 服务器做出响应的过程称为**域名解析**。域名解析分为两种方式：正向解析与反向解析。

DNS 客户端向 DNS 服务器提交域名查询 IP 地址，或者 DNS 服务器向另一台 DNS 服务器（提出查询的 DNS 服务器相对而言扮演 DNS 客户端角色）提交域名查询 IP 地址，DNS 服务器做出响应的过程称为**正向解析**。

反向解析是依据 DNS 客户端提供的 IP 地址，来查询该 IP 地址对应的主机域名。实现反向查询必须在 DNS 服务器内创建一个反向查找区域，在 Windows Server 2008 的 DNS 服务器中，该区域名称的最后部分为 in-addr.arpa。一旦创建的区域进入 DNS 数据库中，就会增加一个指针记录，将 IP 地址与相应的主机名相关联。例如，当查询 IP 地址为 192.168.1.1 的主机名时，解析程序将向 DNS 服务器查询 1.1.168.192.in-addr.arpa 的指针记录。如果该 IP 地址在本地域之外时，DNS 服务器将从根开始按顺序解析结点，直至找到 1.1.168.192.in-addr.arpa。当创建反向查找区域时，系统会自动为其创建一个反向查找区域文件。

7.2.2 任务 2：分析域名解析的方式

根据 DNS 服务器对 DNS 客户端的不同响应方式，域名解析分为两种查找模式：递归查询与迭代查询。

（1）递归查询（recursive query）：DNS 最基本的查找模式，在一个递归查询中，如果 DNS 服务器有所需的记录则会返回给客户端一个请求的信息；如果没有所需的记录则返回一个指出该信息不存在的错误消息。DNS 服务器不会尝试联系别的服务器以获取信息。

（2）迭代查询（iterative query）：一般 DNS 服务器与 DNS 服务器之间的查找属于这种查找方式。当第 1 台 DNS 服务器向第 2 台 DNS 服务器提出查找请求后，若第 2 台 DNS 服务器内没有所需的记录，则它会提供第 3 台 DNS 服务器的 IP 地址给第 1 台 DNS 服务器，让第 1 台 DNS 服务器自行向第 3 台 DNS 服务器进行查询。

我们以图 7—2 所示的 DNS 客户端 PC1 向 DNS 服务器 Server1 查询 www. abc. com 的 IP 地址为例说明其流程：

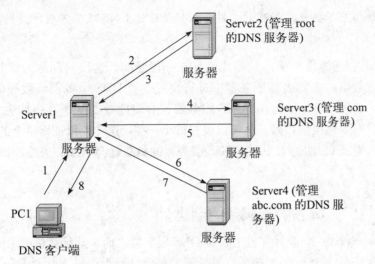

图 7—2　DNS 服务器查找流程

（1）若 Server1 内没有所要查找的记录，则 Server1 会将此查询请求转发到管理 root 的 DNS 服务器 Server2（这属于迭代查询）。

（2）Server2 从要查找的主机名称（www. abc. com）查得此主机位于顶级域 . com 之下，故它会将负责管辖 . com 的 DNS 服务器（Server3）的 IP 地址传送给 Server1。

（3）Server1 得到 Server3 的地址后，它会直接向 Server3 提出请求查找 www. abc. com 的 IP 地址（这属于迭代查询）。

（4）Server3 从要查找的主机名称（www. abc. com）中得知主机位于 abc. com 域之内，因此它会将负责管辖 abc. com 的 DNS 服务器（Server4）的 IP 地址传送给 Server1。

（5）Server1 得到 Server4 的 IP 地址后，它会向 Server4 提出请求查找 www. abc. com 的 IP 地址（这属于迭代查询）。

（6）管辖 abc. com 的 DNS 服务器（Server4）将 www. abc. com 的 IP 地址返回给 Server1。

（7）Server1 再将 www. abc. com 的 IP 地址传送给 DNS 客户端 PC1。

上述环节看上去很复杂，但处理过程在瞬间完成。如果地址没有找到，就会返回给客户一个代码为 404 的错误信息。

7. 2. 3　任务 3：DNS 服务器的高速缓存与生存时间的设置

DNS 服务器将其采用递归或迭代方式处理客户端查询时获得的大量有关 DNS 域名空间的重要信息缓存到 Cache 中。缓存文件（Cache File）内存储着根域所包含的 DNS 服务器名称与对应的 IP 地址信息，每台 DNS 服务器内的缓存文件是一样的。当 DNS 服务器向其他 DNS 服务器查询到 DNS 客户端所需要的数据后，除了将此数据提供给 DNS 客户端外，还会将此数据保存一份到自己的缓存中，以便下一次有 DNS 客户端查询相同数据时直接从缓存中调用。这样就加快了处理速度，并能减轻网络的负担。

在图 7—2 的第 2 步骤中的 Server1 之所以知道根域内的 DNS 服务器的主机名称与 IP 地

址，就是从缓存文件中得知的。当安装 DNS 服务器时，缓存文件就会被自动复制到％sys-temroot％\system32\DNS 文件夹内，文件名为 cache. dns。

注意：建议用户不要直接修改此文件，最好是通过 DNS 服务器内所提供的功能来修改，这样不容易出错。

保存在 DNS 服务器缓存中的数据能够存在一段时间，这段时间称为 TTL。TTL 的长短可以在保存该数据的主要名称服务器中进行设置。当 DNS 服务器将数据保存到缓存后，TTL 就会递减。只要 TTL 变为 0，DNS 服务器就会将此数据从缓存中抹去。在设置 TTL 的值时，如果数据变化很快，则其值可以设置得小一些，这样能保证网络上的数据更好地保持一致。但是，当 TTL 的值太小时，DNS 服务器的负载就会增加。当然，掉电后缓存中的数据也会丢失。

7.3 项目二：域名解析服务的创建

在 Windows Server 2008 计算机上安装 DNS 服务器之前，此计算机的 IP 地址最好已经固定分配，也就是 IP 地址、子网掩码、默认网关等信息已手工输入，而不需要向 DHCP 动态索取，否则这台 DNS 服务器每次向 DHCP 服务器租到的 IP 地址可能都会不同，如此将造成 DNS 客户端设置上的困扰（DNS 客户端必须指定 DNS 服务器的 IP 地址，以便对这台 DNS 服务器提出名称解析的请求）。

> **提示**：由于 Windows Server 2008 域需要用到 DNS 服务器，因此当用户将 Windows Server 2008 服务器安装为域控制器时，若安装程序找不到 DNS 服务器，它就会提示在此台域控制器内安装 DNS 服务器。

7.3.1 任务 1：安装 DNS 服务器组件

在 Windows Server 2008 服务器中添加 DNS 服务器角色的具体操作步骤如下：

步骤 1：单击"开始"按钮，打开"服务器管理器"工具，在"服务器管理器"主界面的左侧列表框中，单击"角色"选项，在右侧"角色摘要"区域中，单击"添加角色"链接，出现如图 7—3 所示的"添加角色向导"窗口。

步骤 2：单击"下一步"按钮，出现如图 7—4 所示的"选择服务器角色"窗口，选中"DNS 服务器"复选框。

步骤 3：单击"下一步"按钮，出现如图 7—5 所示的"DNS 服务器简介"窗口。

> **提示**：安装 Active Directory 服务时，要求网络中已安装 DNS 服务器，如果没有安装，那么 Active Directory 安装向导将通过选择来安装 DNS 服务器角色。当 DNS 服务器与 Active Directory 服务集成时，Active Directory 域控制器会自动复制包含 DNS 数据的目录服务数据，可更加轻松地管理 DNS。

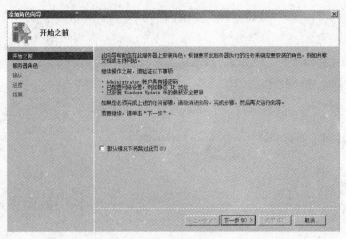

图 7—3 "添加角色向导"窗口

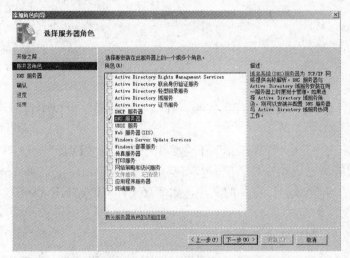

图 7—4 "选择服务器角色"窗口

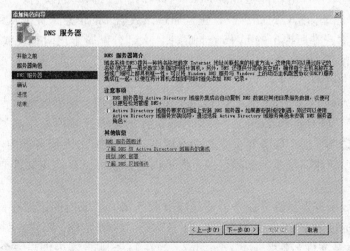

图 7—5 "DNS 服务器简介"窗口

步骤 4：单击"下一步"按钮，出现如图 7—6 所示"确认安装选择"窗口，验证将安装的 DNS 服务器角色。

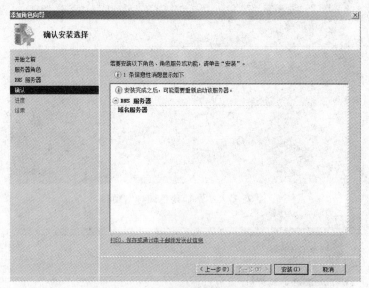

图 7—6 "确认安装选择"窗口

步骤 5：单击"安装"按钮，开始安装，在"安装结果"窗口中将显示 DNS 服务器是否成功安装。

安装结束后，在"开始|管理工具"下会多出一个名为"DNS"（DNS 管理器）的工具项，说明 DNS 服务器已成功安装。同时，将会创建％Systemroot％\system32\dns 文件夹。该文件夹中保存了与 DNS 运行有关的文件，如缓存文件（CACHE. DNS）、DNS 配置文件、日志文件及备份文件夹等。

7.3.2 任务 2：创建正向查找区域

创建一个 DNS 服务器，除了需要计算机硬件外，还需要建立一个新的区域（即数据库）才能正常运作。该数据库的功能是提供 DNS 名称和相关数据间的映射，其中存储了所有的域名与对应的 IP 地址信息，网络客户机正是通过该数据库的信息来完成从计算机名到 IP 地址的转换。DNS 客户端所提出的 DNS 查询请求，大部分都属于正向查找（Forward Look），即通过主机名来查 IP 地址。

1. Windows Server 2008 的 DNS 区域类型

Windows Server 2008 支持的 DNS 区域类型有主要区域、辅助区域、存根区域。

（1）主要区域（Primary Zone）。主要区域保存的是该区域所有主机数据记录的正本，即创建一个可以直接在这个服务器上更新的区域副本。当在 DNS 服务器内建立主要区域后，可直接在此区域内新建、修改、删除记录，区域内的记录可以存储在文件或 Active Directory 数据库中。

1）如果 DNS 服务器是独立服务器或是成员服务器，区域内的记录存储在区域文件中，该区域文件采用标准的 DNS 格式，默认文件名称是"区域名称 . dns"。例如，区域名称为"abc. com"，则区域文件名就是 abc. com. dns。当在 DNS 服务器内创建一个主要区域和区域文件后，这个 DNS 服务器就是这个区域的主要名称服务器。

2）如果 DNS 服务器是域控制器，则可将记录存储在区域文件或 Active Directory 数据库中。若将其存储到 Active Directory 数据库中，则此区域被称为"Active Directory 集成区域（Active Directory Integrated Zone)"，此区域内的记录会随着 Active Directory 数据库的复制而被复制到其他域控制器。

（2）辅助区域（Secondary Zone）。辅助区域保存的是该区域内所有主机数据的复制文件（副本），即创建一个存在于另一个服务器上的区域副本，该副本文件是从主要区域复制过来的。保存此副本数据的文件也是一个标准的 DNS 格式文本文件，而且是一个只读文件。当在一个区域内创建一个辅助区域后，这个 DNS 服务器就是这个区域的辅助名称服务器。

（3）存根区域（Stub Zone）。创建只含有名称服务器（Name Server，NS）、起始授权机构（Start Of Authority，SOA）及粘连主机记录（A）的区域副本，含有存根区域的服务器无权管理该区域。

2. 创建主要区域

创建主要区域的具体操作步骤如下：

步骤 1：选择"开始|管理工具|DNS"，打开 DNS 控制台窗口。

步骤 2：在此窗口中打开"操作"菜单，选择"新建区域"命令，打开"新建区域向导"对话框，如图 7—7 所示。

步骤 3：单击"下一步"按钮，打开"区域类型"对话框，如图 7—8 所示（分别显示 3种类型的区域及其特点）。

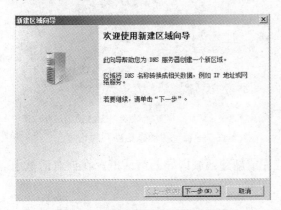
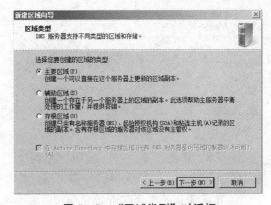

图 7—7 "新建区域向导"对话框　　　　图 7—8 "区域类型"对话框

步骤 4：选择"主要区域"项，并单击"下一步"按钮，打开"正向或反向查找区域"对话框，如图 7—9 所示。

步骤 5：单击"下一步"按钮，打开"区域名称"对话框，如图 7—10 所示，在文本框中输入需要创建区域的名称，如 xyz.com。区域名称指定 DNS 名称空间的部分由此服务器管理，区域名称不是 DNS 服务器名称。

步骤 6：单击"下一步"按钮，出现如图 7—11 所示的"区域文件"对话框。DNS 区域名称的信息及主机记录均保存在区域文件中，这样就可以在不同的 DNS 服务器之间复制区域信息。默认的文件名称是区域名称，扩展名为.dns。如果要使用区域内已有的区域文件，可选择"使用此现存文件"项，然后将现存的文件复制到％Systemroot％\system32\dns 文件夹中。

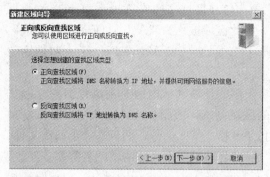

图 7—9 "正向或反向查找区域"对话框

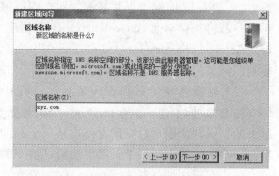

图 7—10 "区域名称"对话框

步骤 7：单击"下一步"按钮，出现"动态更新"对话框，如图 7—12 所示。虽然 DNS 区域的动态更新可以让网络中的计算机将其记录自动在 DNS 服务器中更新，但是，不受信任的来源也可以自动更新，这有可能带来安全隐患。如果企业内部网没有连接到其他网络，在确保安全的前提下，可以"允许非安全的和安全动态更新"。如果网络并不安全，则设置"不允许动态更新"。

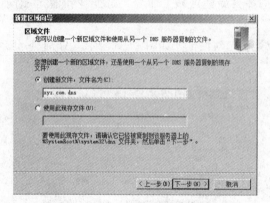

图 7—11 "区域文件"对话框

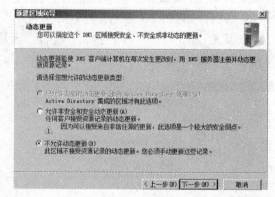

图 7—12 "动态更新"对话框

步骤 8：单击"下一步"按钮，出现"正在完成新建区域向导"对话框，在该对话框中对设置进行检查，确认无误后单击"确定"完成设置。

3. 在主要区域内新建资源记录

DNS 服务器支持很多不同类型的资源记录，在此学习如何将其中几个比较常用的资源记录新建到区域内。

区域文件包含了一系列"资源记录"（Resource Record，RR）。每条记录都包含 DNS 域中的一个主机或服务的特定信息。DNS 客户端需要一个来自 DNS 服务器的信息时，就会查询资源记录。例如，用户需要 www. xyz. com 服务器的 IP 地址，就会向 DNS 服务器发送一个请求，检索 DNS 服务器的"A 记录（又称主机记录）"。DNS 在一个区域中查找 A 记录，然后将记录的内容复制到 DNS 应答中，并将这个应答发送给客户端，从而响应客户端的请求。

（1）新建主机记录（A）。DNS 服务器区域创建完成后，还需要添加主机记录才能真正实现域名解析服务。也就是说，必须为 DNS 服务器添加与主机名和 IP 地址对应的数据库，从而将 DNS 主机名与其 IP 地址一一对应起来。这样，当输入主机名时，才能解析成对应的

IP 地址并实现对相应服务器的访问。

将主机名称与 IP 地址（也就是资源类型为 A 的记录）新建到 DNS 服务器内的区域后，就可以让 DNS 服务器为客户端提供这台主机的 IP 地址。在"DNS 管理器"窗口中鼠标右键单击已创建的主要区域（如 xyz.com），在出现的快捷菜单中选择"新建主机"，然后在出现的对话框的"名称"文本框中输入主机名，如 www，在"IP 地址"文本框中输入该主机对应的 IP 地址，本例为 192.168.0.1。那么，该计算机的域名就是 www.xyz.com，当用户在 Web 浏览器中输入 www.xyz.com 时，IP 地址将被解析为 192.168.0.1。根据需要，可以添加多台主机记录，如图 7—13 所示。

> 　**提示：** 用户可以到 DNS 客户端利用 "ping www.xyz.com" 命令，查看是否可以通过 DNS 服务器解析到 www.xyz.com 的 IP 地址。

如果要所创建的这一条主机记录提供反向查找服务，可选取对话框中的"创建相关的指针（PTR）记录"项。关于反向查找区域及相关记录的创建方法，具体内容参见任务 7.3.3。

当设置正确后，单击对话框中的"添加主机"按钮，出现"成功地创建了主机记录"的信息，表示已成功地创建了一条主机记录。单击"确定"按钮。如果需要，可重复以上步骤，继续创建其他主机记录。

这样，域名与 IP 地址的映射操作完成，无须重启计算机即可生效。

（2）新建主机的 DNS 别名（CNAME）记录。在很多情况下，需要为区域内的一台主机建立多个主机名称。例如，某台主机是 Web 服务器，其主机名称为 www.xyz.com，它同时也是 SMTP 服务器，这里给它另外起个名 smtp.xyz.com，那么此时可以利用新建资源记录类型为 CNAME 的记录实现此目的。要新建 CNAME 记录，可在 DNS 树形窗口控制台中选取已创建的主要区域 xyz.com，单击鼠标右键，选择"新建别名"菜单项。然后，在弹出的对话框的"别名"文本框中输入待创建的主机别名，如 smtp，在"目标主机的完全合格的域名"文本框中输入指派该别名的主机名称 www.xyz.com（或单击"浏览"查找主机），如图 7—14 所示，单击"确定"按钮，返回 DNS 控制台窗口。新建的别名记录将显示在窗口中。

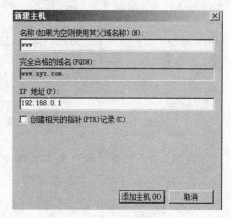

图 7—13　"新建主机"窗口

> 　**提示：** 用户可以到 DNS 客户端利用 "ping smtp.xyz.com" 命令，查看是否可以通过 DNS 服务器解析到 smtp.xyz.com 的 IP 地址。

（3）新建邮件交换（MX）记录。邮件交换服务器（SMTP Server）是将邮件发送到目的地的邮件交换服务器，那么邮件交换服务器是如何知道目的地的邮件交换服务器是哪一台呢？答案就是向 DNS 服务器查找邮件交换（Mail Exchanger，MX）资源记录，因为 MX 记录存储着负责某个区域邮件传送的邮件交换服务器。

MX 记录可以告诉用户，哪些服务器可以为该域接收邮件。当局域网用户与其他 Internet 用户进行邮件交换时，将由在该处指定的邮件服务器与其他 Internet 邮件服务器共同完成。也就是说，如果不指定 MX 记录，那么网络用户将与 Internet 进行的邮件交换不能实现 Internet 电子邮件的收发。

步骤 1：添加一个名为"mail"的主机记录，并使该"mail"指定的计算机作为邮件服务器。

步骤 2：在 DNS 控制台树的"正向搜索区域"中，右键单击欲添加 MX 记录的域（如 xyz.com），在快捷菜单中选择"新建邮件交换器"，显示"新建资源记录"，出现如图 7—15 所示的窗口。用户创建 MX 记录，实现对邮件服务器的域名解析。

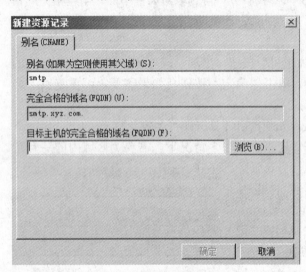

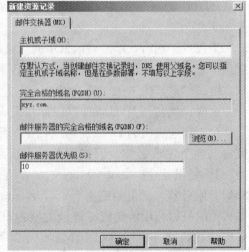

图 7—14　新建 CNAME 记录　　　　　图 7—15　新建 MX 记录

注意："主机或子域"文本框保持为空，这样才能得到诸如 user@xyz.com 之类的邮箱。如果在"主机或子域"文本框中输入"mail"，那么，邮箱就会变成为 user@mail.xyz.com。

步骤 3：在"邮件服务器的完全合格的域名（FQDN）"文本框中直接输入邮件服务器的域名，如 mail.xyz.com，也可以单击"浏览"按钮，在"浏览"对话框列表中选择邮件服务器的主机名称。

步骤 4：指定"邮件服务器优先级"。当该区域内有多个 MX 记录（即多个邮件服务器）时，则在此输入一个数字来确定优先级，数字越低的优先级越高（0 最高）。当一个区域中有多个邮件服务器时，如果其他邮件服务器要传送邮件到此区域的邮件服务器中，它会选择优先级最高的邮件服务器；如果传送失败，再选择优先级较低的邮件服务器。如果两台以上的邮件服务器的优先级相同，则从中随机选择一台。

步骤 5：单击"确定"按钮，完成 MX 记录的添加操作。

重复上述操作，可为该域添加多个 MX 记录，并在"邮件服务器优先级"文本框中分别设置其优先级值，从而实现服务器的冗余和容错。

7.3.3　任务 3：创建反向查找区域

通过 IP 地址查询主机名的过程称为反向查找，反向查找区域可以实现 DNS 客户端利用 IP 地址来查询其主机名的功能。

> 提示：反向查找并不是必需的，可以在需要的时候创建。

反向查找区域同样提供了三种类型：主要区域、辅助区域和存根区域。反向查找区域用网络 ID 反向书写，后半段必须是 in-addr. arpa，如 192.168.0.100/24 对应的网络 ID 为 192.168.0，即该 IP 地址对应的网络号。反向查找区域信息和记录保存在一个文件中，默认的文件名是网络 ID 的倒叙形式，然后加上 in-addr. arpa，扩展名为 . dns。该文件保存在％Systemroot％\system32\dns 文件夹中，下面介绍反向查找区域及相关记录的创建。

1. 创建反向查找区域

以下步骤将说明如何新建一个提供反向查找服务的主要区域，假设此区域所支持的网络 ID 为 192.168.0。

步骤 1：打开 DNS 服务器管理控制台，展开控制台树中的 DNS 服务器。

步骤 2：右键单击"反向查找区域"，在弹出的快捷菜单中选择"新建区域"，打开"新建区域向导"对话框，单击"下一步"按钮，打开"区域类型"对话框，选择"主要区域"；单击"下一步"按钮，选择"反向查找区域"；单击"下一步"打开如图 7—16 所示的对话框，选择相应的反向查找区域，这里选择"IPv4 反向查找区域"。

步骤 3：单击"下一步"，出现如图 7—17 所示的对话框，在"网络 ID"文本框中输入网络地址 192.168.0，这时它会自动在"反向查找区域名称"的文本框中显示 0.168.192. in-addr. arpa。

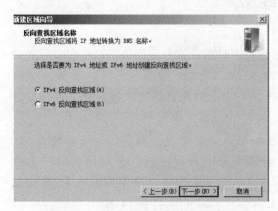

图 7—16　指定反向查找区域 IP 类型

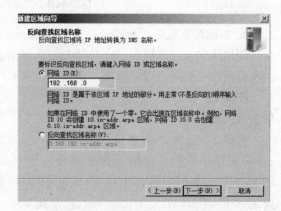

图 7—17　指定反向查找区域网络 ID

步骤 4：单击"下一步"按钮，出现创建区域文件对话框，如图 7—18 所示，这里选择"创建新文件"，文件名为系统默认。

步骤 5：单击"下一步"按钮，出现"动态更新"对话框，动态更新在 7.3.2 节已介绍过，这里选择"不允许动态更新"。

步骤 6：单击"下一步"出现"正在完成新建区域向导"对话框，对所显示的设置参数进行确认。如果设置有错误，可以点击"上一步"按钮返回修改，确认没有错误后，单击"完成"按钮，返回 DNS 控制台窗口，这时反向查找区域将显示在 DNS 控制台窗口中，如图 7—19 所示。

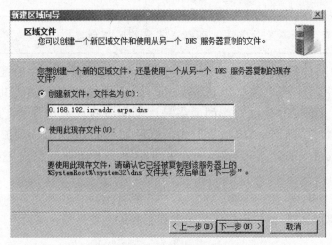

图 7—18　创建区域文件

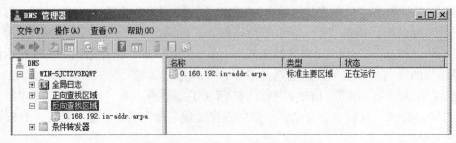

图 7—19　"反向查找区域"窗口

2. 在反向查找的主要区域内新建记录

创建反向查找区域后，还必须在该区域内新建记录数据，这些记录数据只有在实际查询中才有用，一般通过以下步骤在反向查找区域新建记录。

步骤 1：在 DNS 管理器窗口的"反向查找区域"中，展开具体的区域名称，鼠标右键单击该区域，弹出如图 7—20 所示的菜单。

步骤 2：选择"新建指针"命令，将地址为 192.168.0.1，域名为 www.xyz.com（必须先在正向搜索区域添加此记录）的主机添加到反向查找区域，在对话框的"主机 IP 地址"文本框中输入主机 IP 地址 192.168.0.1，在"主机名"文本框输入 IP 地址对应的主机名 www.xyz.com（注意：此处是主机 www 的完全合格域名），如图 7—21 所示。

步骤 3：单击"确定"按钮，一个记录创建成功，还可以用同样的方式创建其他的记录数据。

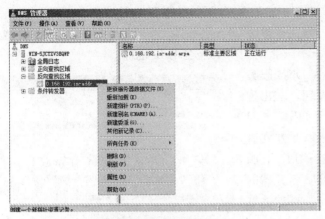
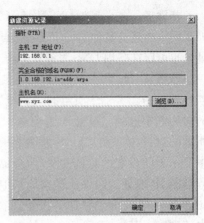

图 7—20　"DNS 管理器"窗口　　　　图 7—21　"新建资源记录"窗口

7.3.4　任务 4：配置 DNS 客户端

DNS 客户端也称作解析程序，通过查询服务器来搜索，将名称解析为指定的资源记录类型。客户端计算机要解析 Internet 或内部网的主机名称，必须在其中配置、增加已经存在的 DNS 服务器信息。如果企业有自己的 DNS 服务器，可以将其设置为企业内部客户端首选 DNS 服务器，否则需要配置以 ISP（互联网服务提供商）的 DNS 服务器为首选 DNS 服务器。

使用 Windows XP/Vista、Windows Server 2003/2008 等操作系统的 DNS 客户端的设置方法基本相同。下面以 Windows XP 系统为例介绍，具体操作步骤如下：

步骤 1：打开"网络连接"，右键单击"本地连接"，在弹出的快捷菜单中选择"属性"，打开"本地连接属性"对话框，如图 7—22 所示。

步骤 2：在对话框"此连接使用下列项目"中选取已安装的"Internet 协议（TCP/IP)"，然后单击"属性"按钮，出现如图 7—23 所示的对话框。

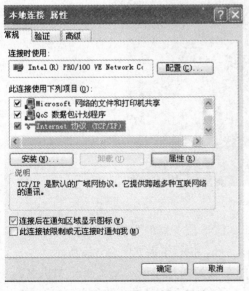
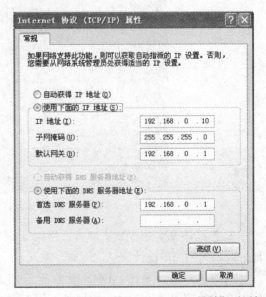

图 7—22　"本地连接属性"对话框　　　图 7—23　"Internet 协议（TCP/IP）属性"对话框

步骤 3：在"首选 DNS 服务器"文本框中输入 DNS 服务器的 IP 地址（如 192.168.0.1）。如果网络中还有其他的 DNS 服务器时，则在"备用 DNS 服务器"文本框中输入相应的 IP 地址，也可以在备用 DNS 服务器中输入 Internet 上的 DNS 服务器的 IP 地址。

步骤 4：如果一个网络中存在多台 DNS 服务器，则单击图 7—23 所示的"高级"按钮，在出现的对话框中选择"DNS"选项卡，打开如图 7—24 所示的对话框。在"DNS 服务器地址"下方列表中显示了已设置的首选 DNS 服务器和备用 DNS 服务器的 IP 地址。如果还要添加其他 DNS 服务器的 IP 地址，则单击"添加"按钮，在出现的对话框中依次输入其他 DNS 服务器的 IP 地址。

通过以上设置，DNS 客户端会依次向 DNS 服务器进行查询。如果首选 DNS 服务器没有某主机的记录，则客户端会依照 DNS 服务器地址的使用顺序查询其余的 DNS 服务器。

7.3.5　任务 5：测试 DNS

DNS 服务器和客户端配置完成后，可以使用各种命令测试 DNS 是否配置正确。Windows 操作

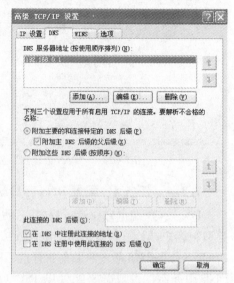

图 7—24　"高级 TCP/IP 设置"对话框

系统内置了用于测试 DNS 的相关命令，如 ipconfig、ping、nslookup 等。客户端计算机测试时，可通过 ipconfig 命令，查看 DNS 服务器设置，在命令提示符下输入"ipconfig/all"命令，执行结果如图 7—25 所示。

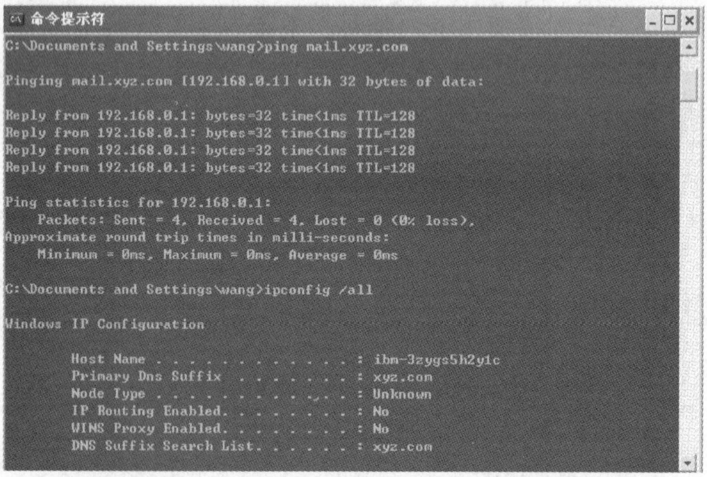

图 7—25　执行 ipconfig

确定 DNS 服务器配置正确后，使用 ping 命令来 ping DNS 服务器的主机名，返回对应 IP 地址及相应的简单统计信息。例如，输入 ping www.xyz.com，执行结果如图 7—26 所示。

从图 7—26 可看出，DNS 服务器工作正常，且能正确解析出 www.xyz.com 主机名。反向查找的应用并不多，一般情况下用于测试 DNS 服务器能否正确提供名称解析功能，如

运行 nslookup。可以使用 ping 和 nslookup 命令测试反向查找功能。要使用 ping 命令反向查找，只要在 ping 命令后面加上 "-a" 参数，就可以测试 DNS 服务器能否将 IP 地址解析成主机名称。例如，输入 ping　-a192.168.0.1，执行结果如图 7—27 所示。

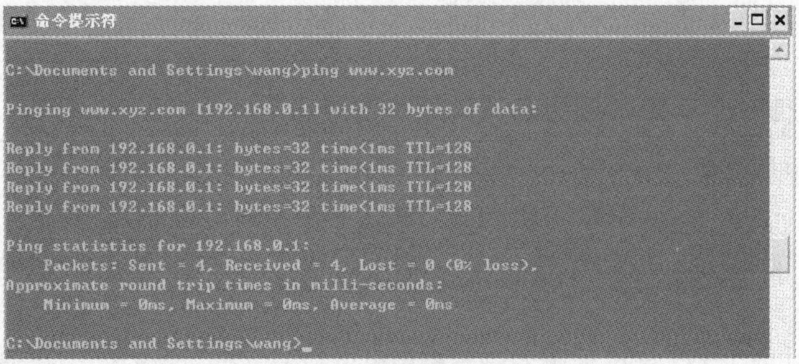

图 7—26　使用 ping 正向查找

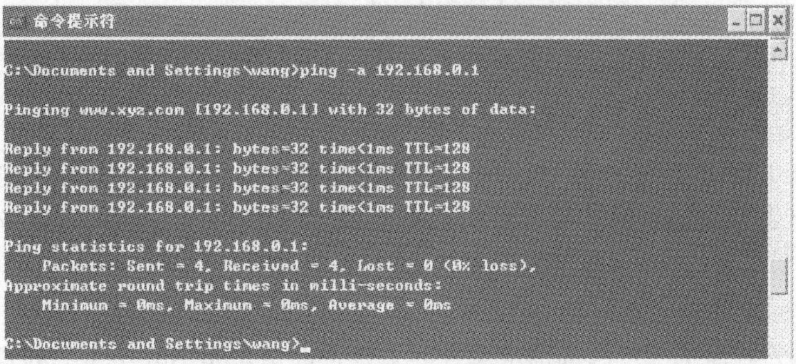

图 7—27　使用 ping 反向查找

在测试 DNS 时，可使用 nslookup 命令进行测试。nslookup 支持两种模式：互动模式和非互动模式（区别在于互动模式可以让用户交互输入相关命令，而非互动模式需要在命令提示符下输入完整的命令）。

这里介绍互动模式的 nslookup 运行情况。在命令提示符状态下输入 nslookup，回车后出现如图 7—28 所示的画面。在命令提示符下运行 nslookup 后，出现缺省 DNS 服务器的主机名和 IP 地址，如 www. xyz. com 和 192.168.0.1。在提示符 ">" 后输入：www. xyz. com，DNS 服务器能解析出相应的 IP 地址为 192.168.0.1。同样在提示符 ">" 后输入 192.168.0.1，DNS 服务器能解析出相应的主机名为 www. xyz. com。

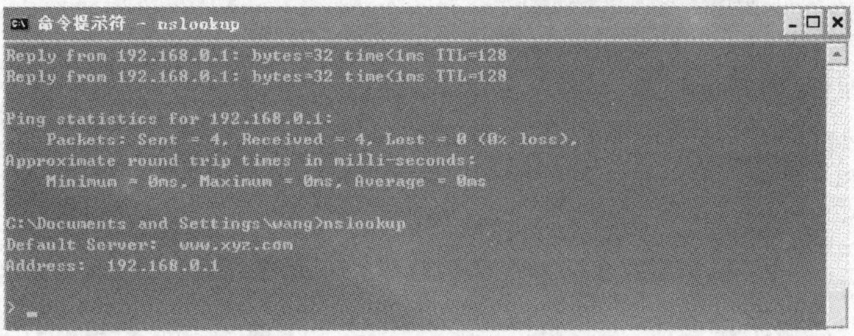

图 7—28　使用 nslookup 测试

> **提示**：nslookup 命令功能非常强大，使用"?"命令可以看到 nslookup 所支持的命令及参数。有关 nslookup 的具体内容可参考 Windows Server 2008 系统的帮助信息。

7.3.6 任务 6：实现 DNS 服务器的相关应用

1. DNS 的动态更新

动态 DNS 的作用是，当被解析的主机 IP 地址变化时，DNS 服务器数据库中的记录会随之自动变更并始终与该主机域名相对应，这一过程称为 DNS **的动态更新**。启用动态更新的操作步骤如下：

步骤 1：在 DNS 控制台目录树上，右键单击区域名，如 xyz.com。在弹出的快捷菜单上选取"属性"，打开"xyz.com 属性"对话框，如图 7—29 所示。在"动态更新"后的下拉选项框中，选择"非安全"。

注意：必须是 Active Directory 集成区域才可选择"只有安全的"选项，表示只有具备权限的客户端才可以动态更新。

步骤 2：在 DHCP 控制台目录树的"作用域属性"对话框的"DNS"选项卡中，选中"只有在 DHCP 客户端请求时才动态更新 DNSA 和 PTR 记录"。这样，客户端在更改主机名后可通过"ipconfig/registerdns"命令更新 DNS 服务器上的信息。

2. 根提示和转发器

向 DNS 服务器提交一个查询请求时，如果该查询请求是 Internet 上的资源，那么 DNS 服务器需要通过一种方式遍历 Internet 上相应的 DNS 服务器来响应客户端请求。DNS 服务器使用**根提示**将客户端的迭代查询请求转发到 Internet 上。根提示包含多台服务器，如图 7—30 所示。

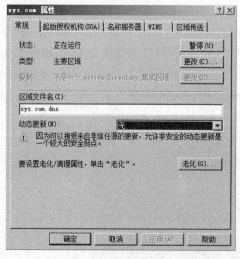

图 7—29　"xyz.com 属性"对话框

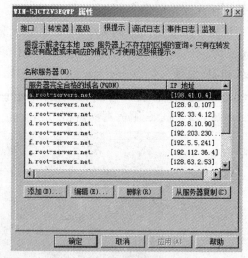

图 7—30　"根提示"选项卡

局域网中的 DNS 服务器只能解析在本地域中添加的主机，而无法解析未知的域名。因此，要实现对 Internet 中所有域名的解析，就必须将本地无法解析的域名转发给其他域名服务器。这种转发可以通过根提示实现，也可以通过 DNS 转发器实现（只有在转发器没有配置或未响应的情况下才使用根提示）。一般情况下，当 DNS 服务器在收到 DNS 客户端的查询请求后，它将在所辖区域的数据库中寻找是否有该客户端的数据。如果该 DNS 服务器的区域数据库中没有该客户端的数据，也就是说，在 DNS 服务器所管辖区域数据库中没有该 DNS 客户端所查询的主机名，那么该 DNS 服务器需要转向其他 DNS 服务器进行查询。

在实际应用中，这种情况经常发生。当网络中的某台主机需要与本网络外的主机通信时，就需要向外界的 DNS 服务器进行查询。但为了安全起见，只让其中一台 DNS 服务器与外界直接联系，网络内的其他 DNS 服务器则通过这台 DNS 服务器与外界进行间接的联系，直接与外界建立联系的 DNS 服务器就称为**转发器**。通过转发器，当 DNS 客户端提出查询请求时，DNS 服务器将通过转发器从外界 DNS 服务器中获得数据，并传递给 DNS 客户端。如果转发器无法查询到所需的数据，则 DNS 服务器不再向外界 DNS 服务器进行查询，而是告诉 DNS 客户端无法找到。通常企业出于安全考虑，大多会采用这种方式，DNS 服务器将完全依赖转发器。这样的 DNS 服务器也称作从属服务器（Slave Server）。

图 7—31　转发器的设置

Windows Server 2008 还支持条件转发，也就是说可以将特定的域转发到特定的 DNS 服务器上。有关转发器的设置如图 7—31 所示。

7.4　项目三：解决 DNS 应用中的常见问题

完成 DNS 服务器的安装后，有时候可能会出现某些错误，导致不能正常提供服务或启动域名解析功能。以下是常见的 DNS 故障及排除方法。

7.4.1　任务 1：解决无法启动域名解析功能

故障原因：可能是域名解析服务所需的文件丢失，或错误地修改了与服务有关的配置信息。

解决方法：通过备份％Systemroot％\system32\dns 文件夹中的区域文件，删除并重新安装 DNS 服务器，可确保重新启动域名解析功能。然后，在 DNS 服务器上新增正向查找区域，创建主要区域文件，区域名为备份的区域文件名称，并且设置使用现存的文件，最后将区域文件还原到 DNS 服务器上。在完成新建区域后，会在该区域看到以前创建的所有记录（用于还原 DNS 服务器）。

7.4.2　任务 2：解决 DNS 服务器返回错误的结果

故障原因：可能是 DNS 服务器中的记录被修改后，DNS 服务器还未替换缓存中的内容，所有返回给客户端的数据仍是旧的名称。

解决办法：在 DNS 控制台先选中 DNS 服务器的名称，然后单击鼠标右键选择"清除缓存"，清除 DNS 服务器中的缓存内容。

7.4.3 任务3：解决客户端获得错误的结果

故障原因：DNS 服务器中的记录被修改后，客户端的 DNS 缓存还有该记录，所有客户端不能够使用新的名称。

解决办法：在"命令提示符"窗口中输入"ipconfig/flushdns"命令，清除客户端的 DNS 缓存信息。另外，一般在安装 DNS 服务器后要及时进行测试，测试的类型包括简单查询和递归查询。测试的方式为右键单击 DNS 服务器名称，选择"属性|监视"选项，选中"对此 DNS 服务器的简单查询"和"对此 DNS 服务器的递归查询"，单击"立即测试"，将会看到测试结果。

简单查询失败是因为没有启动 DNS 服务。如果递归查询失败，是因为没有启动 DNS 服务或不能找到根提示进行递归查询。DNS 服务器的根提示存放在％Systemroot％\system32\dns 文件夹下的 cache.dns 文件中，若是 cache.dns 文件损坏，可以从 .\samples 文件夹复制 cache.dns 文件到上一层文件夹中。

对于 DNS 的故障处理，可以通过查看事件查看器下的"DNS 事件"了解所出现的问题，从而进行相应的排错。

实训项目 7

1. 实训目的

熟练掌握 Windows Server 2008 域名解析服务的应用与管理。

2. 实训环境

正常的局域网络；安装 Windows Server 2008（即 DNS 服务器）与 Windows XP（即 DNS 客户端）的计算机。

3. 实训内容

（1）在 Windows Server 2008 系统中创建域名解析服务。

（2）管理 DNS 服务器：创建正向查找区域；创建反向查找区域；新建子域和添加主机。

（3）配置客户机并测试 DNS。

（4）配置 DNS 客户端。

习 题 7

1. 填空题

（1）DNS 服务器是用于存储_____，接受客户查询的计算机。

（2）域名解析服务是在 Internet 网络或基于 TCP/IP 的网络中广泛使用的，主要用于提供_____的一组协议和服务。

（3）DNS 采用了_____的名字管理来代替原来的集中管理。

（4）域名解析分为两种方式：_____与_____。

（5）根据 DNS 服务器对 DNS 客户端的不同响应方式，域名解析分为两种查找模式：_____与_____。

（6）Windows 操作系统内置了用于测试 DNS 的相关命令，如＿＿＿＿＿、＿＿＿＿＿、＿＿＿＿＿等。

（7）清除客户端的 DNS 缓存信息的命令是＿＿＿＿＿。

2. 简答题

（1）Windows Server 2008 系统中的域名解析服务有什么作用？域名解析服务如何进行域名解析？

（2）如何在 Windows Server 2008 系统中配置 DNS 服务器？如何在 Windows XP 操作系统中配置 DNS 客户端？

（3）什么是正向和反向查找区域？如何设置正向和反向查找区域？

第8章　动态主机配置协议（DHCP）服务管理

教学重点

- 动态主机配置协议（DHCP）的概念
- DHCP 服务器的配置与管理

教学情景导读

　　在网络管理中，为客户机分配 IP 地址是网络管理员的一项复杂的工作。由于每个客户机都必须拥有一个独立的 IP 地址，以免出现重复 IP 地址而引起网络冲突。如果网络规模较小，管理员可以分别对每台机器进行配置。但是，在大型网络中包含成百上千台计算机，那么管理客户端 IP 地址的工作将需要大量的时间和精力，若还是以手工方式设置 IP 地址，不仅管理效率低，而且非常容易出错。Windows Server 2008 提供了动态主机配置协议（DHCP）服务，大大提高了系统管理的工作效率，减少了发生 IP 地址冲突的可能性。

8.1　DHCP 概述

8.1.1　理解 DHCP 服务

　　DHCP 是动态主机配置协议（Dynamic Host Configuration Protocol）的简称，是一种简化计算机 IP 地址分配管理的 TCP/IP 标准协议。DHCP 服务为网络管理员提供了一种自动为工作站分配 IP 地址、设置 IP 相关信息的方法。DHCP 服务采用客户机/服务器的工作模式，安装 DHCP 服务组件的计算机作为 DHCP 服务器为客户机提供服务，作为客户机的工作站通过向 DHCP 服务器发出请求获得动态 IP 地址。网络管理员可以利用 DHCP 服务器动态分配 IP 地址及进行其他相关网络环境的配置工作。DHCP 服务对于管理基于 TCP/IP 的网络具有以下优点。

　　1. 安全可靠的配置

　　DHCP 避免了为每个计算机手工输入 IP 参数而引起的配置错误。DHCP 有助于防止在网络上配置新的计算机时重复使用以前指派的 IP 地址而引起的地址冲突。

2. 减少配置管理

使用 DHCP 服务可以大大降低配置客户机的时间。可以配置服务器，以便在指派地址租约时提供其他网络配置值的全部范围，如 DNS 服务器、网关等，这些值是使用 DHCP 选项指派的。

使用 DHCP 来自动分配 IP 地址时，整个网络必须至少有一台计算机安装 DHCP 服务，即 DHCP 服务器，而客户机也必须支持自动获取 IP 地址的功能，即 DHCP 客户端。

当 DHCP 客户端开机时，会自动与 DHCP 服务器通信，并请求 DHCP 服务器提供 IP 地址给 DHCP 客户机，而 DHCP 服务器收到 DHCP 客户机的请求后，会依据服务器的配置为客户机提供 IP 地址。

当然，如果 DHCP 服务器配置不当，将会影响网络中所有 DHCP 客户端的正常工作。另外，如果网络中只有一台 DHCP 服务器，一旦发生故障时，所有 DHCP 客户端都将无法获得 IP 地址，也无法释放已有的 IP 地址，从而导致网络故障。针对这种情况，可以在一个网络中配置两台以上的 DHCP 服务器，当其中一台 DHCP 服务器失效时，由另一台 DHCP 服务器提供服务，从而不会影响网络的正常运行。如果要在由多个网段（子网）组成的网络中使用 DHCP，就需要在每个网段分别安装一台 DHCP 服务器，以保证路由器具有跨网段广播的功能（即路由器要支持 RFC1542）。

8.1.2　理解 DHCP 服务的工作过程

DHCP 客户机使用两种不同的工作过程：开机初始化过程和刷新过程，与 DHCP 服务器通信并获得 TCP/IP 配置。当客户机首次启动并尝试加入网络时，执行的是初始化过程，而在客户机已拥有 IP 租用之后将执行刷新过程。

1. 开机初始化过程

DHCP 的客户机首次启动时，会自动执行初始化过程以便从 DHCP 服务器获得 IP 租用，这个过程如图 8—1 所示，主要分为 4 个步骤：

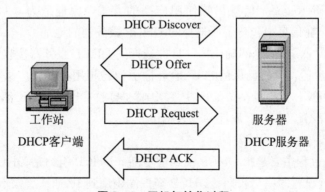

图 8—1　开机初始化过程

步骤 1：客户端发送 DHCP Discover 广播包。当客户端被设置为自动获取 IP 地址时，既不知道自己的 IP 地址，也不知道 DHCP 服务器的 IP 地址，它会使用 0.0.0.0 作为自己的 IP 地址，255.255.255.255 作为目标地址，发送 DHCP Discover 广播包。此广播包还包含了客户端网卡的 MAC 地址和 NetBIOS 名称，因此 DHCP 服务器能够确定是哪台客户端发送的请求。当发送第一个 DHCP Discover 广播包后，DHCP 客户端将等待 1 秒，如果在此期间没有 DHCP 服务器响应，DHCP 客户端将分别在第 9、13、16 秒时重复发送 DHCP Discover 广播包。如果仍没有得到 DHCP 服务器的应答，将再隔 5 分钟广播一次，直至得到应答为止。

同时，Windows 98/2000/XP 客户端将自动从 Microsoft 保留 IP 地址段中选择一个自动私有地址（Automatic Private IP Address，APIPA）作为自己的 IP 地址。自动私有 IP 地址的范围是 169.254.0.1～169.254.255.254。使用自动私有 IP 地址在 DHCP 服务器不可用时，DHCP 客户端之间仍然可以利用自动私有 IP 地址进行通信。所以，即使在网络中没有 DHCP 服务器，计算机之间仍然可以通过网上邻居发现彼此。

步骤 2：DHCP 服务器发出 DHCP Offer 广播包。当网络中的 DHCP 服务器收到 DHCP 客户端的 DHCP Discover 信息后，将从地址池中选取一个未出租的 IP 地址并利用广播方式提供给 DHCP 客户端。由于 DHCP 客户端还没有合法的 IP 地址，因此该消息仍然使用 255.255.255.255 作为目的地址。在该 IP 地址没有正式租用给 DHCP 客户端之前，这个 IP 地址会暂时被保留起来，以免分配给其他的 DHCP 客户端。DHCP 服务器发出的 DHCP Offer 广播包提供了客户端需要的相关参数：客户机的硬件地址、提供的 IP 地址、子网掩码和租用期限。

如果网络中有多台 DHCP 服务器，它们都收到 DHCP 客户端的 DHCP Discover 消息，同时这些 DHCP 服务器都广播了一个 DHCP Offer 给 DHCP 客户端，则 DHCP 客户端将从收到的一个应答消息中获得 IP 地址及其配置。

步骤 3：DHCP 客户端以广播方式发送 DHCP Request 信息。一旦收到第一个由 DHCP 服务器提供的 DHCP Offer 信息后，DHCP 客户端将以广播的方式发送 DHCP Request 信息给网络中所有的 DHCP 服务器。这样，既通知了所选择的 DHCP 服务器，也通知了其他没有被选中的 DHCP 服务器，以便这些 DHCP 服务器释放其原本保留的 IP 地址供其他 DHCP 客户端使用。DHCP Request 信息仍然使用广播的方式，原地址为 0.0.0.0，目标地址为 255.255.255.255，在信息中包含了所选择的 DHCP 服务器的地址。

步骤 4：DHCP ACK 消息的确认。一旦被选择的 DHCP 服务器接收到 DHCP 客户端的 DHCP Request 信息后，就将已保留的 IP 地址标识为已租用，并以广播方式发送一个 DHCP ACK 消息给 DHCP 客户端。该 DHCP 客户端在接收 DHCP ACK 消息后，就使用消息提供的相关参数来配置 TCP/IP 属性并加入网络。

2. 刷新过程

DHCP 的刷新过程主要是指 DHCP 租约的更新。DHCP 租约是 DHCP 服务器为工作站分配 IP 地址时为其设置的一个租期。DHCP 客户端租用到 IP 地址后，不可能长期占用，当租期过了一半时，工作站必须向 DHCP 服务器续租。IP 地址可以自动更新，也可以手动更新。

（1）IP 地址的自动更新。DHCP 客户端在它们的租用期限已过去一半时，会自动尝试更新它的租约。为了尝试更新租约，DHCP 客户端会以广播的方式直接向 DHCP 服务器发送一个 DHCP Request 消息。如果该 DHCP 服务器可用，则更新租约（即客户端开始一个新的租用周期），并发送给该客户端一个 DHCP ACK 消息，其中包含新的租约期限和已经更新的配置参数。如果 DHCP 服务器暂时不可用，那么客户端可以继续使用原来的 IP 地址及其配置，但是该 DHCP 客户端在租期达到 87.5％时，会再次利用广播方式发送一个 DHCP Request 消息，以便找到一台可以为其继续提供 IP 地址租用的 DHCP 服务器。如果仍然续租失败，则该 DHCP 客户端会立即放弃正在使用的 IP 地址，而重新向 DHCP 服务器获得一个新的 IP 地址。

以上过程中，当续租失败时，DHCP 服务器将会给该 DHCP 客户端发送一个 DHCP NACK 消息，这说明 DHCP 客户端使用的 IP 地址已无效或已被其他 DHCP 客户端使用。

> **提示**：在 DHCP 客户端重新启动时，不管 IP 地址的租期有没有到期，都会自动以广播方式向网络中所有 DHCP 服务器发送 DHCP Discover 信息，请求继续使用原来的 IP 地址信息。

（2）IP 地址的手动更新。使用 ipconfig 命令可以手动更新 IP 地址。这个命令可向 DHCP 服务器发送一个 DHCP Request 消息，用于更新配置选项和租用时间，也可以用于释放已分配给客户端的 IP 地址。

1）使用"ipconfig/renew"命令更新现有客户端的配置或者获得新配置。在 Windows XP 客户端计算机上运行"开始|所有程序|附件|命令提示符"，在命令提示符下输入"ipconfig　/renew"命令。

2）使用"ipconfig/all"命令可以查看 IP 地址及其他相关配置。

3）使用带"/release"参数的 ipconfig 命令将立即释放主机当前的 DHCP 配置，客户端的 IP 地址及子网掩码均变为 0.0.0.0，其他的配置如网关等都将被释放掉。在命令提示符下输入"ipconfig/release"。

注意：以上 ipconfig 命令在运行前需要对 DHCP 服务器进行配置。对于 Windows 95/98 的 DHCP 客户端计算机则使用 winipcfg 命令。

8.2　项目一：DHCP 服务器的配置与管理

安装 DHCP 服务器的计算机，必须运行 Windows Server 2008，安装 Windows XP 的客户端计算机无此功能。运行 DHCP 服务器的计算机的 IP 地址必须是静态的（即 IP 地址、子网掩码、默认网关等信息是手动输入的）。另外，要事先规划好出租给客户端所用的 IP 地址池（即 IP 作用域、范围）。

8.2.1　任务 1：安装 DHCP 服务器

在 Windows Server 2008 系统中安装 DHCP 服务器的操作步骤如下：

步骤 1：在"服务器管理器"工具中打开"添加角色向导"，如图 8—2 所示，选择"DHCP 服务器"。

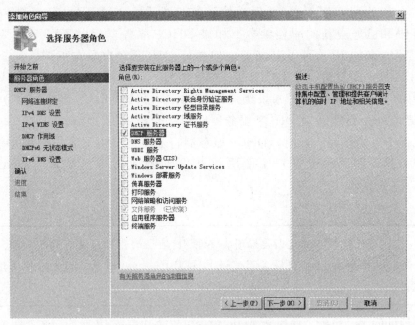

图 8—2　"选择服务器角色"对话框

步骤 2：单击"下一步"按钮，出现如图 8—3 所示的"DHCP 服务器"对话框，提示安装 DHCP 服务器之前，应当规划好子网、作用域等，也就是要保证即将安装的服务器使用静态 IP 地址，这与安装 DNS 服务器的要求是一致的。

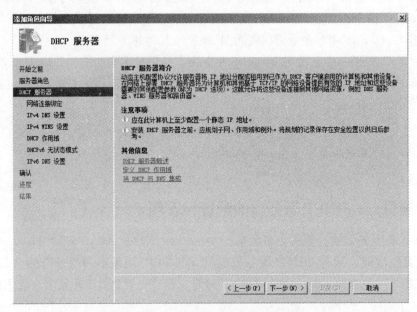

图 8—3　"DHCP 服务器"对话框

步骤 3：单击"下一步"按钮，出现如图 8—4 所示的"选择网络连接绑定"对话框，选择 DHCP 服务器将用于向子网客户端提供的网络连接，这里事前已经配置为 IPv4 地址 192.168.0.1。

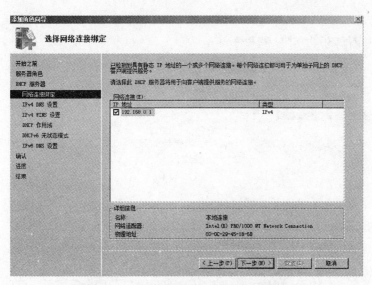

图 8—4　"选择网络连接绑定"对话框

步骤 4：单击"下一步"按钮，出现如图 8—5 所示"指定 IPv4 DNS 服务器设置"对话框，这里提供的设置将被应用于使用 IPv4 的客户端，即当客户端从 DHCP 服务器获取 IP 地址时，可将 DHCP 的相关选项参数（如 DNS 服务器 IP 地址、父域名）提供给客户端。可单击"验证"按钮，验证 IP 地址是否有效。

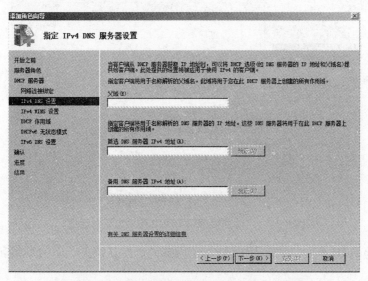

图 8—5　"指定 IPv4 DNS 服务器设置"对话框

步骤 5：单击"下一步"按钮，出现如图 8—6 所示的"指定 IPv4 WINS 服务器设置"对话框，如不需要 WINS 服务，选中"此网络上的应用程序不需要 WINS"。

步骤 6：单击"下一步"按钮，出现如图 8—7 所示的"添加或编辑 DHCP 作用域"对话框，所谓作用域是指网络中可能的 IP 地址范围，只有创建作用域之后，DHCP 服务器才可以将 IP 地址分发送到客户端。

单击图 8—7 中的"添加"按钮，出现如图 8—8 所示的"添加作用域"对话框，可设置

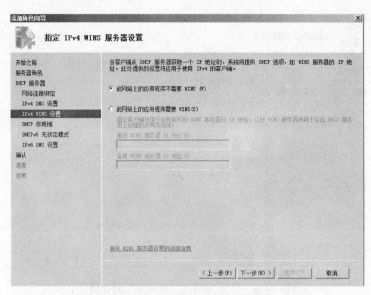

图 8—6 "指定 IPv4 WINS 服务器设置" 对话框

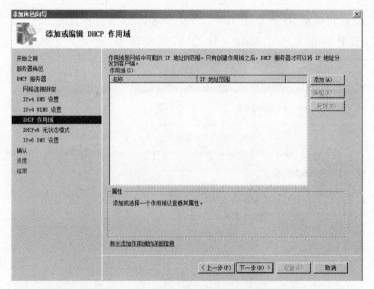

图 8—7 "添加或编辑 DHCP 作用域" 对话框

作用域名称、起始 IP 地址、结束 IP 地址、子网掩码、默认网关、子网类型和是否激活此作用域等选项。

步骤 7：单击"下一步"按钮，出现如图 8—9 所示的"配置 DHCPv6 无状态模式"对话框。DHCP 服务器支持服务 IPv6 客户端的 DHCPv6 协议，通过 DHCPv6，客户端可以使用状态模式自动配置其 IPv6 地址。如果网络中的路由器配置支持 DHCPv6，那么需要确认所做的选择是否与路由器配置相匹配。

步骤 8：单击"下一步"按钮，出现确认信息窗口，确认无误后单击"安装"按钮进行 DHCP 服务器的安装。

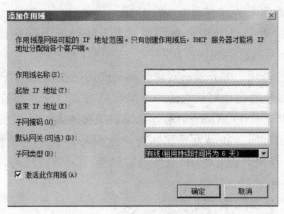

图 8—8　"添加作用域"对话框

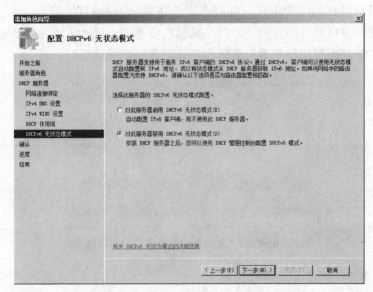

图 8—9　"配置 DHCPv6 无状态模式"对话框

8.2.2　任务 2：DHCP 服务器的授权

DHCP 服务器安装完以后，并不是立即为 DHCP 客户端提供服务，还必须经过一个"授权（authorize)"步骤。如果 DHCP 服务器配置错误或未经授权就为网络中的用户分配 IP 地址，可能会产生问题。如果启动了未经授权的 DHCP 服务器，则会使得客户端租用不正确的 IP 地址或者否认尝试更新 DHCP 客户端当前租用的地址。

为避免因某些 DHCP 服务器配置不当而引发的错误地址出租问题，可以采取对 DHCP 服务器进行授权的方法来确认权威服务器，未经授权的 DHCP 服务器在基于活动目录的域环境中是不能为 DHCP 客户机提供服务的。若要被授权，则 DHCP 服务器必须安装在域控制器或成员服务器上，如果将 DHCP 服务器安装在未加入域的 Windows Server 2008 上，则 DHCP 服务器不能被授权，而且不会运行。需要注意的是，只有运行在 Windows 2000 Server 以上域环境中的 DHCP 服务器才会被检查是否被授权，而运行在工作组环境中的 DHCP 服务器即使没有授权过程也可正常工作。

1. 检测 DHCP 服务器是否被授权

Windows Server 2008 DHCP 服务器使用如下方法检测当前在相同网络上运行的其他 DHCP 服务器，决定是否向它们提供授权服务。

在活动目录中创建 DHCP 服务器的对象，列举向网络提供 DCHP 服务的服务器 IP 地址列表。当一台 DHCP 服务器启动时，它使用本网广播方式（255.255.255.255）向本地网络发送 DHCP 消息（DHCP INFORM）请求，活动目录被查询，请求服务器的 IP 地址和授权 DHCP 服务器的列表相对照。如果发现了匹配，此服务器被认为是授权的 DHCP 服务器，并运行完成启动操作。反之，此 DHCP 服务器被认为是未经授权的，DHCP 服务自动关闭并在事件日志中记录一条"错误"事件。

2. 在活动目录中授权 DHCP 服务器

要想对 DHCP 服务器授权，用户必须是 Enterprise Admins 组的成员或是已被委派的对 DHCP 服务器进行授权的用户账户。对 DHCP 服务器进行授权的操作步骤：在"开始"菜单的"管理工具"中打开"DHCP"窗口，鼠标右键单击控制台树中的"DHCP"，在弹出的菜单中选择"管理授权的服务器"菜单项，如图 8—10 所示。

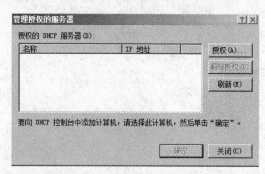

图 8—10　"管理授权的服务器"对话框

8.2.3　任务 3：创建和管理作用域

作用域是网络上 IP 地址的完整连续范围。作用域通常定义为网络中接受 DHCP 服务的单个物理子网。

DHCP 服务器 IP 作用域（IP Scope）是指一个合法的 IP 地址范围，用于向特定子网上的客户机出租（分配）IP 地址。在 DHCP 服务器上配置一个 IP 作用域，就是用于确定 IP 地址池，可以将这些 IP 地址指定给 DHCP 客户端。

> **提示**：IP 作用域可用于对使用 DHCP 服务的计算机进行管理性分组。

1. 创建作用域

新建作用域可通过"DHCP"工具实现，具体操作步骤如下：

步骤 1：打开"开始|管理工具|DHCP"，出现如图 8—11 所示的 DHCP 管理控制台。

步骤 2：在 DHCP 管理控制台中，选择 DHCP 服务器下的 IP 结点单击鼠标右键（例如这里选择 IPv4），在出现的快捷菜单中选择"新建作用域"，如图 8—12 所示。

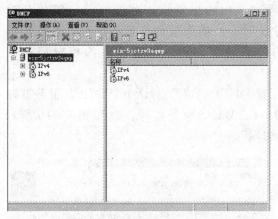

图 8—11　DHCP 管理控制台

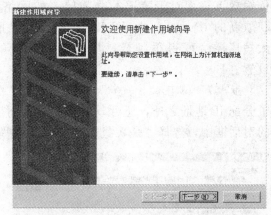

图 8—12　"新建作用域向导"对话框

步骤 3：单击"下一步"按钮，在"名称"文本框中输入作用域的名称，如 sub _ 192.168.0，在"描述"中添加辅助说明文字。

步骤 4：单击"下一步"按钮，在出现的对话框中输入作用域的"起始 IP 地址"和 "结束 IP 地址"分别为 192.168.0.150 和 192.168.0.200，在"子网掩码"中输入 255.255.255.0，也可以直接输入子网掩码长度为 24，如图 8—13 所示。

步骤 5：单击"下一步"按钮，弹出"添加排除"对话框，如图 8—14 所示。假如 IP 地址作用域中的某些地址不想分配给客户端使用，则可以在"起始地址"与"结束地址"文本框中分别输入这段地址的起止范围，单击"添加"按钮，将其添加到"排除的地址范围"列表（例如，将 192.168.0.160～192.168.0.169 共 10 个 IP 地址排除在作用域之外）。重复操作，可添加若干要排除的 IP 地址。

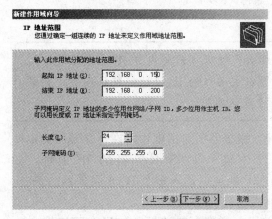

图 8—13　"IP 地址范围"对话框

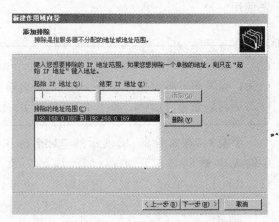

图 8—14　"添加排除"对话框

提示：如果只排除单个 IP 地址，那么在起始 IP 地址中输入即可。

步骤 6：单击"下一步"按钮，出现"租约期限"对话框。租约期限默认为 8 天，如图 8—15 所示。对于台式机较多的网络而言，租约可长一些，有利于提高网络传输效率，而对于笔记本电脑较多的网络而言，租约相对短一些有利于计算机及时获取新的 IP 地址。由于 DHCP 在分配 IP 地址时会产生大量的广播数据包，而且租约太短广播会变得很频繁，从而降低网络的传输效率，所以应选择租约相对稍长的设置。

步骤 7：单击"下一步"按钮，显示"配置 DHCP 选项"对话框。DHCP 服务器除了分配 IP 地址之外，还可以为客户端配置 DNS、WINS 服务器等。在如图 8—16 所示的对话框中，选择"是，我想现在配置这些选项"。

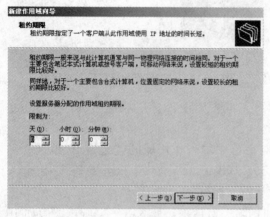
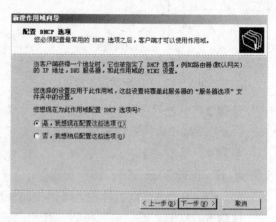

图 8—15　"租约期限"对话框　　　　图 8—16　"配置 DHCP 选项"对话框

步骤 8：单击"下一步"按钮，弹出"路由器（默认网关）"对话框，在"IP 地址"文本框中输入默认网关的 IP 地址，如图 8—17 所示，并单击"添加"按钮。这里可以按同样的方法添加多个默认网关 IP 地址。若设置多个默认网关 IP 地址，地址较前者优先使用。

> **提示**：如果采用代理共享接入 Internet，那么代理服务器的内部 IP 地址是默认网关；如果采用路由器接入 Internet，那么路由器以太网口的 IP 地址是默认网关；如果局域网划分为 VLAN，那么 VLAN 的 IP 地址是默认网关。

步骤 9：在如图 8—18 所示的"域名称和 DNS 服务器"对话框中，在"父域"文本框中输入申请的域名，并在"IP 地址"文本框中输入 DNS 服务器的 IP 地址，如192.168.0.1，单击"添加"按钮即可。也可以在 IP 地址栏输入多个 DNS 服务器的 IP 地址，这样第一个 DNS 服务器发生故障后，仍然能实现 DNS 解析。

步骤 10：单击"下一步"按钮，显示"WINS 服务器"对话框。如果在网络中安装有 WINS 服务器，则在"IP 地址"对话框中输入 WINS 服务器的 IP 地址，如192.168.0.1，单击"添加"按钮，否则，保持文本框为空。单击"下一步"按钮继续。

步骤 11：在如图 8—19 所示的"激活作用域"对话框中，选择"是，我想现在激活此作用域"激活该 DHCP 服务器，为网络提供 DHCP 服务。

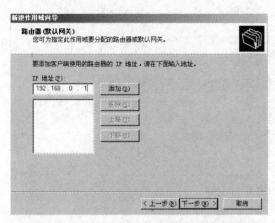

图 8—17　"路由器（默认网关）"对话框

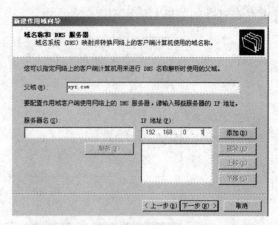

图 8—18　"域名称和 DNS 服务器"对话框

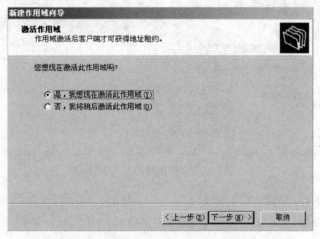

图 8—19　"激活作用域"对话框

注意：DHCP 服务器必须在激活作用域后才能提供 DHCP 服务。

步骤 12：单击"下一步"按钮，显示"正在完成新建作用域向导"对话框，表示已经成功地完成了 DHCP 服务器的搭建。单击"完成"按钮，结束在 DHCP 服务器中添加作用域的操作。

2. 配置作用域

成功创建作用域后，在 DHCP 管理控制台中出现新添加的 IP 作用域，如图 8—20 所示。同时在作用域下多了四项，通过这四项分别可以得到以下信息：

● 地址池：用于查看、管理作用域的有效地址范围和排除地址。

● 地址租约：用于查看、管理当前的地址租用情况。如果已有客户租用了地址，那么在地址租约中可以看到。

● 保留：用于添加、删除特定保留的 IP 地址。

● 作用域选项：用于查看、管理当前作用域提供的选项类型及其设置值。

（1）停用、激活和删除 IP 作用域。IP 作用域安装完成后，默认为启用状态，如果要想停用、激活或删除 IP 作用域，则在 DHCP 管理控制台上选择 DHCP 作用域，单击鼠标右键，在打开的菜单上选择相应命令即可，如图 8—21 所示。

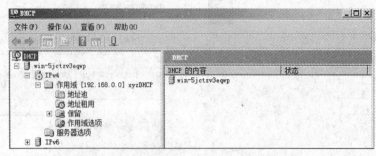

图 8—20　新添加的 IP 作用域

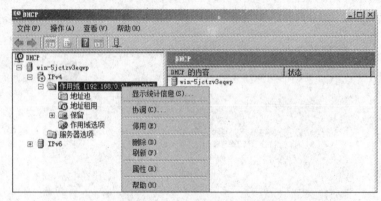

图 8—21　作用域的各项操作

对于已经停用的作用域会在作用域出现一个红色的"向下箭头"图标。同时在图 8—21 所示的菜单中将"停用"改为"激活"，以便于重新激活作用域。如果要删除作用域，只需要在上述菜单中选择"删除"即可。

（2）更改 IP 作用域相关选项。作用域创建后，可以更改作用域的相关选项。用鼠标右键单击作用域，选择"属性"菜单，在"常规"选项卡中可以更改作用域名、作用域的起始 IP 地址和结束 IP 地址，同时还可以更改 DHCP 客户端的租用期。如图 8—22所示对话框中有个"DNS"选项卡。DHCP 与 DNS 服务器可以集成在一起工作，当 DHCP 服务器分配某个 IP 地址给客户端之后，也会一起向 DNS 注册该 IP 地址和客户端的计算机名称。

（3）配置 DHCP 客户端的保留功能。有时候需要给某些 DHCP 客户端以固定的 IP 地址。例如，DNS 服务器需要固定的 IP 地址为它们的客户端服务，这可以通过 DHCP 服务器提供的保留功能来实现。DHCP 服务器的保留功能可以将特定的 IP 地址租给特定的 DHCP 客户端使用，也就是说，当这个 DHCP 客户端每次向 DHCP 服务器请求获得 IP 地址或更新 IP 地址的租用时，DHCP 服务器就会给该 DHCP 客户端分配一个相同的 IP 地址。配置保留 IP 地址的操作步骤如下：

步骤 1：在 DHCP 管理控制台的欲设置保留 IP 地址的作用域中，鼠标右键单击"保留"选项，在弹出的快捷菜单中选择"新建保留"选项，打开如图 8—23 所示对话框，在其中可分别输入相关内容。

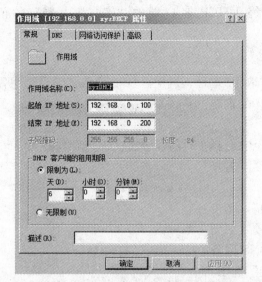

图 8—22　"作用域 ［192.168.0.1］xyzDHCP 属性"对话框

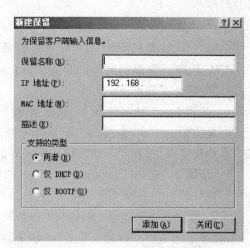

图 8—23　"新建保留"对话框

● 保留名称：用于标识 DHCP 客户端的名称，该项既可以是 DHCP 客户端的真实名称，也可以是自定义名称。

● IP 地址：用于输入要保留给该 DHCP 客户端的 IP 地址。

● MAC 地址：用于输入 DHCP 客户端网卡的 MAC 地址。网卡的 MAC 地址可在客户端用"ipconfig/all"命令查询。

● 描述：用于输入一些辅助说明文字。

● 支持的类型：用于设置该客户端是否必须支持 DHCP 服务。其中 BOOTP 是针对早期的无盘工作站设计的。因为无盘工作站没有本地磁盘，无法在本地存放用于启动系统的信息。因此，它必须利用 BOOTP 功能使这些客户端远程登录服务器，并从服务器上获得启动信息，完成系统的启动过程。如果该客户端以无盘工作站方式工作，则选择"仅 BOOTP"选项，否则选择"仅 DHCP"选项。当然，也可以选择支持两者的"两者"选项。

步骤 2：单击"添加"按钮，返回 DHCP 管理控制台，将 IP 地址指定给 DHCP 客户端。

重复上述操作，可为多台计算机保留 IP 地址。配置结束后，单击"关闭"按钮，返回 DHCP 窗口，即可显示设置结果。

3. 配置 DHCP 选项

在创建 DHCP 作用域时，除了指派一些基本的 TCP/IP 参数外（如客户端的 IP 地址、子网掩码等），还可以为客户机指派其他参数，如默认网关、DNS 服务器等，这些可以使用 DHCP 选项来实现，在创建 DHCP 作用域时如何同时配置 DHCP 作用域选项呢？

在 Windows Server 2008 中，除了作用域选项外（作用域选项只对指定作用域的客户机有效），还有服务器选项。服务器选项应用默认 DHCP 服务器的所有作用域和客户机或它们所继承的 DHCP 作用域选项的优先级高于服务器选项。例如，一个 DHCP 客户端同时定义了两个级别的选项，服务器级别的"003 路由器"选项值为"192.168.0.200"，而作用域级别的"003 路由器"选项值为"192.168.0.1"，由于作用域级别的 DHCP 选项优先级高于服

务器级别的 DHCP 选项优先级，所以最终 DHCP 客户端的"003 路由器"的值为
"192.168.0.1"。

8.2.4 任务4：配置 DHCP 客户端

客户端计算机通过 DHCP 服务器动态获取 IP 地址、网关、DNS 服务器地址，只需对
TCP/IP 进行简单的配置即可。Windows XP 配置客
户端的操作步骤如下：

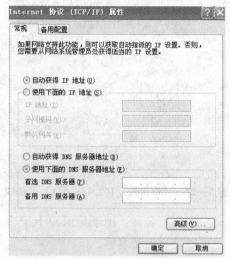

步骤1：选择"开始"，在"控制面板"中选择
"网络和 Internet 连接"，单击"网络连接"，选择
"本地连接"，打开"本地连接属性"界面。

步骤2：选择"Internet 协议（TCP/IP）"，单击
"属性"按钮，选择"自动获得 IP 地址"选项，如图
8—24 所示。如果要从 DHCP 服务器获得 DNS 服务
器地址，则选中"自动获得 DNS 服务器地址"选项，
然后单击"确定"按钮。再次单击"确定"按钮关闭
"本地连接属性"对话框。

设置完成后，可以在"命令提示符"窗口中执行
"ipconfig/all"命令查看 DHCP 客户端所获得的 IP
设置。

图 8—24　"Internet 协议（TCP/IP）
属性"对话框

8.3 项目二：DHCP 服务器的其他应用

8.3.1 任务1：创建超级作用域

超级作用域（Super Scope）是作用域的管理集合，用于支持同一物理子网上的多个逻
辑 IP 子网。如果一个实体网络内的计算机数量较多，以至于一个 Network ID 所提供的 IP
地址不够用时，可以采用以下方法来解决：

（1）利用路由器将这个网络切割成多个实体子网，每一个子网分配一个 Network ID。

（2）直接提供多个 Network ID 给这个实体网络，让不同的计算机有不同的 Network
ID，也就是实体上这些计算机还是在同一个网段内，但是逻辑上它们却隶属于不同的网络。

创建超级作用域的操作步骤如下：

步骤1：在"开始|管理工具"中打开"DHCP"。

步骤2：右键单击控制台树中适用的 DHCP 服务器的 IP 类型结点，在弹出的快捷菜单
中选择"新建超级作用域"。

步骤3：在"新建超级作用域向导"的名称中输入超级作用域的名称。

步骤4：单击"下一步"按钮，在"可用作用域"列表中选择一个或多个作用域添加到
超级作用域中。

步骤5：单击"下一步"按钮，确定无误后，单击"完成"按钮，超级作用域创建
完成。

8.3.2 任务2：DHCP 中继代理的应用

DHCP 作为一种广播服务，在面对一个包含多个子网的环境时，应仔细考虑如何配置

DHCP 服务器，这就是 DHCP 的中继代理应用。

在大型网络（常常包含多个子网）环境中，路由器将各个子网隔开，通常将路由器配置为不向其他子网转发广播消息。然而，DHCP 是一种基于广播的服务。因此，除非将 DHCP 配置为在一个多子网环境中工作，否则 DHCP 通信将只限于单个子网中。

在一个路由网络中，可以利用下面三种方法来配置 DHCP 功能。

方法一：各个子网上至少包含一个 DHCP 服务器。利用这种方法可为各种子网提供 DHCP 功能。然而，它需要显著的日常管理方面的开销，原因在于增加了设备，并且需要在每一个 DHCP 服务器上配置作用域。除此之外，还应在每个子网上配置至少两台 DHCP 服务器，以实现容错功能。

方法二：配置一个兼容 RFC1542 的路由器。该路由器用于在子网之间转发 DHCP 消息。为 BOOTP 转发功能配置的兼容 RFC1542 的路由器有选择地向另一个子网发送广播包，但是它不转发其他广播消息。虽然对于在各个子网上利用 DHCP 服务器而言，这一方法的效果很好，但是它可能是一种较复杂的路由器配置方案，而且由于 DHCP 通信要跨越多个子网，所以速度较慢。

方法三：在没有 DHCP 服务器的子网上配置一个 DHCP 中继代理。DHCP 中继代理（DHCP Relay Agent）是一台监听 DHCP 客户端的 DHCP/BOOTUP 广播包并将这些广播包中继到不同子网的 DHCP 服务器上的一台计算机或路由器。也就是说，在本地子网上，DHCP 中继代理截获 DHCP 客户机的地址请求广播消息，并将这些消息转发到另一个子网上的 DHCP 服务器。该 DHCP 服务器利用一个定向的数据包对该中继代理做出响应，然后该中继代理将这一回应广播到本地子网中，供发出地址请求的客户机使用。工作过程如图 8—25 所示。

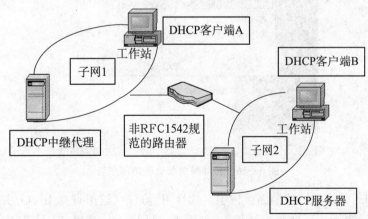

图 8—25　DHCP 中继代理的工作过程

1. 中继代理的工作过程

中继代理的工作过程如下：

（1）DHCP 客户机广播一个 DHCP 消息。由于路由器不支持广播，所以只有"子网 1"能监听到广播包。

（2）DHCP 中继代理监测到广播并转发给"子网 2"的 DHCP 服务器。

（3）DHCP 中继代理从 DHCP 服务器收到回应并发出广播。

（4）DHCP 客户机收到广播。

2. 配置中继代理的优点

与其他方法相比，在各个子网上配置 DHCP 中继代理有以下三个优点：

（1）配置 DHCP 中继代理通常比配置其他选项要容易，并且利用 DHCP 中继代理可以将广播限制到它们的起始子网中。

（2）通过在多个子网中添加 DHCP 中继代理。DHCP 服务器可以为多个子网提供 IP 地址，而且这种方法比利用兼容 RFC1542 的路由器更有效。

（3）通过配置 DHCP 中继代理可以提供容错功能。

3. 配置 DHCP 中继代理

配置 DHCP 中继代理的操作步骤如下：

步骤 1：配置路由和远程访问服务。首先在"子网 1"中挑选一台具有静态 IP 地址的 Windows Server 2008 计算机，选择"管理工具|路由和远程访问"，在控制台树中右键单击"计算机名"，选择"配置并启用路由和远程访问"。单击"下一步"按钮，选中"自定义配置"和"LAN 路由"前面的复选框，单击"下一步|完成"。计算机提示"路由和远程访问服务已处于可用状态"，如图 8—26 所示，单击"启动服务"按钮，"路由和远程访问"将被启动。

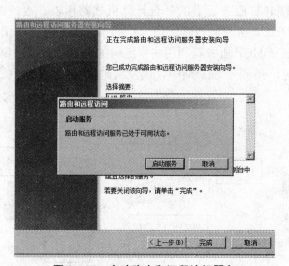

图 8—26　启动路由和远程访问服务

在"路由和远程访问"控制面板树中，选择 IP 协议（这里选择 IPv4）并在其上右键单击"常规"，然后选择"新增路由协议"，如图 8—27 所示。选择"DHCP 中继代理程序"，单击"确定"按钮，完成 DHCP 中继代理服务的安装。

步骤 2：添加 DHCP 服务器的 IP 地址。鼠标右键单击"DHCP 中继代理程序"，然后单击"属性"按钮，在"服务器地址"栏中输入 DHCP 服务器的 IP 地址，然后单击"添加"按钮，完成 DHCP 中继代理服务器的配置，如图 8—28 所示。

步骤 3：添加中继接口。鼠标右键单击"DHCP 中继代理程序"，选择"新增接口"，选中要添加的接口，然后单击"确定"按钮，如图 8—29 所示。

● 跃点计数阈值：指数据包被抛弃之前所能跨越的路由器数目。

● 启动阈值（秒）：指 DHCP 中继代理把 DHCP Discover 数据包发送给 DHCP 服务器之前需要等待的时间，如有必要，可以修改阈值的大小。

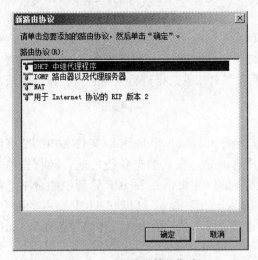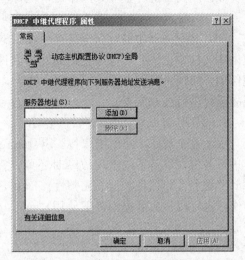

图 8—27　"新路由协议"窗口　　　　　8—28　"DHCP 中继代理程序属性"窗口

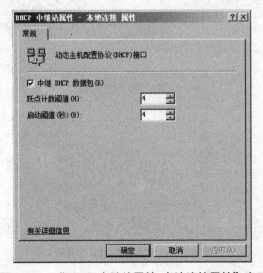

图 8—29　"DHCP 中继站属性-本地连接属性"窗口

8.4　项目三：DHCP 服务维护管理

8.4.1　任务 1：监视 DHCP 服务

通过启用事件的详细日志功能，可以检测 DHCP 运行的详细情况。在启用了日志功能后，DHCP 服务器在名称为 DhcpSrvLog-xxx.log（这里 xxx 是表示星期几的三个字母）的文件内创建相关活动的若干个细节日志文件。DHCP 服务除了在 Windows 系统日志中记录服务的启动和关闭事件之外；还记录了至关重要的错误信息。这些日志文件被放置在 DHCP 数据库目录％Systemgroot％\system32\dhcp 中，查看这些文件可以找出 DHCP 服务器可能遇到的错误。

147

8.4.2 任务2：维护DHCP服务数据库

数据库的备份、整理等操作是系统管理员日常极为重要的工作，这样能够确保系统的实时运行。

DHCP服务器中的数据全部存放在％Systemroot％\system32\dhcp中名为dhcp.mdb的数据库文件中，还有其他一些辅助性的文件。这些文件对DHCP服务器的正常运行起着关键作用，建议不要随意删除或修改。同时，还要注意对相关数据进行安全备份，以备系统出现故障时进行还原恢复。

1. DHCP数据库的备份

出于安全考虑，建议用户将％Systemroot％\system32\dhcp\backup文件夹内的所有内容进行备份，以备系统出现故障时还原。需要注意的是，在对数据备份之前，必须先停止DHCP服务，以保证数据的完整性。DHCP服务器的停止可以在DHCP管理控制台中进行操作，也可以在命令提示符下使用"net stop dhcpserver"命令（启动DHCP服务的命令）完成。在"DHCP"工具窗口中，使用鼠标右键单击DHCP服务器，选择"备份"，如图8—30所示。

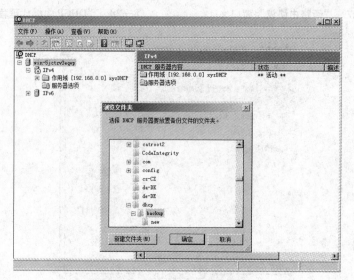

图8—30　DHCP数据库的备份

> **提示：** 在％Systemroot％\system32\dhcp文件夹下有一个名为backup的子文件夹，该文件夹保存着对DHCP数据库及相关文件的备份。DHCP服务器每隔60分钟就会将backup文件夹内的数据更新一次，完成一次备份操作。

2. DHCP数据库的还原

DHCP服务器启动时，它会自动检查DHCP数据库是否被损坏，一旦检测到错误，可以自动用备份的数据库来修复错误。除此之外，如果事件日志包含Jet数据库消息（这种消息表示DHCP数据库中有错误），如果发现被损坏，将自动用％Systemroot％\system32\dhcp\backup文件夹内的数据进行还原。但当backup文件夹内的数据被损坏时，系统将无法自动完成还原工作，此时只有用手动方式将上面所备份的数据还原到 dhcp 文件夹中，然后重新启动 DHCP 服务。DHCP 数据库的还原操作，可在"DHCP"工具窗口中用鼠标右键单击 DHCP 服务器，选择"还原"命令。

3. 数据库的重整

当 DHCP 服务器使用一段时间后，数据库内部的信息就会显得比较凌乱，降低 DHCP 服务器应用数据库的访问效率，因此有必要定期重整数据库。

Windows Server 2008 的 DHCP 服务器在运行时，能够自动定期执行重整数据库的工作，这就是所谓的在线重整（Online Compact）。另外，还可以利用 jetpack.exe 程序手工整理数据库，其重整效率比自动重整要高，当然在执行手工重整操作之前，必须让 DHCP 服务停止运行，这称为脱机重整（Offline Compact）。

举例说明应用 jetpack.exe 程序进行 DHCP 数据库重整的方法：

```
cd % systemroot% \system32\dhcp
net stop dhcpserver
jetpack dhcp. mdb temp. mdb
net start dhcpserver
```

> 提示：%systemroot% 为安装 Windows Server 2008 的系统文件夹，dhcp.mdb 为 DHCP 数据库文件，temp.mdb 为任取的临时文件。

实训项目 8

1. 实训目的

熟练掌握 Windows Server 2008 DHCP 服务及其管理。

2. 实训环境

正常的局域网络；安装 Windows Server 2008、Windows XP 操作系统的计算机。

3. 实训内容

(1) 安装 DHCP 服务器，IP 地址作用域范围为 192.168.0.100～192.168.0.200，默认网关为 192.168.0.254。

(2) 为 Web 服务器、DHCP 中继代理计算机、FTP 服务器分别保留 3 个 IP 地址。

(3) 设置作用域选项："006DNS 服务器"为 202.102.128.86、"044WINS/NBNS 服务器"为 192.168.0.50。

(4) 设置 Windows XP 客户端，使其自动获取 IP 地址信息。

(5) 备份和还原 DHCP 数据库。

(6) 脱机重整 DHCP 数据库。

习　题　8

1. 填空题

(1) DHCP 服务为网络管理员提供了一种_____的方法。

（2）DHCP 服务采用_____，安装 DHCP 服务组件的计算机作为_____为客户机提供服务，作为客户机的工作站通过向 DHCP 服务器发出请求获得动态 IP 地址。

（3）DHCP 客户机使用两种不同的工作过程：_____，与 DHCP 服务器通信并获得 TCP/IP 配置。

（4）DHCP 租约是 DHCP 服务器为_____分配 IP 地址时为其设置的一个租期。

（5）可使用_____命令向 DHCP 服务器发送一个 DHCP Request 消息，用于更新配置选项和租用时间，也可以用于释放已分配给客户端的 IP 地址。

（6）使用带_____参数的 ipconfig 命令将立即释放主机当前的 DHCP 配置。

2. 简答题

（1）Windows Server 2008 的 DHCP 服务有哪些优点？

（2）如何配置 DHCP 作用域选项？

（3）中继代理有什么作用？如何设置 DHCP 中继代理？

（4）在 Windows Server 2008 系统中，如何备份与还原 DHCP 数据库？

第 9 章　Internet 信息服务（IIS）管理

教学重点

- 安装并测试 IIS
- 创建 Web 站点
- Web 服务器的管理
- 安装与配置 FTP 服务器

教学情景导读

Windows Server 2008 在 Internet 信息服务（Internet Information Services，IIS）中提供了一组优秀的工具，以构造一个全方位支持 HTTP、FTP 的服务器。这类服务器具有可靠性、可伸缩性、安全性以及可管理性等特点。IIS 充分利用最新的 Web 标准（如 ASP. NET、可扩展标记语言 XML 和简单对象访问协议 SOAP）来开发、实施和管理 Web 应用程序。Windows Server 2008 IIS 7.0 是一个统一的 Web 平台，采取了完全模块化的安装和管理，为管理员和开发人员提供了一个一致的 Web 解决方案；增强了安全性，减少了受攻击的可能性；简化了诊断和故障排除功能，以帮助解决问题；改进了配置且支持多个服务器管理，尤其对于托管商和企业网站较多的用户来说，委派管理带来了极大的方便。

9.1　IIS 概述

IIS 是一组以 TCP/IP 协议为基础的服务，运行在相同的系统上，但在所实现的功能上是彼此不同的。IIS 作为 Windows Server 2008 应用服务的重要组成部分，很多重要的 Windows 服务器都离不开它，它可以实现 Web 网站服务器、FTP 服务器。因此，IIS 是一种非常重要的服务组件。

Windows Server 2008 提供了 IIS 7.0，它是一个集成了 IIS、ASP. NET、Windows Communication Foundation 的统一 Web 平台。其主要服务功能如下。

9.1.1　Web 网站服务

通过使用 IIS 的 Web 网站服务来发布自己的网页，这是 IIS 中最常用的功能。Web 网站服务是 IIS 的一个重要功能组件，也是 Intranet 和 Internet 中最流行的技术，它的英文全称是 World Wide Web，简称为 WWW 或 Web。Web 服务的实现，采用了客户机/服务器模型，作为服务器的计算机安装 Web 服务器软件（如 IIS），并且保存了供用户访问的网页信息，随时等待用户的访问。作为客户端安装有 Web 客户端程序，即 Web 浏览器（如 Netscape Navigate、Microsoft Internet Explorer 等），客户端通过 Web 浏览器将 HTTP 请求连接到 Web 服务器上，Web 服务器提供客户端所需要的信息。Web 网站服务的具体工作过程如下：

（1）Web 浏览器向特定的 Web 服务器发送 Web 页面请求。

（2）Web 服务器接收到该请求后，便查找所请求的 Web 页面，并将所请求的 Web 页面发给 Web 浏览器。

（3）Web 浏览器接收到所请求的 Web 页面，并将 Web 页面在浏览器中显示出来。

9.1.2　FTP 站点服务

文件传输协议（File Transfer Protocol，FTP）是用来在客户机和服务器之间实现文件传输的标准协议。IIS 支持 FTP 服务器，提供对文件传输服务的应用。FTP 服务使用 TCP 协议确保文件传输的完成和数据传输的准确。FTP 支持在站点级别上隔离用户以帮助管理员保护 Internet 站点的安全并使之商业化。

9.2　项目一：安装并测试 IIS

为了防止恶意攻击、保护系统的安全，默认情况下 Windows Server 2008 系统没有安装 IIS。在需要配置 Web 服务器时使用"服务器管理器"工具安装 IIS。

9.2.1　任务 1：安装 IIS

安装 IIS 可通过"服务器管理器"工具添加"Web 服务器（IIS）"实现，具体安装步骤如下：

步骤 1：启动"服务器管理器"工具，在"角色摘要"区域单击"添加角色"，出现"添加角色向导"窗口。

步骤 2：单击"下一步"按钮，出现"选择服务器角色"窗口，选中"Web 服务器（IIS）"复选框，添加角色向导会针对所选的角色依赖关系进行提示。由于 IIS 依赖 Windows 进程激活服务（WAS），因此弹出图 9—1 所示的对话框。单击"添加必需的功能"按钮。

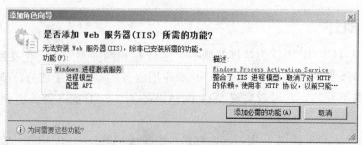

图 9—1　添加角色向导提示信息

步骤 3：如图 9—2 所示，勾选"Web 服务器（IIS）"后单击"下一步"按钮。

步骤 4：如图 9—3 所示，显示"Web 服务器（IIS）"窗口，单击"下一步"按钮。

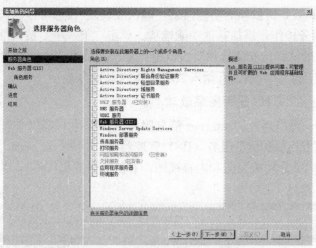

图 9—2　"选择服务器角色"窗口

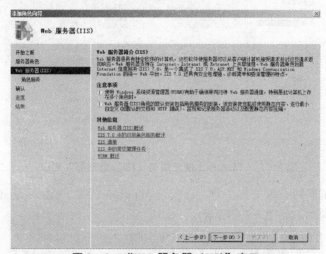

图 9—3　"Web 服务器（IIS）"窗口

步骤 5：如图 9—4 所示，这里选择 Web 网站的常用功能选项和 FTP 服务器选项（安装

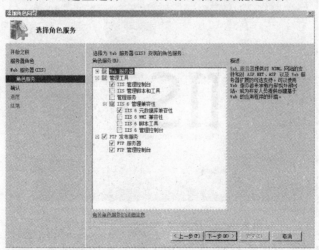

图 9—4　"选择角色服务"窗口

程序提示将安装 FTP 服务所依赖的功能信息，确认安装）。以后可根据需要，使用"服务器管理器"添加角色服务操作，添加其他功能选项。单击"下一步"按钮继续。

步骤 6：在出现的"确认安装选择"窗口中，复核安装过程中的选项参数是否正确，如果无误，那么单击"安装"按钮，开始安装所选择的服务功能。

9.2.2　任务 2：测试 IIS 是否安装成功

ISS 安装完成后，可以通过"Internet 信息服务（IIS）管理器"来管理网站，启动方法为"开始|管理工具|Internet 信息服务（IIS）管理器"。如图 9—5 所示，窗口显示分为三列（左侧为导航栏，中间又分功能视图和内容视图，右侧为快捷操作栏），并且已经创建了一个网站：Default Web Site。

图 9—5　"Internet 信息服务（IIS）管理器"窗口

接下来可以测试网站是否安装正常，已安装 Windows XP Professional 的计算机利用 IE 浏览器连接、测试网站，如图 9—6 所示。

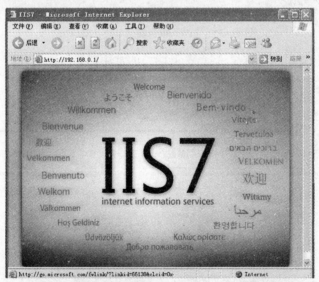

图 9—6　"Default Web Site"网站页面

（1）可以在地址栏中直接输入 http：//Web 服务器 IP 地址。

（2）可以利用 DNS 网址（前提是在 DNS 服务器中建立了主机对应的资源记录），如 http：//www. xyz. com。

（3）利用计算机名称，如 http：//abc，这种方法适合位于局域网内的计算机。

如果没有出现图 9—6 所示的网页，则检查"默认网站"是否"正在运行"。若是停止状态，右键单击"默认网站"选择"启动"来激活网站。若还是无法激活，可通过"开始|管理工具|事件查看器|系统"来查看、分析无法激活的原因。若困难较大，则只能删除 IIS 重新安装。

9.3　项目二：创建 Web 站点

9.3.1　任务 1：使用"默认站点"发布网站

要使用默认站点，用户需要先创建自己的主页。创建完主页后，可将主页命名为 Index. htm、Default. htm 或 Default. asp，然后复制到默认的 Web 站点主目录中，默认的 Web 站点主目录在%SystemDriver%\inetpub\wwwroot 中。

在安装了 IIS 服务器后，系统会自动创建一个默认的 Web 站点，即 Default Web Site，该站点使用默认设置，其内容为 iisstart. htm、welcome. png。通常，网站创建后还需要修改 Default Web Site 的相关参数以对 Web 服务器进行必要的配置和管理。在 IIS 管理控制台中右键单击 Default Web Site 按钮，在右侧的"操作"栏内，即可对 Default Web Site 网站设置各种运行参数。

1. 设置 IP 地址和端口

在 Default Web Site 网站的操作栏中，通过"编辑站点|绑定"操作来设置网站所绑定的 IP 地址和 TCP 端口，如图 9—7 所示。

图 9—7　"网站绑定"对话框

默认情况下 IP 地址设置为"全部未分配"，表示该 Web 站点绑定计算机拥有的所有 IP 地址，可以使用该主机的任何一个 IP 地址来访问，包括回环地址 127. 0. 0. 1。当需要在一台计算机中创建多个虚拟网站时，就必须取消默认网站对所有 IP 地址的绑定，而为它指定一个 IP 地址。

Web 服务器的默认端口为 80，如图 9—7 所示。如果使用该默认端口提供的 Web 服务，在使用 Web 浏览器访问网站时，只需输入域名而无须输入端口号。如果将 Web 服务器的端口号改为其他值，如 8080，那么在访问该网站时就必须指定端口号。显然，这样给用户的访问带来了困难和麻烦，但对某些企业内部网站而言，则可以提高网站的安全性。

2. 设置主目录

主目录是指保存 Web 网站文件的位置，当用户访问该网站时，Web 服务器将从该文件夹中调用相应的文件给 Web 客户端。默认的 Web 主目录为％SystemDriver％\inetpub\wwwroot，如果 Windows Server 2008 系统安装在 C 盘，则路径为 C：\inetpub\wwwroot。一般情况下，为了减少黑客的攻击以及保证系统的稳定性和可靠性，建议将 Web 网站的相关文件存放在硬盘的其他卷中。

设置主目录的操作可在"Internet 信息服务（IIS）管理器"指定网站操作栏的"编辑网站"中进行设置，如图 9—8 所示。

提示：网站存放路径也可以选择"另一台计算机上的共享"或"重定向到 URL"，将主目录指定为其他计算机。但是，因为访问其他计算机资源时需要指定访问权限，增加了 Web 访问的复杂性，所以一般情况下不建议这样使用。

图 9—8 "编辑网站"窗口

3. 设置默认文档

每个网站都有其主页面，当在 Web 浏览器中输入该 Web 网站的地址时，首先显示主页，默认文档即为 Web 网站的主页文件。如果系统未设置默认文档，访问网站时必须指定主页文件名的 URL，否则将无法访问网站主页。

默认文档可以是一个，也可以是多个。当有多个默认文档时，Web 服务器将按先后顺序依次调用文档。要将某文件作为网站首选的默认文档，可通过"上移"或"下移"按钮调整至顶端。可以通过"添加"按钮添加默认文档，也可以用"删除"按钮删除多余的默认文档。

设置指定网站的默认文档，可在 "Internet 信息服务（IIS）管理器" 指定网站的中间 "功能视图" 栏中，选择 "IIS" 栏中的 "默认文档"，如图 9—9 所示，在显示的 "默认文档" 视图中，通过 "上移" 等操作将其排列在先。

图 9—9 设置指定网站的默认文档

对于一般的静态网站，通过上面的步骤设置即可。

9.3.2 任务 2：通过向导创建 Web 站点

用户可以通过调整默认站点的设置，将要发布的网页相关文件，复制到默认网站站点文件夹中以实现创建站点。此外，也可使用网站创建向导程序创建一个新的网站，其具体操作步骤如下：

步骤 1：打开 "Internet 信息服务（IIS）管理器" 管理控制台，在左侧窗格中选择 "网站"，单击鼠标右键，在快捷菜单中选择 "新建网站" 命令，如图 9—10 所示。

步骤 2：在 "添加网站" 对话框，输入新建网站的相关参数如下。

● 网站名称：在 "网站名称" 文本框中输入名称。

● 应用程序池：如果选择的不是下拉框中列出的应用程序池，那么单击 "选择" 按钮。**应用程序池**是指将一个或多个应用程序链接到一个或多个工作进程集合的配置。因为应用程序池中的应用程序与其他应用程序被工作进程

图 9—10 "添加网站" 对话框

边界分隔，所以某个应用程序池中的应用程序不会受到其他应用程序池的影响。

● 物理路径：在 "物理路径" 文本框中，输入网站相关系列文件（文件夹）的路径或单击 "…" 按钮通过文件系统导航找到该文件（文件夹）位置。如果输入的物理路径是远程共享的路径，则单击 "连接为" 按钮，指定访问该路径的权限。如果不使用特定的身份验证，

则在"连接为"窗口中选择"应用程序用户（通过身份验证）"选项。

● 绑定："类型"列表可为网站选择协议；"IP 地址"为网站指定静态 IP 地址或本机所有网络连接的接口地址；"端口"输入网站的访问端口。

● 主机名：输入网站主机名称（该名称可在 DNS 服务中配置为资源记录而被解析）。

站点创建后，在 IIS 管理器中可以看到新建的站点是停止的，默认站点则处于运行状态。右键单击刚创建的网站，在"默认文档"选项卡中指定网站主页文件，并将其移至第一个文件，然后单击"确定"按钮。在 IIS 管理控制台中，停止默认站点，并启动新建网站，这样就成功地创建了网站。可以在 IE 浏览器中输入 http：//192.168.0.1 访问该网站。

9.3.3 任务 3：创建和配置虚拟目录

每个 Internet 站点都有相应指定的一个主目录。主目录是一个默认位置，当 Internet 用户的请求没有指定特定文件时，IIS 将把用户的请求指向默认位置。一般来说，Internet 站点的内容都应当维持在一个单独的目录结构中，以免引起访问请求混乱。在特殊情况下，网络管理人员可能因为某种需要而使用实际站点目录以外的其他目录，或者使用其他计算机中的目录作为 Internet 用户的访问站点，此时可以使用虚拟目录（将指定的目录设为虚拟目录）。

1. 创建虚拟目录

创建虚拟目录的具体步骤如下：

步骤 1：打开"Internet 信息服务（IIS）管理器"管理控制台，右键单击想要创建虚拟目录的网站，在弹出的快捷菜单中选择"添加虚拟目录"，如图 9—11 所示。

步骤 2：如图 9—12 所示，显示"添加虚拟目录"对话框，在"别名"文本框中输入虚拟目录的名称（如 alias1），此别名是客户端浏览网站时所使用的名称，因此设置成有一定意义、便于记忆的英文名称。客户端浏览时一般使用下述方式：

http：//地址/虚拟目录名

例如，用 http：//192.168.0.1/alias1 浏览本虚拟目录。

其中，"物理路径"、"传递身份验证"等的设置与"通过向导创建 Web 站点"的创建要求一致。

图 9—11　添加虚拟目录

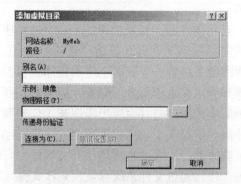

图 9—12　"添加虚拟目录"对话框

2. 配置虚拟目录

虚拟目录创建后，每个虚拟目录都可以配置不同的权限。因此，虚拟目录适合为不同用户分配不同访问权限的情况。

虚拟目录的配置与 Web 网站类似，只是虚拟目录的选项较少。鼠标右键单击虚拟目录，在弹出的快捷菜单中选择"管理虚拟目录"，实现对虚拟目录的配置。虚拟目录默认继承它所属网站的所有属性。因此，若虚拟目录要保持与 Web 网站一致，可以不对虚拟目录做任何操作。但是，如果要对虚拟目录分配相应的权限，则可单独对虚拟目录进行设置。

9.3.4　任务 4：创建多个网站

在一台宿主机上创建多个网站即虚拟网站（Web 服务器），可以理解为使用一台服务器充当若干台服务器，并且每个虚拟服务器都可拥有自己的域名、IP 地址和端口号。虚拟服务器在性能上与独立服务器一样，并且可以在同一台服务器上创建多个虚拟网站。可见虚拟网站能够节约硬件资源、节省空间和降低能源成本，并且易于对站点进行管理和配置。

1. 虚拟网站的类型

在创建虚拟网站之前，需要确定创建虚拟网站的类型。为了确保用户的请求能到达正确的网站，必须为服务器上每个网站配置唯一的标识，区分网站的标识有主机头名称、IP 地址和端口号。

（1）使用多个 IP 地址创建多个站点。每个虚拟网站拥有一个独立的 IP 地址，即每个虚拟网站都可以通过不同的 IP 地址访问，从而使 IP 地址成为网站的唯一标识。使用不同的 IP 地址时，所有的虚拟网站都可以采用默认的 80 端口，并且在 DNS 中可以对不同的网站分别解析域名，从而便于用户访问。当然，由于每个网站都需要一个 IP 地址，因此，如果创建的虚拟网站太多，将会占用大量的 IP 地址。

（2）使用不同端口号创建多个站点。同一台计算机、同一个 IP 地址，采用的端口号不同，也可以标识不同的虚拟网站。

（3）使用主机头名称创建多个站点。当 IP 地址紧缺时，每个虚拟网站只能靠主机头名称来区分。每个网站都有一个描述性名称，并支持一个主机头名称。一台宿主服务器上创建多个网站时，通常使用配置主机头的方法，这是因为此方法可以不必使用每个站点的唯一IP 地址来创建多个网站。

2. 创建多个网站的步骤

使用多个 IP 地址创建多个站点和使用不同端口创建多个站点的步骤比较简单，只要在"Internet 信息服务（IIS）管理器"控制台中单击左侧窗格中的"网站"，在弹出的快捷菜单中选择"新建网站"命令，按向导一步步完成即可，这里不再赘述。下面主要介绍使用主机头名称创建多个站点的步骤：

步骤 1：规划需要创建的网站名称。例如，在主机 abc（IP 地址为 192.168.0.1）上创建 3个网站：www.servera.com、www.serverb.com、www.serverc.com。

步骤 2：在 DNS 服务器上分别创建 3 个区域 servera.com、serverb.com 和 serverc.com，然后分别在每个区域上创建名称为 www 的主机记录（区域和记录的创建方法见第 7 章）。

步骤 3：在"Internet 信息服务（IIS）管理器"控制台中单击左侧窗格中的"网站"，在弹出的快捷菜单中选择"新建网站"命令，在"IP 地址和端口设置"对话框中分别输入网站所在计算机的网络 IP 地址和端口号，在"此网站的主机头"文本框中输入 www.servera.com，输入该网站主目录所在的文件夹，如"E：\servera"，单击"确定"按钮。

步骤 4：重复上述 1～3 的步骤，创建 www. serverb. com、www. serverc. com。虚拟网站创建完成后，即可用 www. servera. com、www. serverb. com 和 www. serverc. com 主机名访问。

虚拟网站可以创建在默认网站或其他网站中，也可以直接建立在 IIS 服务器中。不同树形目录中所建立的虚拟网站大致相同，不同的是当新的网站建立时将继承父站点的所有属性，当父站点属性修改时其属性也会发生改变（IP 地址、端口号和主机头名称除外）。

9.4 项目三：Web 服务器的管理

9.4.1 任务 1：Web 站点的安全验证管理

创建 Web 站点后，就可以通过浏览器访问。通常管理员要对 Web 站点进行权限的配置和管理。除了在 IIS 管理控制台中配置的 Web 权限外，还有 IP 地址访问权限、账户访问权限和 NTFS 访问权限等。所有这些权限均应得到满足，否则客户端无法访问 Web 服务器。访问控制的流程如下：

步骤 1：用户向 Web 服务器提出访问请求。

步骤 2：Web 服务器向客户端提出验证请求，并采用相应的验证方式来验证客户端的访问权。例如，Windows 集成验证方式会要求客户端输入用户名和密码。如果用户名、密码错误，则登录失败，否则会看其他条件是否满足。

步骤 3：Web 服务器验证客户端是否在允许的 IP 地址范围之内。如果该 IP 地址被拒绝，则请求失败，客户端收到"403 禁止访问"的错误信息。

步骤 4：Web 服务器检查客户端是否有请求资源的 Web 访问权限。如果无相应权限，则请求失败。

步骤 5：如果网站文件在 NTFS 卷中，则 Web 服务器还会检查是否有访问该资源的 NTFS 权限。如果用户没有访问该资源的 NTFS 权限，则请求失败。

步骤 6：只有步骤 2～步骤 5 均满足，用户端才会被允许访问网站。

通过设置 IIS 来验证或识别客户端用户身份，以决定是否允许该用户和 Web 服务器建立网络连接。但是如果使用匿名访问，则不进行验证。

IIS 7.0 的验证方式主要有：匿名身份验证、基本身份验证、Windows 域服务器的摘要式身份验证、集成 Windows 身份验证、Form 身份验证等。

1. 匿名身份验证

匿名身份验证可让用户随意访问 Web 服务器，而不需要提示用户输入用户名和密码。当用户连接 Web 服务器时，Web 服务器会指定一个匿名账户"IUSRS"与客户建立 HTTP 连接。IUSRS 账户会加入计算机的 Guests 组中。一般来说，用户访问互联网上的 Web 服务器时，一般都使用此匿名账户进行连接。

IIS 默认启动了匿名账户，在使用其他验证方法之前，首先应会使用匿名账户访问 Web 服务器。关于匿名账户的启用步骤如下：

步骤 1：在"Internet 信息服务（IIS）管理器"控制台中，鼠标右键单击需要配置的网站，选择中间栏"功能视图|身份验证"选项，如图 9—13 所示。

图 9—13 选择"身份验证"

步骤 2：在"身份验证"视图中，选中"匿名身份验证"，在"操作"栏中，可进行"禁用"或"启用"操作。

若启用匿名访问的同时启用了其他验证方式，IIS 会先使用匿名验证。有时，虽然同时用了匿名访问和集成 Windows 身份验证，但浏览器还是会提示用户输入用户名和密码，这是因为该匿名账户没有本地登录权限。

2. 基本身份验证

基本身份验证要求用户提供有效的用户名和密码才能访问内容。这种身份验证方法不需要特殊浏览器，所有主流浏览器都可以。基本身份验证还可以跨防火墙和代理服务器，因此在仅允许访问服务器上的部分内容时，这种身份验证是一个不错的选择。但是只有确定客户端与服务器之间的连接是安全连接时，才能使用基本身份验证。可通过专用线路或使用安全套接字层（SSL）加密和传输层安全性（TLS）来建立连接。若要将基本身份验证与 Web 分布式创作和版本管理（WebDAV）一起使用，应配置 SSL 加密。

如果采用此验证方式，那么客户端访问时，需要为用户指定用户名和密码。如果输入三次都错误，IIS 服务器将会返回"HTTP 401.1 未授权访问页面"的错误信息。IIS 7.0 在默认情况下，是禁用基本身份验证的。若要启用或禁用基本身份验证，请使用下面的命令：

```
appcmd set config /section:basicAuthentication /enabled:true|false
```

如果将 enable 属性设置为 true，则会启用基本身份验证。例如，启用基本身份验证，可在命令提示符处键入如下命令：

```
appcmd set config /section:basicAuthentication /enabled:true
```

3. Windows 域服务器的摘要式身份验证

摘要式身份验证是用 Windows 域控制器对请求访问 Web 服务器内容的用户进行身份验证。在 IIS 6.0 中，摘要式身份验证称为高级摘要式身份验证。当需要获得比基本身份验证更高的安全性时，可考虑使用摘要式身份验证。如果环境中包含防火墙和代理服务器，则更应如此。

摘要式身份验证只有域控制器才支持，因此适用于有 Active Directory 的网络环境。在默认情况下，摘要式身份验证是禁用的，可使用 appcmd 命令启用：

```
appcmd set config /section:digestAuthentication /enabled:true
```

4. 集成 Windows 身份验证

集成的 Windows 身份验证是一种安全的验证形式，因为用户名称和密码不用跨越网络传送。当启用集成 Windows 身份验证时，浏览器会通过一种加密机制来验证计算机 Windows 账户密码。

与基本身份验证不同，集成 Windows 身份验证开始时并不提示用户输入用户名和密码。如果开始的验证交换无法识别用户，则浏览器提示用户输入 Windows 账户用户名和密码，并使用集成 Windows 身份验证进行处理。如果验证失败，客户端则继续提示用户，直到用户输入有效的用户名和密码或关闭提示对话框为止。

在默认情况下，集成 Windows 身份验证是禁用的，可使用 appcmd 命令启用：

```
appcmd set config /section:windowsAuthentication /enabled:true
```

5. Form 身份验证

Form 身份验证允许用户使用 ASP. NET 成员资格数据库中的标识进行登录。此身份验证方法指通过向 HTML 登录页的重定向来确认用户的标识。系统管理员可以在站点或应用程序级别配置 Form 身份验证。Form 身份验证的便利性主要体现在以下方面：

（1）允许使用自定义数据存储区（如 SQL Server 数据库）或 Active Directory 进行身份验证。

（2）很容易与 Web 用户界面集成。

（3）客户端可以使用任何浏览器。

ASP. NET 基于 Form 的身份验证非常适用于在公共 Web 服务器上接收具有大量请求的站点或应用程序。该身份验证模式能够在应用程序级别管理客户端注册，而不必依赖操作系统提供的身份验证机制。Form 身份验证的启用和禁用操作，可通过指定网站"身份验证"视图完成。

另外，IIS 7.0 提供了证书身份验证，该种验证主要是针对以下情况使用 Web 服务器的安全套接字层（Secure Sockets Layer，SSL）功能：Web 站点提供服务器证书，让用户在传输个人敏感数据（如信用卡号码）前先验证该 Web 站点，而客户在 Web 站点传输数据时则使用客户端证书供 Web 站点验证。SSL 验证会在登录过程中，检查 Web 服务器和浏览器所送出的加密数字密钥的内容。服务器证书通常包含了关于使用及发行该证书公司和组织的信息，客户端证书通常包含用户及发行该证书组织的信息。可以将客户端证书和 Web 服务器上的 Windows 用户账户关联在一起来使用。在建立并启用证书对应之后，每次用户使用客户端证书登录时，Web 服务器都会自动地将该用户与适当的 Windows 用户账户关联在一起。这样就可以自动地验证使用客户端证书登录的用户，而不需使用"基本身份验证"、"Windows 域服务器的摘要式身份验证"或"集成 Windows 身份验证"的验证。可以将一个客户端证书对应到一个 Windows 用户账户，或将多个客户端证书对应到一个 Windows 用户账户。例如，在服务器中有多个部门或企业，而它们都有自己的 Web 站点，可以使用多对一的方式将部门或企业的所有客户端证书对应到其本身的 Web 站点，而每个站点将只提供自身所属的客户端访问。

9.4.2　任务 2：监视和诊断 Web 服务器上的活动

1. 查看工作进程

如果系统管理员发现某个工作进程当前占用了 Web 服务器上的大量资源，或者请求的处理时间过长，则可以查看特定工作进程中当前正在处理的请求列表。此信息有助于在网站或应用程序的特定区域中确定问题出现的位置。例如，发现某个针对特定文件的请求占用了大量内存，可将此类有关站点或应用程序的信息提供给开发人员，以便他们优化代码。又如，发现某个工作进程处理请求的时间太长，这时就可以查看工作进程中当前处理的请求，然后利用该信息来调查特定请求的处理时间过长的原因。

查看工作进程的具体操作步骤如下：

步骤 1：在"Internet 信息服务（IIS）管理器"窗口中，双击左侧窗口中的网站服务器。

步骤 2：在中间功能窗口中，双击"IIS"功能区域中的"工作进程"，出现"工作进程"窗口，其中显示该 Web 服务器上应用程序池中运行的工作进程列表，有关工作进程的信息如下：

● 应用程序池名称：同一应用程序池可能会在网格中多次列出，以便说明应用程序池中运行了不同的工作进程。

● 进程 ID：与应用程序池关联的工作进程标识符（ID）。

● 状态：进程的状态，如正在启动、正在运行或正在停止。

● CPU 百分比：工作进程自上次更新以来所占用的 CPU 时间百分比，这与任务管理器中的"CPU 使用"一致。

● 专用字节（KB）：工作进程当前提交的、不能与其他进程共享的内存空间的大小，这与 Windows 任务管理器中的"虚拟内存空间的大小"一致。

● 虚拟字节（KB）：工作进程当前占用的虚拟地址空间的大小（Windows 任务管理器中没有与之相对应的项）。

步骤 3：如果双击"工作进程"窗口中的某个进程，可查看工作进程中当前正在执行的请求。

2. 日志

除了 Windows 提供的日志记录功能外，IIS 7.0 还提供了其他日志记录功能，如选择日志文件格式并指定要记录的请求。具体操作步骤如下：

步骤 1：在"Internet 信息服务（IIS）管理器"窗口中，双击左侧窗口中的网站服务器。

步骤 2：在中间功能窗口中，双击"IIS"功能区域中的"日志"，如图 9—14 所示。

步骤 3：在"日志文件"区域中，单击"格式"文本框对应的"选择字段"按钮，出现如图 9—15 所示的"W3C 日志记录字段"窗口，在其中选择要记录的字段。只有在选择 W3C 日志文件格式时，此按钮才可用。选择后，单击"确定"按钮。

步骤 4：在"目录"文本框中，可输入存储一个或多个日志文件的物理路径。默认值如下：

```
%SystemDriver%\inetpub\logs\LogFiles
```

步骤 5：在"日志文件滚动更新"区域中，设置要更新的计划、日志文件大小以及是否创建日志等信息。

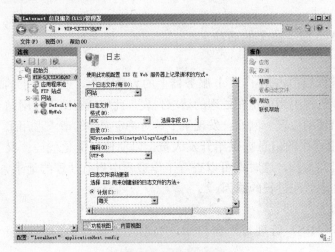

图 9—14　日志管理

图 9—15　"W3C 日志记录字段"窗口

3. 查看失败请求跟踪规则

使用 IIS 中的"失败请求跟踪规则"功能可以管理失败请求的跟踪规则列表。具体操作步骤如下：

步骤 1：在"Internet 信息服务（IIS）管理器"窗口中，双击左侧窗口中的网站服务器。

步骤 2：在中间功能窗口中，双击"IIS"功能区域中的"失败请求跟踪规则"，出现"失败请求跟踪规则"窗口，如图 9—16 所示。

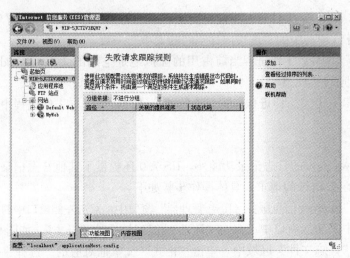

图 9—16　"失败请求跟踪规则"窗口

步骤 3：在右侧操作窗口中，单击"添加"按钮，出现如图 9—17 所示的"指定要跟踪的内容"窗口，其中：

● 所有内容：跟踪目录中的所有文件。

● ASP. NET（＊.aspx）：跟踪目录中的所有 .aspx 文件。

● ASP（＊.asp）：跟踪目录中的所有 .asp 文件。

● 自定义：定义用户自定义的内容集，该选项最多只能包含一个通配符，并且必须位于设置失败请求定义的目录内。

步骤 4：单击"下一步"按钮，出现如图 9—18 所示的"定义跟踪条件"窗口。

● 在"状态代码"文本框中输入要跟踪的状态代码，可输入一个或多个状态代码（多个代码之间用逗号分隔或使用连字号来输入状态代码的范围）。

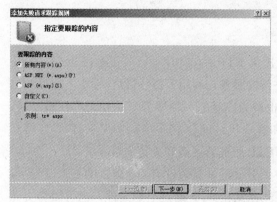

图 9—17　"指定要跟踪的内容"窗口

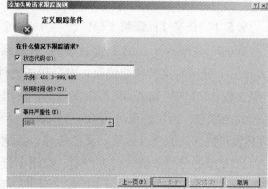

图 9—18　"定义跟踪条件"窗口

●"所用时间"复选框，是超过完成所分配事件的时间，这里输入请求花费的最长时间（秒）。

●"事件严重性"复选框，在对应的列表中，选择以下选项："错误"提供遇到错误并且无法继续处理请求的组件的相关信息，这些错误信息通常是服务器端的问题；"严重错误"提供可能导致进程退出操作的相关信息；"警告"提供遇到错误但可以继续处理请求的组件的相关信息。

步骤 5：单击"下一步"按钮，出现如图 9—19 所示的"选择跟踪提供程序"窗口，其中的选项含义如下：

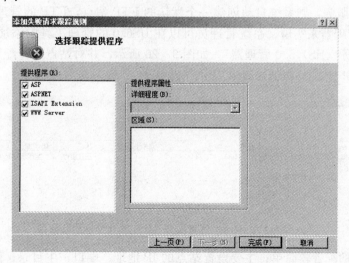

图 9—19　"选择跟踪提供程序"窗口

● ASP：跟踪 ASP 请求的执行操作的开始和完成。

● ASP.NET：查看请求转入和转出托管代码的情况，包括所有 .aspx 文件请求以及由托管模块处理的任何请求。

● ISAPI Extension：跟踪请求转入和转出 ISAPI 扩展进程的情况。

● WWW Serve：通过 IIS 工作进程跟踪请求。

9.5　项目四：FTP 服务器的管理

9.5.1　任务 1：理解 FTP

Windows Server 2008 是通过 FTP 服务来提供 FTP 站点功能的。FTP（File Transfer Protocol）是一种文件传输协议，专门用于文件传输服务，利用 FTP 可以传输文本文件和二进制文件。FTP 是 Internet 上出现最早，使用也最为广泛的一种服务，是基于客户机/服务器模式的服务。通过该服务可在 FTP 服务器和客户机之间建立连接，实现 FTP 服务器和 FTP 客户机之间的文件传输，文件传输包括从 FTP 服务器下载和上传文件。

FTP 服务分服务器端和客户端，构建 FTP 服务器的常见软件有 IIS 自带的 FTP 服务组件、Serv-U 第三方软件等。FTP 客户端可以下载存储在 FTP 站点上的文件，也可以将文件上传到 FTP 站点。

> 提示：Windows Server 2008 内置的 FTP 服务模块是 IIS 的重要组成部分。虽然 IIS 中的 FTP 服务安装配置较简单，但对用户权限和使用磁盘容量的限制，需要借助 NTFS 文件夹权限和磁盘配额才能实现。因此，不太适合复杂的网络应用。

9.5.2　任务 2：配置 FTP 服务器

在默认情况下，安装 IIS 7.0 时系统并不包含 FTP 服务器组件。如果在安装 IIS 7.0 时选择了安装 FTP 服务，则系统自动创建一个默认的 FTP 站点，FTP 的管理功能由 IIS 7.0 调用 IIS 6.0 的管理器来实现。系统管理员可以在 IIS6.0 的管理工具中添加/删除站点，即"Internet 信息服务（IIS）6.0 管理器"，如图 9—20 所示，并对站点进行配置。当前操作的前提是启动"FTP Publishing Services"。

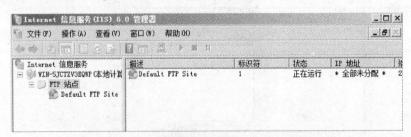

图 9—20　"Internet 信息服务（IIS）6.0 管理器"窗口

FTP 服务器的配置较简单，主要设置站点的 IP 地址、端口、主目录、访问权限等。默认 FTP 站点的主目录所在的默认文件夹为％Systemdriver％\inetpub\ftproot，用户不需要对 FTP 服务器做任何修改，只要将想实现共享的文件复制到以上目录即可。这时，允许来自任何 IP 地址的用户以匿名方式访问该 FTP 站点。由于默认状态下对主目录的访问为只读方式，所以用户只能下载而无法上传文件。

在图 9—20 所示窗口，右键单击"Default FTP Site"，选择"属性"，打开默认 FTP 站点属性，如图 9—21 所示。通过选择不同选项卡可对 FTP 服务器的相关属性进行设置。

1. FTP 站点

在"FTP 站点标识"区域，"描述"文本框可以设置或更改

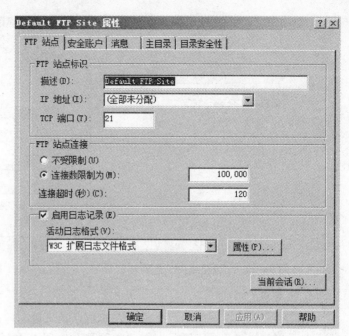

图 9—21 "Default FTP Site 属性"窗口

站点的名称。"IP 地址"用于设置该 FTP 站点的 IP 地址（如 192.168.0.1）。如果不为该 FTP 站点指定特定的 IP 地址，则采用默认的"（全部未分配）"。例如，该服务器拥有多个 IP 地址：192.168.0.2、192.168.0.3 和 172.16.1.1，则在"全部未分配"的情况下，FTP 客户端利用任何一个 IP 地址都可以访问服务器。"TCP 端口"的 FTP 默认使用 TCP 协议的 21 端口。

"FTP 站点连接"区域设置可同时连接的 FTP 客户端数量，默认为"不受限制"。为了保护 FTP 服务器及保证带宽的有效利用，常需设置最大连接数。这里的"连接数限制为""100 000"，即最多允许 100000 个人同时连接到 FTP 服务器。

2. 安全账户

在一台 FTP 服务器上，用户一般会建立两类连接：匿名登录和用户登录，如图 9—22 所示。

（1）允许匿名连接：在安装时系统自动建立一个默认匿名用户账户 IUSR _ computer-name。选中"允许匿名连接"复选框，这时，任何用户都可以采用匿名方式登录到 FTP 服务器。匿名方式连接后，系统不会提示用户输入用户名或密码。FTP 客户端在访问时将使用匿名账户 Anonymous 访问。如果清除该复选框，用户在登录 FTP 服务器时，需要输入有效的 Windows 用户名和密码。如果为 FTP 服务器提供的用户身份有误，服务器将返回错误消息。

（2）只允许匿名连接：选中"只允许匿名连接"复选框后，用户只能使用不需要密码的匿名账户 Anonymous 访问。

3. 消息

可以设置一些类似站点公告的信息，如用户登录后显示的欢迎信息，可通过"消息"选项卡的相关设置来完成，如图 9—23 所示。

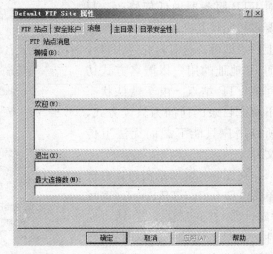

图 9—22　"安全账户"选项卡　　　　　　图 9—23　"消息"选项卡

4.主目录

该选项卡设置供网络用户下载文件的站点是来自本地计算机的目录，还是来自计算机共享的文件夹，如图 9—24 所示。在"主目录"选项卡中可以设置用户对 FTP 服务器的访问权限：

（1）读取：允许用户查看或下载存储在主目录或虚拟目录中的文件。如果只允许用户下载，建议只选择该复选框。

（2）写入：允许用户向 FTP 服务器上传文件。如果该站点允许所有登录用户上传文件，则选中该复选框。否则，取消该复选框，只启用"读取"权限。

注意：当赋予用户写入权限时，用户可能会向 FTP 服务器上传大量的文件，从而导致磁盘空间迅速被占用，因此限制每个用户写入的数据量就很必要。如果 FTP 的主目录处于 NTFS 卷中，那么，NTFS 文件系统的磁盘限额功能可以非常好地解决此问题。NTFS 文件夹权限优先于 FTP 站点权限。通常将多种权限设置组合在一起来保证 FTP 服务器的安全。

5.目录安全性

在"目录安全性"选项卡中可设定客户访问 FTP 站点的范围，如图 9—25 所示。可以设置特定 IP 地址的访问权限，来阻止某些个人或群组访问服务器。对于非常敏感的数据，或者想通过 FTP 传输实现对 Web 站点的更新，仅有用户名和密码的身份验证是不够的，而利用 IP 地址进行访问限制则是一种非常有效的手段，其不仅有助于在局域网内部实现对 FTP 站点的访问控制，而且有利于阻止来自 Internet 的恶意攻击。

通过指定允许或禁止访问的 IP 地址、子网掩码、一台或多台计算机的域名，就可以控制对 FTP 资源（如站点、虚拟目录或文件）的访问。

（1）授权访问：在默认情况下，所有计算机将被授权访问。如果需要拒绝少量用户访问，则单击"添加"按钮设置被拒绝访问的计算机。因此，该方案适用于拒绝少量用户访问的情况。

（2）拒绝访问：该方案适用于授权少量用户访问的情况，通过单击"添加"按钮设置允许访问的计算机。

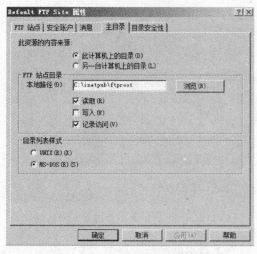

图 9—24　"主目录"选项卡　　　　　　　　图 9—25　"目录安全性"选项卡

9.5.3　任务 3：创建 FTP 站点与虚拟目录

1. 创建 FTP 站点

与创建 Web 站点类似，使用 FTP 站点创建向导可创建一个新的 FTP 站点。创建新的 FTP 站点的操作是在"Internet 信息服务（IIS）6.0 管理器"窗口中完成的。下面是创建 FTP 站点的步骤：

步骤 1：在"Internet 信息服务（IIS）6.0 管理器"窗口中，鼠标右键单击"FTP 站点"，在弹出的快捷菜单中选择"新建｜FTP 站点"命令，如图 9—26 所示。

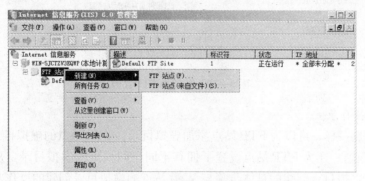

图 9—26　新建 FTP 站点

步骤 2：显示"FTP 站点创建向导"对话框，单击"下一步"按钮。打开"FTP 站点描述"对话框，填写"FTP 站点描述"，如 My FTP Site，单击"下一步"按钮继续。

步骤 3：在"IP 地址和端口设置"对话框中，为 FTP 服务器指定一个静态 IP 地址，并设置默认 TCP 端口号 21，如图 9—27 所示，单击"下一步"按钮继续。

步骤 4：在如图 9—28 所示的"FTP 用户隔离"对话框中指定 FTP 服务器隔离用户的方式。如果用户访问其他用户的 FTP 主目录，则选择"不隔离用户"；如果不同用户只能访问不同的 FTP 主目录，则选择"隔离用户"；如果根据活动目录中的用户来隔离 FTP 主目录，则选择"用 Active Directory 隔离用户"。单击"下一步"按钮继续。

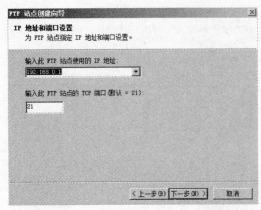 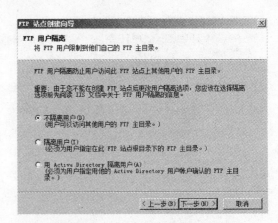

图 9—27　"IP 地址和端口设置"对话框　　　　图 9—28　"FTP 用户隔离"对话框

步骤 5：在"FTP 站点主目录"对话框中，输入主目录的路径，单击"下一步"按钮。

步骤 6：在"FTP 站点访问权限"对话框中，设置主目录访问权限。如果只想提供文件下载，选择"读取"。如想上传文件，则应当同时选"读取"和"写入"。单击"下一步"按钮，出现"完成"按钮，则 FTP 站点建立完成。

这时在"Internet 信息服务（IIS）6.0 管理器"窗口中将显示新建的 FTP 站点，如图 9—29 所示。还可打开 FTP 站点的"属性"对话框，对其进一步设置。

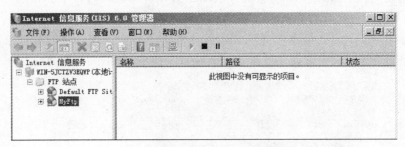

图 9—29　新建的 FTP 站点

2. 创建虚拟目录

与 Web 站点一样，可以为 FTP 站点添加虚拟目录。FTP 站点的虚拟目录不但解决了磁盘空间不足的问题，还为 FTP 站点设置了拥有不同访问权限的虚拟目录，从而可更好地管理 FTP 站点。虚拟目录创建的具体步骤与 Web 站点的虚拟目录创建的操作步骤类似，在此不再赘述。

9.5.4　任务 4：访问 FTP 客户端

在建立 FTP 站点提供 FTP 服务后，就可以为用户提供下载或上传服务了。可以用三种方式访问 FTP 站点，分别是使用 FTP 命令、Web 浏览器和 FTP 客户端软件。

1. FTP 命令

基于 Windows 操作系统的客户端计算机，可在命令提示符下使用 Windows 自带的 FTP 命令连接到 FTP 服务器上。连接方法是：执行"开始|运行"命令，输入 CMD（在 Windows 98 下为 COMMAND，在 Windows 2000 /XP/2003 下为 CMD），进入命令提示符状态，输入"ftp 服务器的 IP 地址或域名"命令，按提示输入用户名和密码就可进入 FTP 服

务器的主目录。若是匿名用户，则用户名输入 Anonymous，如图 9—30 所示。如需上传单个文件，则使用"PUT 文件名"命令；如需下载单个文件，则使用"GET 文件名"命令。FTP 命令的具体使用请查看 Windows 相关帮助信息。

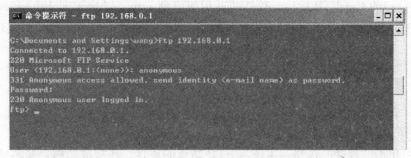

图 9—30　使用 FTP 命令访问 FTP 站点

2. Web 浏览器

使用 Web 浏览器访问 FTP 站点时，在 Web 浏览器的地址栏中输入欲连接的 FTP 站点的 IP 地址或域名。例如，ftp：//192.168.0.6，如图 9—31 所示。如果 FTP 站点采用 Windows 身份验证方式，则要求用户在登录 FTP 时输入用户名和密码，这时需要在地址栏中按如下格式输入信息：

FTP：//用户名：密码@IP 地址或主机名

当 FTP 站点被授予"读取"权限时，用户只能浏览和下载该站点中的文件夹和文件。浏览的方式非常简单，只需双击打开相应的文件夹和文件，在弹出的菜单中选择"复制"即可。

对于重命名、删除、新建文件夹和上传文件等操作，只能在 FTP 站点被授予"读取"和"写入"权限时才能进行。这时，不但能够浏览和下载该站点中的文件夹和文件，而且还可以直接在 Web 浏览器中实现新文件夹的建立以及对文件夹和文件的重命名、删除和文件的上传。

访问虚拟目录时，在 Web 浏览器的地址栏中输入"FTP：//IP 地址/目录名"或"FTP：//域名/目录名"即可浏览虚拟目录中的所有文件。

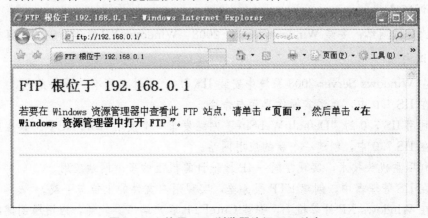

图 9—31　使用 Web 浏览器访问 FTP 站点

3. FTP 客户端软件

如同访问 Web 服务器需要借助 IE、Netscape Navigate 等 Web 客户端浏览器软件才能访问一样，FTP 服务器的访问也有专门的图形界面的 FTP 客户端软件。目前使用最多的是美国 Global Cape 公司的 CuteFTP 软件，软件的试用版可到 http：//www. globalscape. com 网站下载。下面以 CuteFTP Professional 8.0 中文版为例介绍如何使用 FTP 客户端软件实现对 FTP 站点的访问。

步骤 1：运行 FTP 客户端软件 CuteFTP，在打开的窗口中执行"文件|新建|FTP 站点"命令。

步骤 2：打开"站点属性"对话框，在其中填入相关信息：标签、主机地址、用户名和密码，并选择"登录方式"。

步骤 3：单击"连接"按钮，实现与 FTP 站点的连接。连接成功后，显示该 FTP 站点的欢迎画面和信息。这时，左窗口为本地硬盘中的文件夹，右窗口为该 FTP 站点中根目录下的文件和文件夹列表。此外，如果在"站点属性"对话框中，单击"确定"按钮，则将新建的站点以标签的形式保存在"站点管理器"中，下次使用时只需在"站点管理器"中双击该站点标签即可。

步骤 4：在左右两窗格中对文件或文件夹进行拖放操作，从而实现文件或文件夹的上传和下载。当然，在执行操作之前，应当调整本地硬盘的当前文件夹。另外，文件夹的新建、删除、改名等操作都与在 Windows 资源管理器中的操作相同。但要执行上传、改名、删除等操作时，FTP 站点必须允许用户执行"写入"操作，并且授权用户以登录身份登录。

步骤 5：虚拟目录的访问：在 CuteFTP 主窗口的右侧栏中显示 FTP 服务器的根目录。如果要连接到虚拟目录，则在空白处单击鼠标右键，在快捷菜单中选择"转到|更改到"。在弹出的文本框中输入"\虚拟目录"，如"\soft"，单击"确定"按钮，此时将切换至虚拟目录。对虚拟目录文件的操作与 FTP 站点相同。

实训项目 9

1. 实训目的

熟练掌握 Windows Server 2008 IIS 7.0 中 Web、FTP 服务的创建与管理。

2. 实训环境

正常的局域网络；安装 Windows Server 2008、Windows XP 操作系统的计算机。

3. 实训内容

（1）在 Windows Server 2008 系统中安装 IIS 7.0，并添加所有的服务角色。

（2）在 IIS 7.0 中，熟悉其操作界面与命令。

（3）利用 IIS 7.0 的"Default WebSite"网站发布一个使用 ASP. NET 工具生成的网站。

（4）在 IIS 7.0 中，创建一个新的应用网站。

（5）利用主机头技术，实现在同一 IP 地址计算机上的多个网站应用。

（6）在 IIS 管理器中，创建 FTP 服务器，实现用户文件的上传与下载。

（7）在 Windows XP 计算机上，安装 CuteFTP 客户端工具软件，应用所创建的 FTP 服务器进行文件的上传与下载操作。

习 题 9

1. 填空题

（1）Windows Server 2008 在 Internet 信息服务（Internet Information Services，IIS）中提供了一组优秀的工具，以构造一个全方位支持＿＿＿＿、＿＿＿＿的服务器。

（2）Windows Server 2008 提供了＿＿＿＿，它是一个集成了 IIS、ASP. NET、Windows Communication Foundation 的统一 Web 平台。

（3）文件传输协议（File Transfer Protocol，FTP）是＿＿＿＿。

（4）FTP 支持在站点级别上＿＿＿＿以帮助管理员保护 Internet 站点的安全并使之商业化。

（5）Web 服务的实现，采用了＿＿＿＿模型。

（6）IIS 7.0 的验证方式主要有＿＿＿＿、基本身份验证、Windows 域服务器的摘要式身份验证、集成 Windows 身份验证、Form 身份验证等。

2. 简答题

（1）Windows Server 2008 IIS 7.0 较以往版本有哪些改进？

（2）IIS 提供的服务有哪些？

（3）简述 Web 服务的实现过程。

（4）Windows Server 2008 中的 FTP 服务主要实现什么功能？

第 10 章 路由和远程访问服务（RRAS）管理

教学重点

- Windows Server 2008 路由器及其配置
- 虚拟专用网的管理

教学情景导读

不少用户出差在外或者在家，不能及时、方便地使用到企业内部数据信息。如何使这些用户没有在企业内部时也能使用到他们所需要的信息呢？从技术实现角度看，不同的网络之间可以通过路由器（Router）来连接，然后由路由器负责转发两个网络之间的数据包，让分别位于不同网络内的计算机，通过路由器来通信。具体而言，这些功能可通过 Windows Server 2008 中的路由和远程访问服务（Routing and Remote Access Service，RRAS）来实现，路由和远程访问服务是一个实现全功能路由器和远端用户访问 Windows Server 服务器的服务组件。

10.1 项目一：Windows Server 2008 路由器及其配置

10.1.1 任务 1：理解路由协议

Windows Server 2008 的路由和远程访问服务是 Windows Server 2008 系统提供的核心服务之一，其路由功能提供了用于路由和网络互连工作的开放支持平台，为局域网（LAN）和广域网（WAN）环境中的 IP 通信提供路由选择，通过 RRAS 可以在网络之间将某一位置的通信从源主机转发到目标主机。

路由器对路径的选择是通过路由协议计算的，是通过路由表记录所做的选择。路由整个过程包括寻径和转发。寻径是寻找到达目的地的最佳路径，由路由算法实现，也就是路由选择协议。转发是沿着最佳路径传送信息分组，由路由转发协议实现。路由选择协议和路由转发协议是相互配合而又相互独立的两个概念，转发协议利用选择协议维护路由表，同时选择协议利用转发协议所提供的功能发布路由记录数据分组，一般我们提到的协议是指路由选择协议。

在 Windows Server 2008 路由器中所采用的路由协议主要是路由选择信息协议（Routing Information Protocol，RIP）和开放最短路径优先协议（Open Shortest Path First Protocol，OSPF），下面简单介绍一下这两个协议。

1. 路由选择信息协议

RIP 主要应用于中小型规模的网络。RIP 路由器以定期向网络中广播或多播的方式发送包含路由表信息的数据包。若网络的拓扑结构发生变化，则立即将更新的信息数据进行转发，网络中的每个路由器接收到更新数据后，立刻修改自己的路由表并传播更新信息。RIP 之所以应用在中小型规模网络中，主要受限于其使用的最大跃点数是 15 个（1 个跃点数代表 1 个设备），超过其值，RIP 协议将不可到达。

2. 开放最短路径优先协议

OSPF 主要用于大型或特大型规模的网络环境。它不像 RIP 的路由器那样交换路由表项，OSPF 路由器维护网间的网络连接状态数据库，在网络拓扑结构更改（即发生变化）时，随之更新的是这个数据库和路由表。

10.1.2　任务 2：路由表内容的组成

路由表是一系列称为路由的项，其中包含了有关国际网络的 ID 位置信息。路由表就像我们平时使用的地图一样，标识着各种路线，路由表中保存着子网的标识信息、网上路由器的个数和下一个路由器的名字等内容。路由表可以由系统管理员固定设置好（静态路由），或者由系统动态修改、路由器自动调整、主机控制（动态路由）。

路由表中的每一项都被看作一项路由，有多种类型的路由，如默认路由、网络路由、环回网络路由、直接连接网络路由、子网广播路由和多播路由。其中网络路由比较重要，它提供到网间特定的网络 ID 的路由信息。路由表中的每项都由以下信息字段组成：

（1）Network Destination：这个目的地可以是一个网络或是一个 IP 地址。

（2）Netmask：子网掩码。

（3）Gateway：如果目的计算机的 IP 地址与 Netmask 执行逻辑与运算后，结果等于在 Network Destination 的值，则将信息转发给 Gateway 处的 IP 地址。如果 Gateway 处的 IP 地址等于计算机主机地址，则表示信息将不再转送到其他路由器，而是直接传送到目的地计算机。

（4）Interface：表示信息从计算机的 IP 地址接口送出。

（5）Metric：数据包信息从源端到目的端需要经过多少跳，通常表示通过此路由来传送信息的成本以及此路由的稳定性等。

10.1.3　任务 3：Windows Server 2008 路由器的设置

下面以图 10—1 为例说明如何将服务器（Windows Server 2008）设置成路由器，从而实现两个子网的连通。

拓扑结构说明：Windows Server 2008 路由器是一台安装了 Windows Server 2008 的双网卡机器，网卡的 IP 地址分别为 192.168.0.254 和 192.168.1.254，子网掩码为 255.255.255.0，其中所连接的两个子网 A 和 B 各有多台 PC，其中子网 A 的一台 PC 设置 IP 地址为 192.168.0.1，网关为 192.168.0.254，命名为 PC0；子网 B 的一台 PC 设置 IP 地址为 192.168.1.1，网关为 192.168.1.254，命名为 PC1。

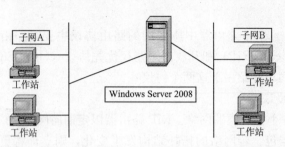

图 10—1　Windows Server 2008 作为路由器的网络拓扑

1. 安装路由和远程访问服务

在 Windows Server 2008 中使用路由功能，首先需要安装"路由和远程访问服务"，其安装的具体步骤如下：

步骤 1：单击"开始|管理工具|服务器管理器"，出现"服务器管理器"窗口。

步骤 2：选择左侧窗口中的"角色"选项，在"角色摘要"区域中，单击"添加角色"链接。

步骤 3：在"选择服务器角色"窗口中，选择"网络策略和访问服务"复选框，如图 10—2 所示。

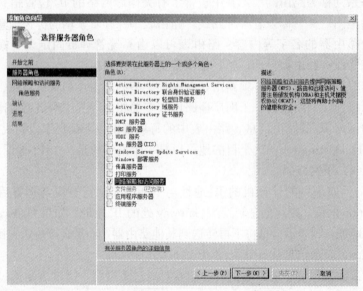

图 10—2　"选择服务器角色"窗口

步骤 4：单击"下一步"按钮，显示"网络策略和访问服务简介"窗口，介绍其中包括的功能。然后，单击"下一步"按钮，出现如图 10—3 所示的"选择角色服务"窗口。

步骤 5：选择"路由和远程访问服务"复选框，单击"下一步"按钮，显示确认安装选择窗口，单击"安装"按钮，即可开始路由和远程服务的安装。

2. 启用 Windows Server 2008 路由器

安装完成之后，安装的路由和远程访问服务处于禁用状态。若要启用并配置路由和远程访问服务器，必须以 Administrators 组成员的身份进行。

步骤 1：单击"开始|管理工具|路由和远程访问"，打开如图 10—4 所示的"路由和远

程访问"窗口。

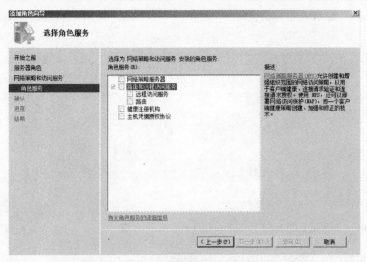

图 10—3 "选择角色服务"窗口

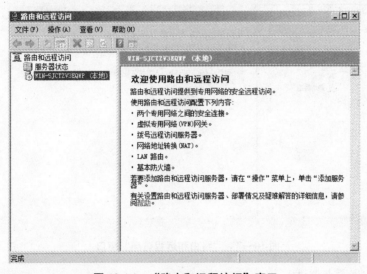

图 10—4 "路由和远程访问"窗口

步骤 2：选中服务器，在"操作"菜单中选择"配置并启用路由和远程访问"选项，打开"路由和远程访问服务器安装向导"窗口。

步骤 3：单击"下一步"按钮，出现如图 10—5 所示的"配置"窗口，这里选择"自定义配置"。

步骤 4：单击"下一步"按钮，出现如图 10—6 所示的"自定义配置"窗口，选择服务器启用的服务，这里选择"LAN 路由"。

步骤 5：单击"下一步"按钮，出现确认信息窗口，单击"完成"按钮，完成路由和远程访问服务的启用和配置。

根据实际情况选择合适的服务，选择"LAN 路由"后就可以把 Windows Server 2008 计算机设置成为一台路由器，配置完毕之后的管理界面如图 10—7 所示。

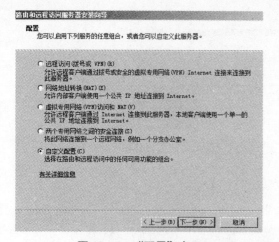

图 10—5 "配置" 窗口

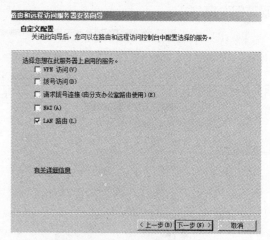

图 10—6 "自定义配置" 窗口

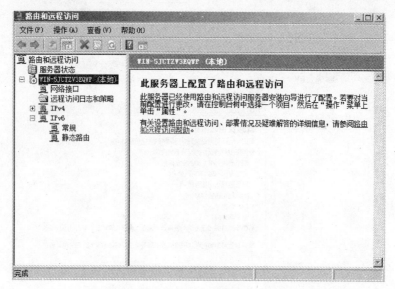

图 10—7 "路由和远程访问" 窗口

3. 基本路由配置与测试

（1）添加静态路由。除了默认的常规路由外，还可添加静态路由，如让路由器通过所添加的路由来传送数据包。添加静态路由的方法有以下两种：

方法一：如图 10—8 所示选择"新建静态路由"，然后输入新路由。

方法二：使用 route add 命令。假设所要添加的路由是要传送到 192.168.1.0 网络的一条路由信息，并通过 IP 地址为 192.168.0.254 的网络接口送出，传递给 IP 地址为 192.168.1.254 的路由器网关，路由跃点数为 3。

在命令提示符下，输入如下命名：

```
route add 192.168.1.0 mask 255.255.255.0 192.168.1.254 metric 3 if 0X20004
```

其中，"0X20004" 为 IP 地址为 192.168.0.254 的网络接口代码，可通过 route print 命令查看。

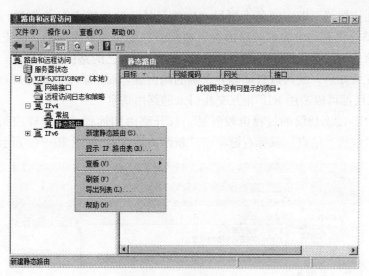

图 10—8　新建静态路由

提示：以上这个命令所添加的路由，计算机重新启动就会消失，如果要让这条路由信息一直保留，应当加上"-p"参数。

（2）建立 Windows 路由器之后，也要进行测试，以确定路由器是否已经正常工作。可用如下命令进行测试：

1）首先在 Windows Server 2008 路由器上停用路由和远程访问服务，然后在 PC0 上输入 Ping 192.168.1.1，此时 Ping 失败。

2）在 Windows Server 2008 路由器上启用路由和远程访问服务，然后在 PC0 上输入 Ping 192.168.1.1，此时 Ping 成功。

4. 配置与测试动态路由 RIP

路由器可自动在路由表内建立与路由器直接相连的网络路由信息。例如，在图 10—9 中服务器 1 作为路由器，那么其中的路由表就自动建立 192.168.0 网段与 192.168.1 网段的路由，而服务器 2 也会自动建立 192.168.1 网段与 192.168.2 网段的路由。然而非直接相连的网络路由就需要手动建立，如果 192.168.0 网段与 192.168.2 网段没有直接连接，则必须在服务器 1 上手动建立两者之间的路由，同理，服务器 2 也要手动建立两者之间的路由。这些工作势必要增加系统管理员的工作量，也容易出现管理问题。那么动态路由通信协议就可以很好地解决这样的问题。

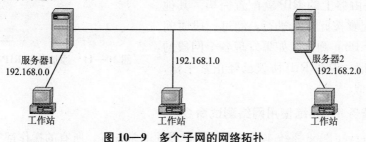

服务器1　　　　　　　　　　192.168.1.0　　　　　　服务器2
192.168.0.0　　　　　　　　　　　　　　　　　　　　192.168.2.0
工作站　　　　　　　　　　　工作站　　　　　　　　　工作站

图 10—9　多个子网的网络拓扑

动态路由通信协议可以实现各个网段之间的互访，这里以 RIP 为例进行配置管理。支持 RIP 的路由器会将其路由表内的路由信息通知给其他相邻的路由器，而支持 RIP 的路由器在收到路由信息后，会依据这些路由信息来自动修正自己的路由表。因此，所有支持 RIP 的路由器在相互通知后，就可以自动建立正确的路由表，而不需要系统管理员手工建立，图 10—9 中的多网段都可以利用 RIP 相互交换得来的路由信息。

管理操作 RIP 动态协议的过程也较容易，打开路由和远程访问管理控制台，单击左边的"IPv4"的"常规"结点，鼠标右键单击"新路由协议"，如图 10—10 所示。

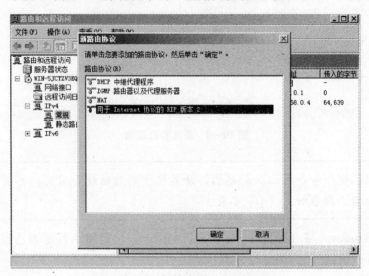

图 10—10 "新路由协议"窗口

注意：在同一网络规划中的各个路由添加的路由协议最好一致，否则可能存在路由重新发布的问题。这里选择添加 RIP，其设置比较简单，适合小型网络。确定之后，会在 IP 路由选择下出现一个新的 RIP 项。

要配置 RIP，则双击"RIP"结点，打开 RIP 配置窗口。在空白区域单击右键，选择"新接口"，添加参与 RIP 路由的网络接口，如图 10—11 所示。

各个接口具体的配置选项可以选中某个接口，然后单击鼠标右键，选择"属性"，进行详细的配置。

至此，本路由器上的 RIP 就配置完毕。其他路由器的 RIP 配置按此方法进行，经过一段时间之后，同样进行 Ping 测试，如果发现各个网段的 PC 可以随时通信，说明 RIP 协议已经正常工作，OSPF 的配置类似。

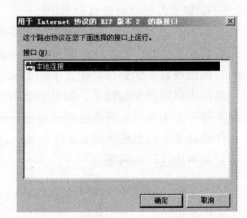

图 10—11 添加参与 RIP 路由的网络接口

10.1.4 任务 4：熟练使用网络测试命令

Windows Server 2008 系统本身的图形用户界面非常友好，所有的操作都实现了可视化，使用起来很直观。但在某些时候，仅仅使用图形操作会非常麻烦，并且可能得不到所希望的信息。例如，在 Windows 的 TCP/IP 配置中，使用自动获取 IP 地址时，就无法通过本地连接属性获得目前正在使用的 IP 地址信息，但是通过命令形式则可以轻易地获得所有的信息；另一种情况是使用图形界面可能要重复大量的操作。这里将介绍 Windows Server 2008 系统的各种常用网络命令。

1. Ping 命令

Ping 命令用于验证网络的连通性，也就是检验本机的 TCP/IP 协议栈是否工作正常，或者用于检验两个主机之间是否可以连通。在查找和解决网络问题时，经常使用 Ping 目标主机名或 IP 地址发送 ICMP 回应请求。根据返回的信息，就可以推断 TCP/IP 参数设置是否正确以及运行是否正常。如果 Ping 正常，就可以排除数据链路层或网卡的输入/输出线路和路由器等存在的故障，从而缩小了要查找的问题的范围。通常最好先用 Ping 命令验证本地计算机和网络主机之间的路由是否存在，然后 Ping 要连接的网络主机的 IP 地址。Ping 命令的格式如下：

```
Ping [-t][-a][-n count][-l size][-f][-i TTL][-v TOS]
    [-r count][-s count][-w timeout]destination-IP
```

其中可选项参数的含义如下：

（1）-t：使用 Ping 不停止，直到人为中断（使用 Control-c 终止）。

（2）-a：解析 IP 地址对应的主机名。

（3）-n count：指定要发送的 ICMP 数据包的个数。

（4）-l size：指定发送缓冲区的大小。

（5）-f：指定发送的包不再使用分片。

（6）-i TTL：指定包的生存时间。

（7）-v TOS：指定服务类型。

（8）-r count：记录路由的跳数。

（9）-s count：路由跳数带时间戳显示，count 的取值为 1～4。

（10）-w timeout：指定以毫秒为单位，等待每个包的响应时间。

使用 Ping 测试网络的连通性时，按照以下步骤能较好地确定网络的故障范围：

（1）Ping 127.0.0.1：用于验证是否在本地计算机上安装了 TCP/IP 协议，以及配置是否正确。

（2）Ping 〈本机的 IP 地址〉：用于验证是否正确地连接到网络。

（3）Ping 〈默认网关的 IP 地址〉：用于验证默认网关是否运行以及是否与本地网络上的本地主机连接正常。

（4）Ping 〈远程主机的 IP 地址〉：验证能否通过路由器通信。

（5）Ping 〈某主机的 DNS 域名〉：验证本机的 DNS 配置是否正常。

2. ipconfig 命令

该命令主要用于查看本机的网络配置，命令在 Windows 95/98 中使用 winipcfg，而 Windows 2000 以后的版本才使用 ipconfig。其主要参数含义如下：

（1）/all：检查本机的全部配置信息，显示计算机所有与 TCP/IP 配置相关的信息。

（2）/release：释放 DHCP 配置参数，包括已经分配的 IP 地址、子网掩码和默认网关。

（3）/renew：更新 DHCP 配置参数。此命令执行完毕后，将获得新的 IP 地址。

3. Tracert 命令

Tracert 命令是内置于 Windows 的 TCP/IP 应用程序之一。通过向目标发送不同 IP 生存时间值 TTL 的"Internet 控制消息协议（ICMP）"回应数据包，Tracert 诊断程序可确定目标所采取的路由。它要求路径上的每个路由器在转发数据包之前，至少将数据包上的 TTL 递减 1。当数据包上的 TTL 减为 0 时，路由器应将"ICMP 已超时"的消息发送回源系统。

Tracert 命令的详细格式如下：

```
Tracert[-d][-h maximum-hops][-j host-list][-w timeout]target_name
```

其中参数的含义是：

（1）-d：指定不将地址解析为计算机名。

（2）-h maximum-hops：指定搜索目标的最大跃点数。

（3）-j host-list：指定 computer-list 的稀疏源路由。

（4）-w timeout：每次应答等待 timeout 指定的微秒数。

（5）target_name：目标计算机的名称。

4. Net 命令

Net 命令是 Windows 所提供的一个功能强大的网络命令，其参数和子命令非常多，具体的命令格式如下：

```
Net[ACCOUNTS|COMPUTER|CONTINUE|FILE|GROUP|HELP|HELPMSG|LOCALGROUP|NAME|PAUSE|PRINT|SEND|SESSION|SHARE|START|STATISTICS|STOP|TIME|USE|USER|VIEW]
```

由于命令本身非常复杂，可以使用帮助形式找到自己想要的命令参数。它的一些基本的命令如下：

（1）net/?：查看所有的 net 命令。

（2）net help command：在命令行获得 net 命令的语法帮助。例如，关于 net accounts 命令的帮助信息，输入 net help accounts 即可。

5. Netstat 命令

该命令主要用于显示活动的连接、计算机监听的端口、以太网的统计信息等。命令格式如下：

```
Netstat[-a][-e][-n][-o][-p Protocol][-r][-s][Interval]
```

其中主要参数的含义是：

（1）-a：显示所有活动的 TCP 连接以及计算机监听的 TCP 和 UDP 端口。

（2）-e：显示以太网统计信息，如发送和接收的字节数、数据包数。该参数可以与-s 结合使用。

（3）-n：显示活动的 TCP 连接，显示结果以数字形式表现地址和端口，但不尝试确定名称。

10.2 项目二：远程访问服务的实现

远程访问服务（Remote Access Service，RAS）是 Windows 系统的一个内置功能，它是伴随着 Windows NT 的产生而出现的，RAS 的客户端界面也称为拨号网络。如果说 RAS 是基本的远程访问功能，那么 RRAS 则扩展了 RAS 的功能，进一步提升了网络服务水平。

10.2.1 任务 1：理解远程访问服务的基本功能

RRAS 将一个拨号客户端连接到远程网络时，该客户端就成为所连接的网络上的一个结点。如果这个客户端属于一个局域网，则拨号连接将在调制解调器 Modem 所代表的广域网和网络适配器所代表的局域网接口之间创建一个多协议的路由器。

1. 远程访问和路由功能集成

RRAS 的正式应用是通过 PPP 协议（点到点协议）将路由服务和远程访问服务组合起来的，这样可以将服务器变为多协议路由器（此时运行 RRAS 的计算机可同时路由多种协议，且这些路由协议均可在同一管理程序中进行配置）和请求拨号路由器（此时运行 RRAS 的计算机可为广域网链路安排路由，通过 VPN 建立连接）。

提示： 实现路由和远程访问服务的具体过程是拨叫 Internet 服务提供商（Internet Service Provider，ISP），同时以给定的用户名和口令登录，动态获得一个合法 IP 地址。

2. 网络地址转换

网络地址转换（Networks Address Translator，NAT）是将内部 IP 地址映射为全局合法 IP 地址的 IP 地址管理技术，RRAS 集成了 NAT 技术，可实现快速的 Internet 连接。

3. 标准的管理界面

所有的网络连接，包括本地连接和拨号连接都使用标准的管理接口界面——"网络和拨号连接"窗口，该窗口为每一个连接设置一个图标，并由其属性来管理和配置对应的连接，而且修改参数后不用重新启动系统即可生效。

4. 扩展的身份验证机制

RRAS 使得系统具有"远程用户拨入身份验证服务"、"用户授权和用户的记账服务"，并支持"可扩展身份验证协议"（该协议包括安全证书及智能卡功能，可提高系统的安全性）。

10.2.2 任务 2：远程访问服务的连接分类

运行"路由和远程访问"的 Windows Server 2008 服务器一般可以提供两种不同类型的远程访问连接。

1. 通过拨号网络连接

通过使用 ISP（如公共电话网 PSTN、综合业务数字网 ISDN）提供的接入服务，远程客户端使用非永久的拨号连接到远程访问服务器的物理端口上，这时使用的网络就是拨号网络。例如，远程客户端使用公用电话网拨号（远程访问服务器某个端口对应的电话号码）以建立连接。

2. 通过虚拟专用网（Virtual Private Network，VPN）连接

通过拨号线路或 ISP 提供的公共网络（如 Internet）将移动办公计算机结点连接到企业网络，移动结点计算机要首先拥有本地 Internet 提供商的网络连接，并拥有合法的用户身份，这样就可以使用点到点隧道协议或者第二层隧道协议，在 Internet 中建立到企业网络的安全、加密通道。与拨号网络相比，虚拟专用网是通信双方之间的逻辑专业连接，其私密性和安全性是通过对传送数据的加密来实现的。

10.3 项目三：虚拟专用网的管理

10.3.1 任务 1：理解虚拟专用网的工作原理

Windows Server 2008 的虚拟专用网可以让远程用户与局域网 LAN 通过 Internet（或其他的公众网络）建立起一个安全的通信管道。不过需要在局域网内建设一台 VPN 服务器，以便与远程的 VPN 客户端连接。

当远程的 VPN 客户端通过 Internet 连接到 VPN 服务器时，它们之间所传送的信息会被加密，即使信息在传送过程中被拦截，也会因为信息已经被加密而无法识别，可以确保信息的安全性。

一般来说，VPN 使用两种环境：一是总公司的网络已经连接 Internet，而公司远程用户可以使用当地 ISP 提供的拨号连接 Internet 与总公司的 VPN 服务器建立点到点隧道协议（Point to Point Tunneling Protocol，PPTP）或第二层隧道协议（Layer Two Tunneling Protocol，L2TP）的 VPN 通道，安全传送信息；二是两个局域网的 VPN 服务器都连接到 Internet，并且通过 Internet 建立 PPTP 或 L2TP 通道，两个局域网之间可以安全地传送信息。

Windows Server 2008 支持两种 VPN 通信协议：一是点到点隧道协议，使用 VPN 服务的网络直接连接到 Internet 上必须执行 TCP/IP 通信协议，只有通过 IP 网络才可以建立 PPTP 的 VPN。PPTP 使用 MPPE（Microsoft Point to Point Encryption，MPPE）加密算法对数据加密。二是第二层隧道协议，除与 PPTP 类似功能外，L2TP 还具有身份验证、加密与数据压缩的功能。

10.3.2 任务 2：虚拟专用网的配置

1. VPN 服务器的配置

了解 VPN 服务的基本工作原理后，下面将介绍如何在 Windows Server 2008 服务器上创建 VPN 服务器，以实现 Windows VPN 网络的应用。Windows Server 2008 对 VPN 的配置提供了向导程序，所以配置 VPN 服务非常简单，可以按照以下步骤来完成：

步骤 1： 安装"路由和远程访问"服务角色后，选择"开始|管理工具|路由和远程访问"，打开"路由和远程访问"窗口，在如图 10—12 所示的窗口左边的列表区，选中本地服务器名，然后单击鼠标右键，选择"配置并启用路由和远程访问"。

步骤 2： 在出现的配置向导窗口中单击"下一步"按钮，进入"配置"窗口，如图 10—13 所示。这里要使用的 VPN 服务器只供远程用户通过 Internet 连接 VPN 服务器，而内部局域网则通过一个公共 IP 使用 Internet，选择第三项，然后单击"下一步"按钮。

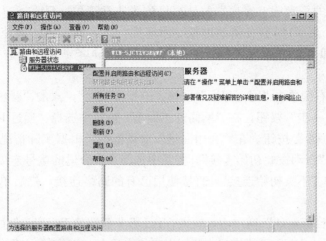

图 10—12　配置并启用路由和远程访问

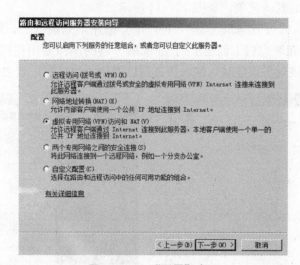

图 10—13　"配置"窗口

提示：配置虚拟专用网络，需要在服务器上安装两块网络适配器。

步骤 3：向导要求指定相关的 IP 地址。此处指定的 IP 地址范围是 VPN 客户端通过虚拟专用网连接到 VPN 服务器所使用的 IP 地址范围，这个地址范围应该与 VPN 服务器的内部网卡的 IP 地址属于同一个 IP 网段，以保证 VPN 的连通。

客户端登录时必须给客户端指定相应的用户名和密码，在 Windows Server 2008 中，必须使用 Windows 的域用户名账户和密码作为 VPN 的登录凭证。建立域用户的操作步骤：单击"开始|程序|管理工具|Active Directory 用户和计算机"，选择"Users"中的"新建|用户"项，按照前面章节关于新建域用户的方法增加 VPN 用户。

注意：一定要在新增 VPN 用户的"拨入"属性选项卡中，选中"允许拨入"。

2. VPN 用户客户端的配置

有了 VPN 服务器，那么 VPN 客户端的计算机如何配置，才能正确应用 VPN，更好地

185

访问企业内部的共享资源呢？客户端的计算机配置非常简单，只需通过客户端系统的"网络连接"建立一个到 VPN 服务器的虚拟专用连接，然后通过该连接使用 ISP 提供的身份验证和线路通信即可。下面以 Windows XP Professional 客户端为例进行说明，配置步骤如下：

步骤 1：鼠标右键单击"网上邻居"图标，选择"属性"，双击"新建连接向导"打开向导窗口，单击"下一步"按钮，在"网络连接类型"窗口中选择"通过 Internet 连接到专用网络"，单击"下一步"按钮。在"公用网络"对话框中，根据实际情况，若是拨号或 AD-SL 上网，则选择"自动拨此初始连接"，并从中选择一个合适的拨号连接；如果不需要使用拨号连接，则选择"不拨初始连接"，直接使用已有的网络连接，然后单击"下一步"按钮继续。

步骤 2：在"目标地址"窗口中，输入 VPN 服务器端的 IP 地址或主机名，这里可以是固定 IP，也可以是由 DNS 或其他方式解析出来的主机名。在接着出现的"可用连接"窗口保持"只是我使用"的默认选项，如图 10—14 所示。

步骤 3：按照默认的设置继续单击"下一步"按钮，完成 VPN 客户端的配置，如图 10—15 所示。这样，在客户机上创建了到 VPN 服务器的虚拟专用连接。若使用 VPN 服务器的访问连接，则直接双击该连接，输入服务器已创建的用户账户名和密码即可。

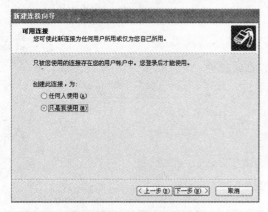

图 10—14　可用连接的选择

图 10—15　VPN 客户端配置完成

连接成功后在计算机右下角会有连接的图标显示，此时就可以直接使用 VPN 服务器所在的内部网络中的各种资源。

在路由和远程访问服务向导的指引下，配置 VPN 服务器非常简单，但是实际上由于 VPN 本身非常复杂，可以使用多种不同的 VPN 协议，所以在实际应用中，可对更多的 VPN 选项进行配置，用户可根据自己网络的实际情况来选择。

> **提示**：访问 VPN 服务器上的共享资源有两种方法：一是通过网上邻居直接访问；二是在 IE 浏览器的地址栏中输入"\\服务器名"或"\\服务器地址"，通过浏览器访问共享资源。

实训项目 10

1. 实训目的

熟练掌握 Windows Server 2008 静态路由与动态路由的实现，以及 VPN 服务的创建与管理。

2. 实训环境

局域网和 Internet 连接的网络环境；安装有 Windows Server 2008 的三台计算机；安装有 Windows XP Professional 的多台计算机。

3. 实训内容

（1）在 Windows Server 2008 系统中，安装路由和远程访问服务。

（2）手动配置 192.168.0、192.168.1、192.168.2，子网掩码都是 255.255.255.0 的三个子网，并且分别在 3 台服务器上配置静态路由，利用网络测试命令测试三个子网之间的互连性是否完好。

（3）删除静态路由信息。分别在 Windows Server 2008 服务器上配置 RIP 的动态路由，添加协议并分别测试此时在 RIP 动态路由支持下的网络的互联正确性。通过对比总结静态路由和动态路由的配置方法。

（4）配置并启用路由和远程访问，安装虚拟装用网络（VPN）服务器，选择协议，指定 IP 地址，建立使用 VPN 服务的用户。

（5）在 Windows XP 客户端计算机上执行"开始|控制面板|网络和 Internet 连接|网络连接|创建一个新连接"命令，建立虚拟专用连接，指定 VPN 服务器的 IP 地址。

（6）利用网络邻居或 IE 浏览器访问服务器上的共享资源。

习　题　10

1. 填空题

（1）路由器对路径的选择是通过_____计算的，是通过路由表记录所做的选择。

（2）路由整个过程包括_____和_____。

（3）寻径是寻找到达目的地的最佳路径，由路由算法实现，也就是_____协议。

（4）转发是沿着最佳路径传送信息分组，由_____协议实现。

（5）路由表是一系列称为路由的项，其中包含了_____信息。

（6）_____命令主要用于显示活动的连接、计算机监听的端口、以太网的统计信息等。

（7）Windows Server 2008 的虚拟专用网可以让远程用户与局域网 LAN 通过_____建立起一个安全的通信管道。

2. 简答题

（1）如何配置 Windows Server 2008 路由器？

（2）Windows Server 2008 的 VPN 服务实现什么功能？

（3）虚拟专用网可以使用哪两种环境？

（4）访问 VPN 服务器上的共享资源有哪些方法？

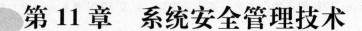

第 11 章　系统安全管理技术

教学重点

- 组策略的安全设置操作
- 设置安全的审核策略
- 设置软件限制策略
- 利用本地组策略进行系统安全配置

教学情景导读

在生活、工作中，常会看到某人网上银行账户被窃的新闻，也会遇到网上聊天用户账号被盗的事情。随着现代信息技术的发展，人们在经济、政治、文化等社会领域中的交流得到了充分的展示，但计算机网络的开放性、互联性、连接形式的多样化以及技术的局限性等因素对人们之间的信息交流构成了潜在的威胁，如互联网中的黑客行为、恶意病毒软件的攻击。因此我们在建立网络信息应用系统时，应将网络信息的安全性、保密性、完整性和可靠性作为重中之重。

Windows Server 2008 操作系统通过活动目录提供了一系列的安全策略，可以集中管理和配置组织内的安全设置，有助于管理员轻松地维护整个系统的安全。

11.1　项目一：组策略的安全设置操作

组策略是应用于活动目录中对象的一种管理思想，可以设置用户的操作环境，是计算机系统管理员为了加强域的管理而使用的一种方法，其应用会影响用户账号、组、计算机和组织单元的设置。这里所讲的组策略主要是针对域环境中的应用，不同于本地组策略的概念。

11.1.1　任务 1：理解组策略

组策略是应用于活动目录中一个或多个对象的一系列配置，利用组策略可以控制用户在某个域中的集成管理。它可以包含活动目录中的一个对象及其行为的设置，并通过该设置为用户提供一个通用的桌面配置环境。该桌面环境可以包含一个自定义的开始菜单、自动安装应用程序，可对文件、文件夹和系统设置实行限制性访问。

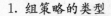

1．组策略的类型

Windows Server 2008 中的组策略包含应用程序配置组策略、文件配置组策略、脚本组策略、安全组策略和管理模板组策略 5 种类型。

应用程序配置组策略是对用户能够访问的应用程序进行分配和发布，通过分配应用程序和发布应用程序两种方法实现应用程序安装自动化。**分配应用程序**能够自动在客户机上安装或更新应用程序；**发布应用程序**通过活动目录对应用程序进行发布，用户通过"添加/删除程序"对应用程序进行安装和卸载。

文件配置组策略允许用户将特殊文件夹从默认的用户配置文件位置重新定向到网络上相应的位置。

脚本组策略是允许在特定时间内执行脚本和批处理文件的设置。

安全组策略是用户对文件和文件夹使用及控制权限的设置。

管理模板组策略是以注册表为基础的组策略，用来设置用户对操作系统的组件和应用程序、控制面板选项的访问权限等。

2．组策略对象

组策略对象（Group Policy Object，GPO）是用于存储组策略配置信息的集合。一旦创建了组策略配置，就会存储到组策略对象并应用于站点、域或组织单元中。另外还可以把多个组策略对象应用于某个站点、域或组织单元中。

3．组策略容器

组策略容器（Group Policy Container，GPC）是一个存储组策略对象属性的活动目录对象，包含计算机的子容器、与用户组策略有关的信息，能够保证与组策略模板信息同步的版本信息以及指明组策略对象是否允许的状态信息。

4．组策略模板

组策略模板（Group Policy Template，GPT）是在每个域控制器上创建的、用以存储组策略对象的文件夹子集。创建的文件夹子集存储在"系统卷"文件夹或 SYSVOL 中，它包含了软件配置、软件策略、安全设置、脚本和文件夹管理。

11.1.2　任务 2：组策略的管理操作

1．创建组策略对象

组策略对象的容器可以是活动目录的任何逻辑结构单位，包括站点、域和组织单位。在设置组策略之前必须创建一个或多个组策略对象，然后通过组策略编辑器设置所创建的组策略对象。创建组策略对象按以下步骤进行：

步骤 1：选择"开始|所有程序|管理工具|组策略管理"，出现如图 11—1 所示的"组策略管理"窗口。

步骤 2：在要创建组策略对象的林和域中，选择"组策略对象"结点，并在其上单击鼠标右键，选择"新建"命令，打开"新建 GPO"对话框，如图 11—2 所示。

步骤 3：在此对话框中，输入指定的新 GPO 的名称，然后单击"确定"按钮。

2．编辑组策略对象

完成新建组策略对象之后，可对组策略对象进行编辑，编辑组策略对象的步骤如下：

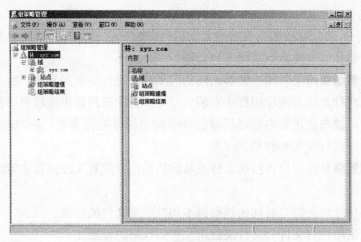

图 11—1 "组策略管理"窗口

图 11—2 "新建 GPO"对话框

步骤 1：启动"组策略管理"工具，展开"组策略对象"结点，其中有 Default Domain Controllers Policy（默认域控制器策略）、Default Domain Policy（默认域策略），这两个组策略对象对于域的正常运行非常关键，为实现最佳操作管理，除下列情况除外，用户不要编辑它们。

● 要求在默认域 GPO 中配置账户策略设置。

● 如果在域控制器上安装的应用程序需要修改用户权限或审核策略设置，则必须在默认域控制器策略 GPO 中修改策略设置。

步骤 2：选中要编辑的组策略对象，双击鼠标左键，在指定的组策略对象上单击鼠标右键，出现如图 11—3 所示的"组策略管理编辑器"窗口，即可进行编辑。

注意：只有域管理员及组策略创建者所在组的成员，才有权限编辑该组策略对象。

3. 向组策略对象添加注释

每个组策略对象都可以包含注释。使用"注释"可以说明组策略对象以及实现组策略对环境的重要性。为 GPO 添加注释允许用户使用关键字筛选器来快速查找具有匹配关键字的 GPO。向组策略对象添加注释的具体步骤如下：

步骤 1：打开组策略管理控制台，展开"组策略对象"结点。

步骤 2：右键单击要添加注释的组策略对象，然后单击"编辑"按钮。

步骤 3：右键单击组策略对象的名称，单击快捷菜单中的"属性"命令，如图 11—4 所示。

步骤 4：在"注释"选项卡中，输入该组策略对象的描述信息。

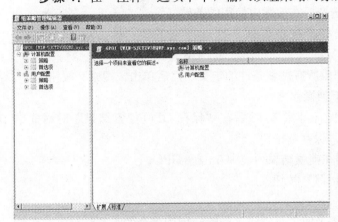

图 11—3　"组策略管理编辑器"窗口　　　　　　　图 11—4　"注释"选项卡

4．搜索组策略对象

在域环境的系统管理中，随着组策略应用的增加，组策略对象也会快速增多，搜索组策略对象功能将帮助系统管理员快速定位要管理的对象。搜索组策略对象的具体操作步骤如下：

步骤 1：启动组策略管理控制台（GPMC）工具，在其控制台树中，展开要在其中搜索组策略对象的域所在的结点，双击"域"后，鼠标右键单击该域，在快捷菜单中执行"搜索"命令，出现如图 11—5 所示的"搜索组策略对象"对话框。

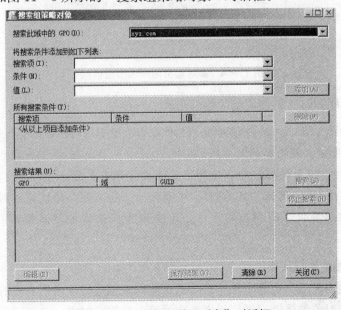

图 11—5　"搜索组策略对象"对话框

步骤 2：在"搜索组策略对象"对话框中的"搜索此域中的 GPO"下拉框中，选择一个域或选择"在此林中显示的所有域"。

步骤 3：在"搜索项"下拉框中，选择搜索所基于的对象类型。如果选择"安全组"，则显示"选择用户、计算机或组"对话框。指定相应的对象类型、对象位置、对象名称，然后单击"确定"按钮。可以在"搜索项"下拉框中选择"GPO 链接"，查找未链接的 GPO 以及跨域链接的 GPO。

步骤 4：在"条件"下拉框中，选择要在搜索中使用的条件。

步骤 5：在"值"下拉框中，选择或指定要用于筛选搜索的值，然后单击"添加"按钮。

步骤 6：重复步骤 4 和 5，直到完成所有搜索条件的定义，然后单击"搜索"按钮。

步骤 7：返回搜索结果后，执行下列操作之一：

- 若要保存搜索结果，则单击"保存结果"，然后在"保存 GPO 搜索结果"对话框中为保存的结果指定文件名，然后单击"保存"按钮。
- 若要导航到搜索到的 GPO，则在搜索结果列表中双击该 GPO。
- 若要清除搜索结果，则单击"清除"按钮。

5. 删除组策略对象

组策略对象设置不合理或者不再需要时，可以将其清除，因为多余的组策略对象对系统有一定的影响，会导致用户登录速度变慢。删除组策略对象的具体操作步骤如下：

步骤 1：在组策略管理控制台树中，在包含要删除的组策略对象（GPO）的林和域中，双击"组策略对象"。

步骤 2：选中要删除的组策略对象，单击鼠标右键，选择快捷菜单中的"删除"命令，出现如图 11—6 所示的提示信息窗口。

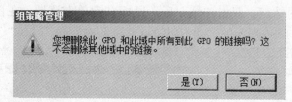

图 11—6　删除组策略对象提示信息

步骤 3：确认删除时，单击"是"即可完成。

注意：若要删除 GPO，则必须对 GPO 有编辑、删除和修改安全性的权限。在删除 GPO 时，GPMC 将尝试删除链接到 GPO 域中该 GPO 的所有链接。如果无权删除链接，则只能删除 GPO，却会保留链接。即不能删除其他域或站点中的链接。若连接到已删除 GPO 的链接，则在 GPMC 中显示为"找不到"。若要删除"找不到"的链接，则必须在包含该链接的站点、域或组织单位上有相应的权限。无法删除默认域控制器策略 GPO 或默认域策略 GPO。

6. 设置组策略对象的选项

组策略配置相当灵活，内容也很丰富，组策略对象创建完毕之后，还有很多选项可以设置。可通过组策略对象的属性对话框设置选中的某一组策略对象，单击"属性"按钮，可以查看和设置这个组策略对象的属性，包括"常规"、"链接"、"安全"等选项。

（1）在"常规"选项卡中，可以查看这个组策略对象的摘要信息，包括创建时间、修改日期、修订、域、唯一的名称等，如图 11—7 所示。为提高系统性能，可在其中使用"禁用"选项，禁用此组策略对象的不用部分。

（2）在"链接"选项卡中，可以搜索使用这个组策略对象的站点、域或组织单位，如图 11—8 所示。

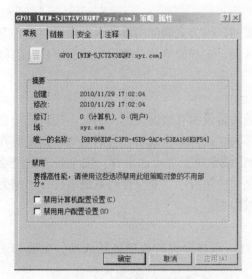

图 11—7　"常规"选项卡

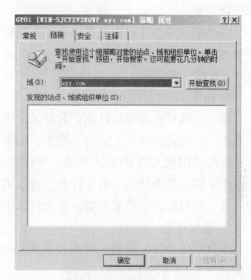

图 11—8　"链接"选项卡

（3）在"安全"选项卡中，可以设置组或用户对于组策略对象的使用权限。这些权限包括完全控制、读取、写入、创建所有子对象、删除所有子对象、应用组策略、特别的权限，如图 11—9 所示。

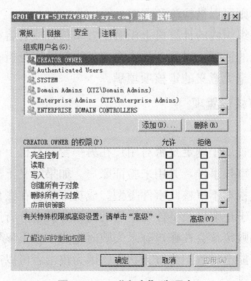

图 11—9　"安全"选项卡

11.2 项目二：设置安全的审核策略

11.2.1 任务1：理解审核策略

本任务将介绍应用于审核的各种设置，并提供了几个常见任务所创建的审核事件范例。每当用户执行了指定的某些操作，审核日志就会记录一个审核项，以审核操作中的成功尝试和失败尝试。

安全审核对于任何企业系统来说都是极其重要的，因为只能使用审核日志来说明是否发生了违反安全的事件。如果通过其他方式检测到入侵，正确的审核设置所生成的审核日志将包含此次的入侵信息。

1. 简介

通常失败日志比成功日志更有意义，因为失败通常说明有错误发生。例如，用户成功登录系统，一般认为这是正常的；然而，如果用户多次尝试都未能成功登录到系统，则说明有人正试图使用他人的 ID 侵入系统。事件日志就会记录系统上发生的事件。安全日志则记录了审核事件。组策略的"事件日志"容器用于定义与应用程序、安全性和系统事件日志相关的属性，如日志大小的最大值、每个日志的访问权限等。

2. 审核设置

所有审核设置的漏洞、对策和潜在影响都一样。审核设置的选项包括成功、失败和无审核。

（1）漏洞：如果未配置任何审核设置，将很难甚至不可能确定安全事件发生期间出现的情况。如果因为配置了审核而导致太多的授权事件发生，则安全事件日志将被无用的数据填满。为大量对象配置审核也会对整个系统的性能产生影响。

（2）对策：组织内的所有计算机都应启用适当的审核策略。这样合法用户可以对其操作负责，而未经授权的行为则可以被检测和跟踪。

（3）潜在影响：如果组织内的计算机上没有配置审核，或者将审核设置得太低，将缺少足够的甚至根本没有可能的证据，对发生的安全事件进行网络分析；另一方面，如果启用的审核过多，安全日志将被毫无意义的审核项填满。

11.2.2 任务2：审核设置项

1. 审核账户登录事件

审核账户登录事件设置用于确定是否对用户在另一台计算机上登录或注销的每个实例进行审核，该计算机记录了审核事件，并用来验证账户。如果定义了该策略设置，则可指定是否审核成功、审核失败或根本不审核此事件类型。成功审核会在账户登录成功时生成一个审核项，该审核项的信息对于记账以及事件发生后的网络分析十分有用，可用来确定哪个人成功登录到哪台计算机。失败审核会在账户登录失败时生成一个审核项，该审核项对于入侵检测十分有用，但此设置可能会导致拒绝服务状态，因为攻击者可以产生数百万个登录失败行为，并将安全事件日志填满。

如果在域控制器上启用了账户登录事件的成功审核，则对于没有通过域控制器验证的每个用户，都会为其记录一个审核项，即使该用户实际上只是登录到该域的一个工作站上。

2. 审核账户管理

审核账户管理设置用于确定是否对计算机中的每个账户管理事件进行审核。账户管理事件的示例包括以下内容：

（1）创建、修改或删除用户账户或组。

（2）重命名、禁用或启用用户账户。

（3）设置或修改密码。

如果定义了此策略设置，则可指定是否审核成功、审核失败或根本不审核此事件类型。成功审核在任何账户管理事件成功时生成一个审核项，并在企业的所有计算机中启用这些成功审核。在响应安全事件时，可以对创建、更改或删除账户的人员进行跟踪，这一点非常重要。失败审核会在任何账户管理事件失败时生成一个审核项。

3. 审核目录服务访问

审核目录服务访问设置用于确定是否对访问活动目录对象的事件进行审核，该对象指定了自身的系统访问控制列表（SACL）。SACL 是用户和组的列表，针对这些用户或组的操作将在基于 Windows 的网络中进行审核。

如果定义了此策略设置，则可指定是否审核成功、审核失败或根本不审核此事件类型。成功审核会在用户成功访问指定了 SACL 的活动目录对象时生成了一个审核项。失败审核会在用户试图访问指定了 SACL 的活动目录对象失败时生成一个审核项。启用"审核目录服务访问"并在目录对象上配置 SACL，可在域控制器的安全日志中生成大量审核项，因此仅在确实要使用所创建的信息时才启用这些设置。

4. 审核登录事件

审核登录事件设置用于确定是否对用户在记录审核事件的计算机上登录、注销或建立网络连接的每个实例进行审核。如果是在域控制器上记录成功的账户登录审核事件，工作站登录尝试将不生成登录审核。只有域控制器自身的交互式登录和网络登录尝试才生成登录事件。总而言之，账户登录事件是在账户所在的位置生成的，而登录事件是在登录尝试发生的位置生成的。

如果定义了此策略设置，则可指定是否审核成功、审核失败或根本不审核此事件类型。成功审核会在登录尝试成功时生成一个审核项。

5. 审核对象访问

审核对象访问设置用于确定是否审核用户访问指定其自身系统访问控制列表（SACL）的对象，如文件、文件夹、注册表项及打印机等。

如果定义了此策略设置，可以指定是否审核成功、审核失败或根本不审核该事件类型。成功审核会在用户成功访问相应的 SACL 对象时生成审核项，失败审核会在用户访问指定的 SACL 对象失败时生成审核项。

11.2.3　任务 3：登录服务器失败系统自动报警的操作

相信不少网络管理员都有过这样的经历：有时局域网服务器出现了一些莫名其妙的故障，查看对应的系统事件日志内容时发现事件日志中非常直观地指明了发生故障的具体原因。能否让服务器系统自动报警，及时提醒系统管理员当前系统发生了重大故障呢？

在 Windows Server 2008 系统环境下，可以轻松做到这一点。因为该系统已经将任务计划功能和事件查看器整合在一起，在事件查看器窗口中可轻松针对一些重要事件添加警报任务，一旦重要事件发生时 Windows Server 2008 系统就会自动报警了。

1. 自动报警思路

由于 Windows Server 2008 系统的自动报警功能只基于某个特定的系统事件才能启用，而在默认状态下不会自动记录登录服务器失败事件，为此应该先修改系统的审核策略，确保对登录服务器失败行为进行审核。接着退出服务器系统，并随意使用一个用户账户尝试登录 Windows Server 2008 系统，一旦登录失败，则对应系统的事件查看器中就会自动生成一个登录服务器失败的事件记录。之后，针对这个登录服务器失败的事件记录，附加一个发出报警的任务计划。当用户登录服务器再次失败时，对应该事件记录的任务计划就会被自动触发运行，此时系统管理员就能根据报警提示信息，及时采取措施解决服务器登录失败的故障。

2. 任务审核登录失败操作

由于 Windows Server 2008 系统的日志功能在默认状态下不会自动记录服务器登录失败操作，因此必须先对这种操作进行安全审核，服务器系统才会对系统登录失败操作进行记录。在对服务器登录失败操作进行审核时，可按照如下具体步骤操作：

步骤 1：系统管理员 Administrator 登录系统，在"开始|运行"命令文本框中输入命令 secpol. msc，打开如图 11—10 所示的"本地安全策略"窗口。

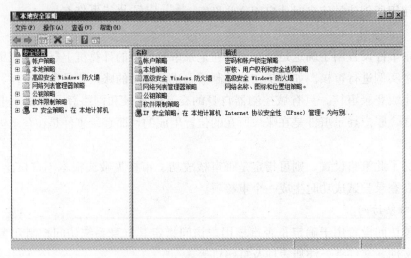

图 11—10　"本地安全策略"窗口

步骤 2：在控制台目录树中，依次展开"本地策略"、"审核策略"，选中"审核登录事件"，打开如图 11—11 所示的"审核登录事件属性"窗口，勾选"失败"选项。

这样，Windows Server 2008 系统的日志功能之后就能对服务器登录失败操作进行自动记录了。

3. 创建登录失败事件

由于 Windows Server 2008 系统的自动报警功能是基于某一个特定事件的，为此需要自

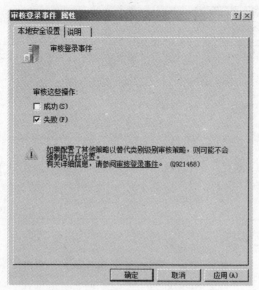

图 11—11　"审核登录事件属性"窗口

行创建一个服务器登录失败事件。在创建服务器登录失败事件时，只要先注销当前的服务器系统，之后随意使用一个不合法的用户账户尝试登录服务器系统，当系统提示登录失败时，Windows Server 2008 系统的日志就能将该事件记录下来。此时，可以按照如下步骤来查看服务器登录失败事件。

　　步骤 1：系统管理员登录系统，在"管理工具"中打开"事件查看器"，如图 11—12 所示。

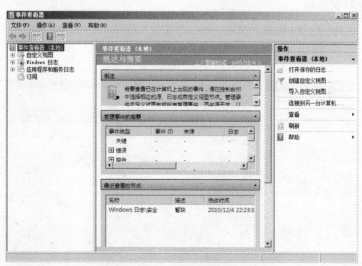

图 11—12　"事件查看器"窗口

　　步骤 2：在控制台树中，展开"Windows 日志"，打开"安全"结点，查看登录失败的日志记录。此时可看到一个事件 ID 为 4625 的审核失败记录，双击该事件记录，从图 11—13 所示的窗口中可以看到登录服务器失败的相关信息，这说明服务器登录失败事件已经创建成功。

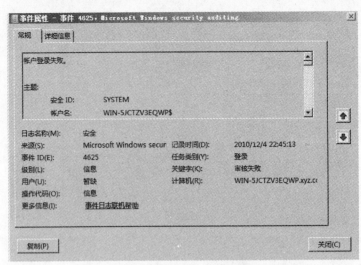

图 11—13 "事件属性-事件 4625"窗口

4. 附加自动报警任务

与传统操作系统不一样的是，Windows Server 2008 系统可以针对某个特定事件记录附加运行任务计划。利用该功能可以将自动报警的任务计划附加到服务器登录失败事件中，一旦用户再次遇到服务器登录失败操作，系统管理员可立即根据 Windows Server 2008 的自动报警提示来快速解决问题。在附加自动报警任务计划时，可以按照如下步骤来进行：

步骤 1：按照前面操作步骤找到事件 ID 为 4625 的审核失败记录，右键单击该记录选项，从弹出的快捷菜单中执行"将任务附加到此事件"命令，打开如图 11—14 所示的"创建基本任务向导"对话框。

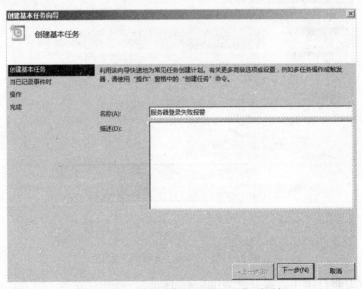

图 11—14 "创建基本任务向导"对话框

步骤 2：根据向导提示设置目标任务的名称，在这里将该任务名称命名为"服务器登录失败报警"，单击"下一步"按钮。

步骤 3：在"登录特定事件时"窗口中，单击"下一步"按钮。

步骤 4：出现如图 11—15 所示的"操作"对话框，Windows Server 2008 系统为用户提供了 3 种操作选项，这里选择"显示消息"。

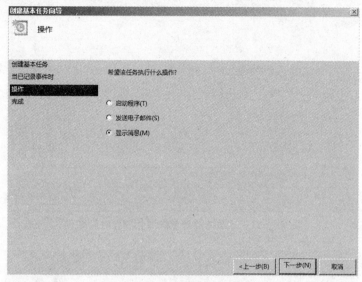

图 11—15　"操作"对话框

步骤 5：单击"下一步"按钮，如图 11—16 所示，设置显示信息内容，在"标题"文本框中输入"服务器登录失败"，在"邮件"文本框中输入"当前有非法用户尝试登录系统，请立即采取措施！"。

步骤 6：单击"下一步"按钮，打开"完成"对话框，选择"当单击（完成）时，打开此任务属性的对话框"复选框，单击"完成"按钮，打开如图 11—17 所示的"服务器登录失败报警属性"窗口。

步骤 7：按 Ctrl＋Alt＋Del 组合键，切换用户，输入一次错误的用户账户和密码后，再输入正确的用户账户和密码登录，可以看到登录后有消息提示框出现，如图 11—18 所示。

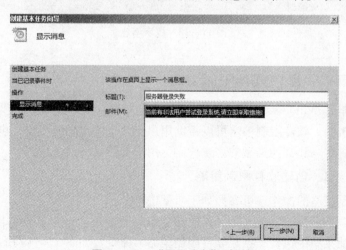

图 11—16　"显示消息"对话框

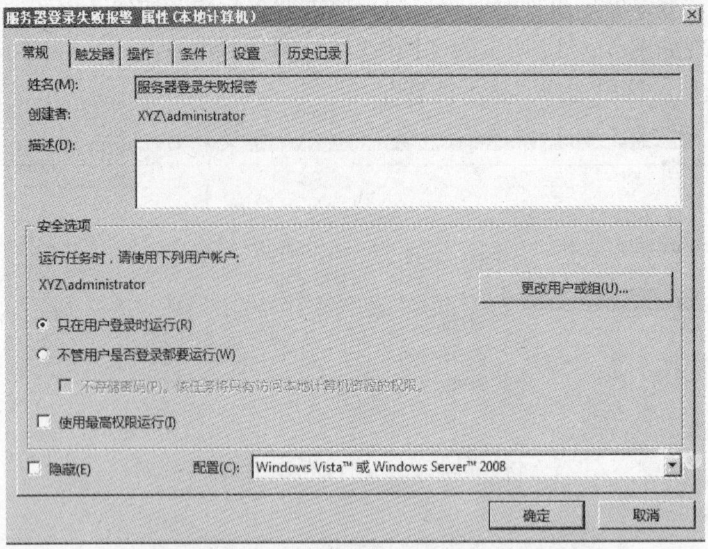

图 11—17 "服务器登录失败报警属性"窗口

图 11—18 提示消息

11.3 项目三：设置软件限制策略

软件限制策略是 Windows Server 2008 系统中的重要功能，该策略提供了一种指定允许执行哪些程序的机制。软件限制策略可以帮助用户免遭恶意代码的攻击，也就是说，软件限制策略针对病毒、木马和其他类型的恶意代码为用户提供了一层防护。

11.3.1 任务 1：创建软件限制策略

创建软件限制策略的操作，可参照如下步骤进行：

步骤 1：在"管理工具"中执行"本地安全策略"工具，选中"软件限制策略"，单击鼠标右键，在快捷菜单中执行"创建软件限制策略"命令，如图 11—19 所示。

步骤 2：单击"安全级别"选项，可以更改默认的安全级别。此时，可以看到默认安全

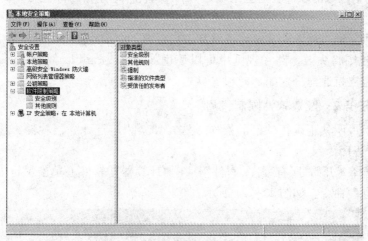

图 11—19　创建软件限制策略

级别是不受限的。

　　步骤 3：选中"其他规则"，单击鼠标右键，如图 11—20 所示。

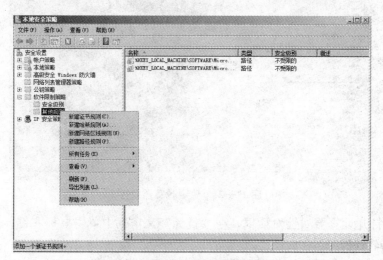

图 11—20　软件限制策略的其他规则

　　软件限制策略包括证书规则、哈希规则、网络区域规则和路径规则。

　　● 证书规则：软件限制策略可以通过签名证书来标识文件。证书规则不能应用到以 .exe 或 .dll 为扩展名的文件，但可以应用到脚本和 Windows 安装程序包。可以创建软件标识证书，然后根据安全级别的设置决定是否允许软件运行。

　　● 哈希规则：又称散列规则，散列是唯一标识程序或文件的一系列定长字节。散列是按散列算法算出来的。软件限制策略可以用 SHA-1（安全散列算法）和 MD5 散列算法根据文件的散列对其进行标识。重命名的文件或移动到其他文件夹内的文件将产生同样的散列。例如，可以创建哈希（散列）规则并将安全级别设为"不允许的"，以防止用户运行某些文件。

　　● 网络区域规则：只适用于 Windows 安装程序包。网络区域规则可以标识来自 Internet Explorer 指定区域的软件。这些区域是 Internet、本地计算机、本地 Intranet、受限站点和可信站点。

● 路径规则：通过程序的文件路径对其进行标识。由于此规则按路径指定，所以程序发生移动后路径规则将失效。路径规则中可以使用如％programfiles％或％systemroot％之类的环境变量，也支持通配符（如＊、?）。

11.3.2 任务 2：配置软件限制策略

这里将举例说明禁止运行软件的操作方法，如禁止运行计算器软件、禁止运行"C：\test"目录下的程序。

步骤 1：选择"开始|所有程序|附件"，在"计算器"软件上单击鼠标右键，在快捷菜单中选择"属性"命令，如图 11—21 所示。

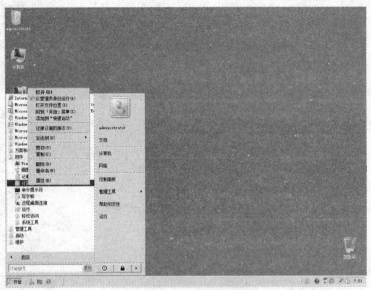

图 11—21　查看计算器属性

步骤 2：打开计算器属性对话框，在"目标"文本框中单击鼠标右键，选择"复制"，即复制计算器软件的完整存放位置。

步骤 3：打开"本地安全策略"管理工具，展开"软件限制策略"，在"其他规则"结点上单击鼠标右键，执行快捷菜单中的"新建哈希规则"命令。

步骤 4：打开图 11—22 所示的"新建哈希规则"对话框，单击"浏览"按钮，在"打开"对话框中，按 Ctrl＋V 组合键将刚才复制的存放位置粘贴到其中，然后单击"打开"按钮。

步骤 5：在图 11—22 中，选择"安全级别"为"不允许的"，单击"确定"按钮即可完成对计算器软件的禁止运行操作。

如果程序有多个版本，每个版本的代码都不一样，算出来的哈希值也不一样。使用哈希规则控制程序运行，需要针对同一个程序的每个版本配置软件限制策略。

步骤 6：在"其他规则"中，执行"新建路径规则"对话框，这里输入路径"C：\test"，安全级别选中"不允许的"，如图 11—23 所示，单击"确定"按钮。

步骤 7：重启计算机，软件限制策略配置生效。

202

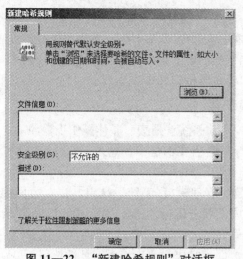

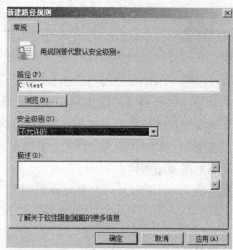

图 11—22　"新建哈希规则"对话框　　　　图 11—23　"新建路径规则"对话框

11.4　项目四：利用本地组策略进行系统安全配置

组策略可以控制计算机和用户的行为，本地组策略在 Windows XP/Vista/7、Windows Server 2003/2008 等操作系统中都可以设置，以下将通过本地组策略编辑器，介绍与安全相关的本地组策略设置。本地组策略编辑器是一个 Microsoft 管理控制台管理单元，提供了一个单一用户界面，能够管理本地组策略对象的所有设置。

11.4.1　任务 1：关闭自动播放

现在越来越多的病毒程序利用系统的自动播放功能进行传播，如果关闭了系统的自动播放，也就相当于阻断了病毒程序的一条传播途径。

步骤 1：执行"开始|运行"，在"运行"命令文本框中输入 gpedit. msc 命令，打开本地组策略编辑器。

步骤 2：依次展开"本地计算机策略|计算机配置|管理模板|Windows 组件|自动播放策略"结点，双击"关闭自动播放"选项，如图 11—24 所示。

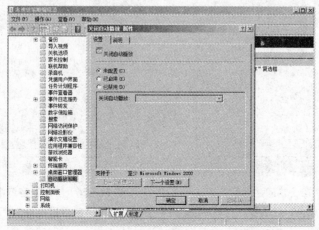

图 11—24　"关闭自动播放属性"对话框

步骤 3：在"关闭自动播放属性"对话框中，选中"已启用"单选按钮，单击"下一个设置"按钮；在不设置"始终执行此操作"复选框中，选中"已启用"，单击"下一个设置"按钮；在"自动运行的默认行为"窗口中，选中"已启用"，在"默认自动运行行为"下拉框中，选择"不执行任何自动运行命名"，单击"确定"按钮即可。

11.4.2　任务 2：禁止用户使用注册表编辑工具

禁止用户使用注册表编辑工具，能够防止用户更改系统注册表。具体操作步骤如下：

步骤 1：执行"开始|运行"，在打开的"运行"命令文本框中，输入 gpedit.msc 命令，打开本地组策略编辑器。

步骤 2：依次展开"本地计算机策略|用户配置|管理模板|系统"结点，在右边详细信息窗口中，选中"阻止访问注册表编辑工具"选项，双击鼠标左键，打开如图 11—25 所示的对话框。

步骤 3：选中"已启用"，单击"确定"按钮，即可完成注册表编辑工具被禁用。

11.4.3　任务 3：禁止用户运行特定程序

通过设置"禁止用户运行特定程序"，可防止对系统重要程序的随意执行所造成的破坏。启用该设置，则用户无法运行已添加到"不允许的应用程序列表"中的程序。

此设置仅阻止用户运行由 Windows 资源管理器进程启动的程序，不会阻止用户运行由系统进程或其他进程启动的程序（如任务管理器）。另外，如果允许用户使用命令提示符（cmd.exe），则此设置不会阻止用户在命令窗口中启动不允许其使用 Windows 资源管理器启动的程序。

步骤 1：在"本地策略编辑器"工具窗口中，依次展开"本地计算机策略|用户配置|管理模板|系统"结点，选择"不要运行指定的 Windows 应用程序"项，双击鼠标左键，打开如图 11—26 所示的对话框。

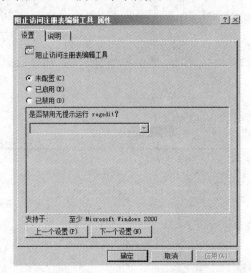

图 11—25　"阻止访问注册表
编辑工具属性"对话框

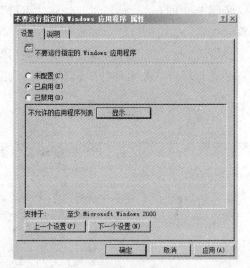

图 11—26　"不要运行指定的 Windows
应用程序属性"对话框

步骤 2：选择"已启用"，然后依次单击"显示|添加"，如图 11—27 所示，可添加要禁止的程序名称（如禁止绘画工具程序 mspaint.exe），单击"确定"按钮即可。

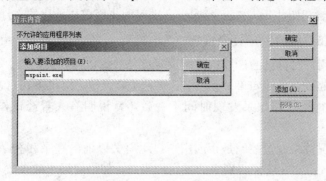

图 11—27　"添加项目"对话框

11.4.4　任务 4：禁止恶意程序入侵

在 Windows Server 2008 系统环境中，使用 IE 浏览器查看网页内容时，常常会有一些恶意程序（如病毒程序）不请自来，偷偷下载保存到本地计算机硬盘中，这样不但会浪费宝贵的硬盘资源，而且会给本地计算机系统的安全带来不少麻烦，甚至是破坏。

为了使 Windows Server 2008 系统更加安全，需要借助专业的软件工具才能禁止应用程序随意下载。很显然，这样操作工作量大且管理效率低。其实在 Windows Server 2008 系统环境中，只需简单设置组策略参数，就能禁止恶意程序自动下载保存到本地计算机硬盘中，具体设置步骤如下：

步骤 1：以系统管理员账户（如 Administrator）登录系统，在"开始|运行"的命令文本框中，输入 gpedit.msc 命令，打开本地组策略编辑器工具。

步骤 2：在组策略编辑窗口左侧，依次展开"计算机配置|管理模板|Windows 组件|Internet Explorer|安全功能|限制文件下载"结点，双击"限制文件下载"子项下面的"Internet Explorer 进程"选项，如图 11—28 所示。

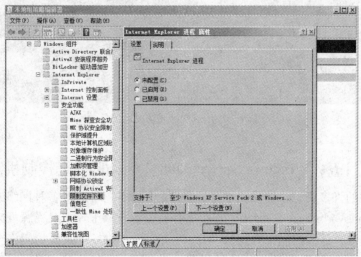

图 11—28　"Internet Explorer 进程属性"窗口

步骤 3：选中"已启用"，再单击"确定"按钮即可。

这样，就能成功启用限制 Internet Explorer 进程下载文件的策略设置，Windows Server 2008 系统则会自动弹出阻止 Internet Explorer 进程的非用户初始化的文件下载提示。

11.4.5　任务 5：跟踪用户登录情况

一般情况下，用户对自己的计算机使用情况比较熟悉，比如会记得上一次登录系统的大概时间等信息。Windows Server 2008 也可记录下登录信息，用户可在每次登录系统时，将前后两次的时间进行比较，如果发现时间不一致，就说明有人曾经试图非法登录自己的账户。

跟踪用登录情况策略设置控制是否向用户显示有关以前的登录和登录失败次数的信息。对于 Windows Server 2008 功能级别中的域用户账户，如果启用了此设置，将在用户登录后出现一则消息，显示该用户上次成功登录的日期和时间、该用户上次登录而未成功的日期和时间，以及该用户上次成功登录及未成功登录的次数。用户必须确认该消息，然后才能登录到 Windows 桌面。该策略的设置具体步骤如下：

步骤 1：以系统管理员账户（如 Administrator）登录系统，在"开始|运行"的命令文本框中，运行 gpedit.msc 命令，打开本地组策略编辑器工具。

步骤 2：依次展开"计算机配置|管理模板|Windows 组件|Windows 登录选项"结点，然后在右侧详细信息窗口中，双击"在用户登录期间显示有关以前登录的信息"，然后在弹出的对话框中选中"已启用"，最后单击"确定"按钮。

为了测试以上操作是否成功，可以注销用户，以管理员账户登录，输入一次错误的密码，然后输入正确的密码，将会出现登录不成功的信息，如图 11—29 所示。

图 11—29　登录不成功提示信息

11.5　项目五：Windows Server 2008 主要访问安全控制机制的实现

对于网络中的许多资源，如系统本身、文件、目录和打印机等各种网络共享资源以及其他对象，在 Windows Server 2008 中，提供了控制资源存取工具，对资源可以灵活地控制到指定的用户、组等。这些控制方式就是 Windows Server 2008 的系统访问安全控制机制。这些控制一般是由系统管理员实施的，可以避免非授权的访问，从而提供一个安全的网络环境。

11.5.1　任务 1：了解文件和目录的安全性

计算机系统中最为重要的资源之一就是文件和目录，因此几乎所有操作系统的访问控制机制的安全特性都取决于文件和目录的安全性，文件和目录的安全也是 Windows Server 2008 安全机制的核心内容。文件和目录的安全性可以应用于单个文件、多个文件、目录及整个目录结构。因此 Windows Server 2008 的资源访问控制系统，可以确定用户对目录和文件的访问使用权限，控制用户的访问层次和范围。

11.5.2　任务 2：通过共享许可保护网络信息资源

1. 共享和共享许可

当一个目录（文件夹）被共享时，用户可以通过网络连接到该共享目录（文件夹）上，进而访问该文件夹中的所有文件夹和文件。因此共享是一种开放共享资源的操作，而所开放的目录资源被称为共享目录。

2. 分配共享许可的准则

（1）对被访问的资源确定允许访问的组。

（2）给组分配其应具备的允许访问的权限类型。

（3）在允许网络用户执行所需任务的前提下，给共享资源指定较为严格的权限。

（4）删除共享文件夹上给 Everyone 组分配的"完全控制"缺省权限。

> 提示：为了简化管理，应当尽量使用组账户进行权限设置管理，即先把用户添加到组中，再给需要访问资源的组而不是单个用户分配访问权限。

11.5.2　任务 3：通过 NTFS 许可保护网络信息资源

1. NTFS 许可

Windows Server 2008 域控制器所在的卷通常是 NTFS 文件系统，而不是 FAT 的文件系统。在 NTFS 卷中，可以通过共享许可方式来实现网络资源的安全保护。此外，在 NTFS 卷上，除了能够实现文件和目录设置许可外，还可对文件采取安全措施。

2. 分配 NTFS 许可的准则

（1）移去给 Everyone 组的控制许可。

（2）给管理员组 Administrators 分配完全控制许可。

（3）为数据文件夹的创建者分配完全控制许可。

（4）用户根据自己的具体使用情况分配 NTFS 许可。

实训项目 11

1. 实训目的

熟练掌握 Windows Server 2008 操作系统安全管理的主要应用技术。

2. 实训环境

正常的局域网络；安装 Windows Server 2008 操作系统的计算机。

3．实训内容

（1）在安装 Windows Server 2008 操作系统的域控制器上，创建组策略对象，编辑该对象，并添加注释信息。

（2）任务审核登录失败操作，创建登录失败事件，附加自动报警任务。

（3）创建软件限制策略，实现禁止使用记事本程序及"C：\usertest"目录中程序的执行。

（4）使用本地组策略，分别实现关闭自动播放、禁止用户使用注册表编辑工具、禁止用户运行特定程序、禁止恶意程序入侵和跟踪用户登录情况。

习　题　11

1．填空题

（1）组策略是应用于活动目录中_____，利用组策略可以控制用户在某个域中的集成管理。

（2）组策略对象是_____的集合。

（3）_____设置用于确定是否对用户在另一台计算机上登录或注销的每个实例进行审核。

（4）_____设置用于确定是否对计算机中的每个账户管理事件进行审核。

（5）软件限制策略提供了一种_____的机制。

（6）软件限制策略包括证书规则、_____、网络区域规则和路径规则。

（7）输入_____命令，可以打开本地组策略编辑器。

2．简答题

（1）简述 Windows Server 2008 组策略的含义。

（2）什么是安全审核策略？安全审核设置项主要包括哪些？

（3）Windows Server 2008 的软件限制策略中主要包括哪些规则？

（4）Windows Server 2008 主要的安全访问控制机制是什么？

第 12 章　系统监视与性能优化

教学重点

- 可靠性和性能监视器的应用
- 事件查看器的应用

教学情景导读

Windows Server 2008 操作系统具有许多先进的自我性能调整功能。但是随着具体应用环境的变化，以及系统中用户数量、服务对象和应用的增多，操作系统的处理能力会有所下降，这就需要系统或网络管理员通过一些工具对服务器进行监控、维护，进行系统性能的调整、优化，以保证系统或网络环境可靠、高效运行。

12.1　项目一：可靠性和性能监视器的应用

系统管理员使用 Windows Server 2008 "可靠性和性能监视器"工具，可实时检查运行程序对计算机性能的影响，并通过收集日志数据供其他应用程序分析使用。同时，该工具与 Windows Server 2003 相比提供了友好的用户系统诊断报告，在以前相同类型的系统性能诊断报告基础上，改进了报告生成时间，并且可以使用任何"数据收集器"收集的数据创建报告，这使系统管理员可多次评估对系统报告建议的影响程度所做的更改。

12.1.1　任务 1：初识可靠性和性能监视器

1. 可靠性和性能监视器的主要特征

Windows Server 2008 的"可靠性和性能监视器"工具，是一个 Microsoft 管理控制台管理单元，提供用于分析系统性能的工具。该工具仅从一个单独的控制台，即可实时监视应用程序和硬件性能、自定义在日志中收集的数据、定义警报和自动操作的阈值、生成报告以及以各种方式查看过去的性能数据。

"可靠性和性能监视器"工具组合了 Windows Server 2003 独立工具的功能，即性能日志和警报（PLA）、服务器性能审查程序（SPA）和系统监视器。它提供了自定义数据收集器集和事件跟踪会话的图表界面。该工具具有以下主要特征：

（1）数据收集器集。可靠性和性能监视器中主要的新功能是数据收集器集，它将数据收集器组合为可重复使用的元素，以便与其他性能监视方案一起使用。一旦将一组数据收集器存储为数据收集器集，则更改一次属性就可以将某个操作应用于整个集合。该工具中包含默认的数据收集器集模板，以帮助系统管理员收集指定的服务器角色或监视方案的性能数据。

（2）资源视图。Windows Server 2008"可靠性和性能监视器"工具的主界面是一种新的资源视图屏幕，提供 CPU、磁盘、网络和内存使用情况的实时图表概览，如图 12—1 所示。展开其中的受监控元素，系统管理员可以识别进程中正在使用的资源情况。在以前的 Windows 版本中，只可以从"任务管理器"中获得有限的实时数据。

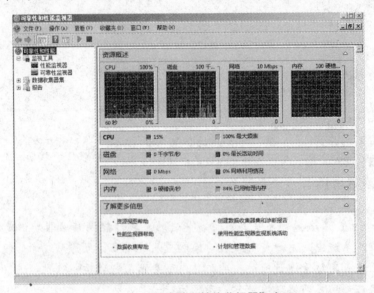

图 12—1　"可靠性和性能监视器"窗口

（3）可靠性监视器。可靠性监视器提供了系统稳定性指数，该指数反映了意外问题是否降低了系统的可靠性。稳定性指数的时间图可快速标识问题开始的发生日期，系统稳定性报告提供了详细的信息，以帮助分析可靠性降低的原因。通过逐个查看对故障系统（如应用程序故障、硬件故障等）的更改（包括安装或删除应用程序、添加或修改驱动程序等），可以形成一个解决问题的策略。

（4）用于创建日志的向导和模板。在"可靠性和性能监视器"工具中，可通过向导界面将计数器添加到日志文件，并计划开始时间、停止时间以及持续时间。此外，还可以将配置保存为模板，以收集后续计算机上的相同日志，而数据收集器无需重复选择及计划进程。以前 Windows 服务器操作系统版本中的性能日志和警报功能，现已整合到"可靠性和性能监视器"工具中，以便与多种数据收集器一起使用。

（5）数据收集属性统一配置。无论创建的数据收集器是只使用一次，还是持续记录正在进行的活动，用于创建、计划和修改的界面都完全相同。如果数据收集器对于以后的性能监控有帮助，则不需要重新创建，可以作为模板对其重新配置或复制。

2."可靠性和性能监视器"的启动

"可靠性和性能监视器"的启动方法如下：

（1）单击"开始"按钮，选中"管理工具"菜单中的"可靠性和性能监视器"，出现如

图 12—1 所示的窗口。

（2）单击"开始"按钮，选中"运行"，在"运行"命令文本框输入 perfmon 命令，然后按回车键，打开"可靠性和性能监视器"窗口。

在如图 12—1 所示窗口中，"资源概述"窗口显示系统当前资源的使用信息。当以 Administrator 组成员身份运行该工具时，可以实时监视 CPU、磁盘、网络和内存资源的使用情况和性能。可通过展开"资源概述"窗口下部每种资源，查看当前各受监控元素的详细信息。

12.1.2 任务 2：使用监视工具

1. 查看系统资源使用情况

在"可靠性和性能监视器"主窗口中，资源概述区中的显示信息实质是资源监视器工具的界面，资源监视器工具是"可靠性和性能监视器"的一种监视工具，进行系统性能监视。在"运行"命令文本框或"命令提示符"窗口中输入"perfmon/res"即可运行资源监视器工具，如图 12—2 所示。

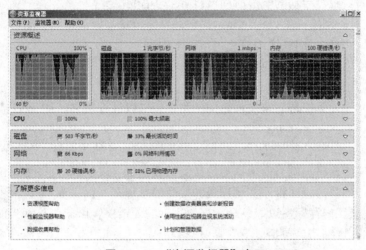

图 12—2 "资源监视器"窗口

> **提示：** 当启动"可靠性和性能监视器"时，如果资源监视器未显示实时数据，则单击工具栏上绿色的"开始"按钮。如果访问被拒绝，则表明当前用户没有权限运行"可靠性和性能监视器"，必须以 Administrator 组成员身份登录、运行该程序。

在资源概述区域中，四个"可靠性和性能监视器"图显示了本地计算机上的 CPU、磁盘、网络和内存的实时使用情况。这些图下面的四个可展开区域包含每个资源进程的详细信息。单击每个资源标签或展开三角形标签，可查看该资源的详细信息。

（1）CPU 信息。在 CPU 信息区域中，CPU 标签以绿色显示当前正在使用的 CPU 容量的百分比。CPU 详细信息包括以下内容：

1）映像：使用 CPU 资源的应用程序。

2）PID：应用程序实例的进程 ID。

3）描述：应用程序名称。

4）线程：应用程序实例中当前活动的线程数。

5）CPU：应用程序实例中当前活动的 CPU 周期。

6）平均 CPU：60 秒内由应用程序实例产生的平均 CPU 负载，以 CPU 总容量的百分比表示。

（2）磁盘信息。磁盘标签以绿色显示当前的总 I/O，以蓝色显示最高活动时间百分比。磁盘详细信息包括以下内容：

1）映像：使用磁盘资源的应用程序。

2）PID：应用程序实例的进程 ID。

3）文件：由应用程序实例读取或写入的文件。

4）读取：应用程序实例从文件读取数据的当前速度（以字节/分钟为单位）。

5）写入：应用程序向文件写入数据的当前速度（以字节/分钟为单位）。

6）I/O 优先级：应用程序的 I/O 任务的优先级。

7）响应时间：磁盘活动的响应时间（以 ms 为单位）。

（3）网络信息。网络标签以绿色显示当前总网络流量（以 kbps 为单位），以蓝色显示使用中的网络容量百分比。网络详细信息包括以下内容：

1）映像：使用网络资源的应用程序。

2）PID：应用程序实例的进程 ID。

3）地址：本地计算机与之交换信息的网络地址（以计算机名、IP 地址或完全限定的域名表示）。

4）发送：应用程序实例当前从本地计算机发送到该地址的数据量（以字节/分钟为单位）。

5）接受：应用程序实例当前从该地址接受的数据量（以字节/分钟为单位）。

6）总字数：当前由应用程序实例发送和接受的总带宽（以字节/分钟为单位）。

（4）内存信息。内存标签以绿色显示当前每秒的硬错误，以蓝色显示当前使用中的物理内存百分比。内存详细信息包括以下内容：

1）映像：使用内存资源的应用程序。

2）PID：应用程序实例的进程 ID。

3）硬错误/分：当前由应用程序实例产生的每分钟的硬错误数。**硬错误**也称为页面错误，它不是普通意义上的错误，而是指当进程的应用地址页面已不在物理内存中且已被换出。如果应用程序必须从磁盘而不是从物理内存中连续读取数据，较多数量的硬错误则说明应用程序的响应时间较慢。

4）工作集（KB）：应用程序实例当前驻留在内存中的千字节数。

5）可共享（KB）：可供其他应用程序使用的应用程序实例工作集的千字节数。

6）专用（KB）：专用于应用程序实例工作组的千字节数。

2．查看性能监视器使用情况

性能监视器是以实时或历史数据的形式显示的内置的 Windows 性能计数器，是一种操作简单而功能强大的可视化工具，用于实时或从日志文件中查看性能数据。它可以检查图表、直方图或报告中的性能数据。

配置性能监视器的具体步骤如下（Administrator 组成员身份）：

步骤 1：在"可靠性和性能监视器"窗口中，单击"监视工具"结点的"性能监视器"，出现如图 12—3 所示的"性能监视器"窗口。

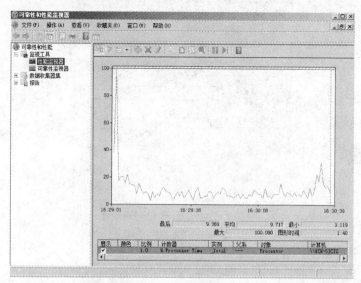

图 12—3　"性能监视器"窗口

步骤 2：在显示区域中单击鼠标右键，在快捷菜单中选择"属性"，如图 12—4 所示。

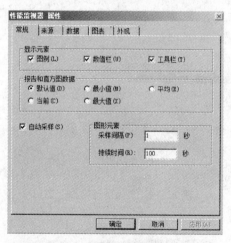

图 12—4　"性能监视器属性"窗口

● "常规"选项卡：配置显示元素、报告和直方图数据、自动采样的间隔时间和持续时间。

● "来源"选项卡：如图 12—5 所示，可选择所监视数据的来源是当前活动数据，还是日志文件或数据库。

● "数据"选项卡：如果当前显示区域中没有任何计数器，则单击"数据"选项卡，然后单击"添加"按钮，如图 12—6 所示，选择所需监视的系统性能计数器。

● "图表"选项卡：如图 12—7 所示，可更改图表配置。

步骤 3：完成以上配置操作后，单击"确定"按钮返回已配置的性能监视器窗口。

步骤 4：在性能监视器显示区域中，单击鼠标右键，在快捷菜单中选择"将设置另存为"，保存设置的配置信息。另外，通过"图像另存为"菜单把当时显示的信息保存为 .gif 图像文件，以备查看分析。

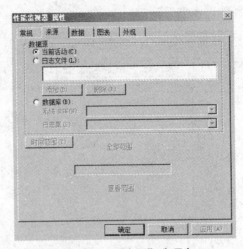

图 12—5 "来源"选项卡

图 12—6 "添加计数器"窗口

图 12—7 "图表"选项卡

3. 查看可靠性监视器使用情况

可靠性监视器提供系统稳定性的大体情况、趋势分析以及可能会影响系统总体稳定性的个别事件的详细信息，如软件安装、操作系统更新和硬件故障。该监视器在系统安装时开始收集数据。

启动可靠性监视器，单击"可靠性和性能监视器"主窗口中"监视工具"结点下的"可靠性监视器"选项，也可以在"运行"框中或命令提示符下输入"perfmon/rel"，"可靠性监视器"窗口如图 12—8 所示。

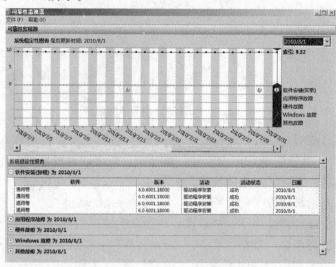

图 12—8 "可靠性监视器"窗口

可靠性监视器使用的数据是由 RACAgent 计划任务提供的。Windows Server 2008 系统安装之后，可靠性监视器将全天显示稳定性指数分级和特定的事件信息。在默认情况下，RACAgent 计划任务在系统安装后开始运行。如果被禁用，则必须从任务计划管理控制台中手动启动该任务。启动 RACAgent 的步骤如下：

在"运行"命令文本框中，输入 taskschd. msc 命令；打开"任务计划程序"窗口，单击"任务计划程序库|Microsoft|Windows|RAC"，如图 12—9 所示；单击"查看"菜单中的"显示隐藏的任务"，在任务中显示 RAC 任务；在"RACAgent"上单击鼠标右键，在弹出的快捷菜单中选择"运行"即可启动 RACAgent。

可靠性监视器工具根据系统生存的时间收集数据，其系统稳定性图表中的每个日期都有一个显示系统稳定性指数分级的图形点。系统稳定性指数是一个从 1（最不稳定）到 10（最稳定）的滚动历史时段内显示的由特定故障衍生而来的度量权值。系统稳定性图表的上部显示稳定性指数的图表，下部的 5 行信息显示跟踪可靠性事件，该类事件有助于测量系统的稳定性或提供软件安装和删除的相关信息。

在默认情况下，可靠性监视器显示最近日期的数据。要查看特定日期的数据，可单击"系统稳定性图表"中的日期列。要查看所有可用的历史数据，则单击日期下拉菜单，选择"全选"。可靠性监视器最多可以保留一年系统稳定性和可靠性事件的历史记录。

可靠性监视器的"系统稳定性报告"，可帮助系统管理员通过识别可靠性事件，以确定造成系统稳定性降低的原因。"系统稳定性报告"提供了以下可查看的事件：

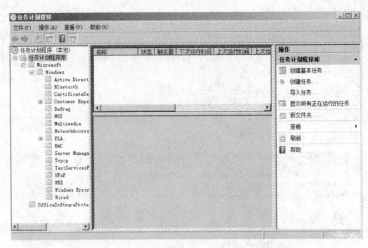

图 12—9　"任务计划程序"窗口

（1）软件安装（卸载）。跟踪软件的安装和删除（包括系统组件、Windows Update、驱动程序和应用程序），其报告的数据内容有："软件"，指定软件程序的名称；"版本"，指定软件程序的版本信息；"活动"，表明操作是安装还是卸载；"活动状态"，表明操作是成功还是失败；"日期"，指出操作发生的日期。

（2）应用程序故障。跟踪应用程序故障，包括非响应应用程序的终止或已停止工作的应用程序。应用程序故障报告的数据内容有："应用程序"，指定已停止工作或响应的应用程序的名称；"版本"，指定应用程序的版本号；"故障类型"，表明应用程序停止工作还是停止响应；"日期"，指出应用程序故障发生的日期。

（3）硬件故障。跟踪磁盘和内存可能发生的故障，其报告的数据内容有："组件类型"，表明出现故障的组件；"设备"，表明发生故障的设备名；"故障类型"，表明出现故障的类型；"日期"，指出硬件故障发生的日期。

（4）Windows 故障。跟踪 Windows 操作系统启动和运行的故障，其报告的数据内容有："故障类型"，表明事件是启动故障还是操作系统崩溃错误；"版本"，表明操作系统及 Service Pack 的版本号；"故障详细信息"，提供故障类型的详细信息。"日期"，指明 Windows 系统发生故障的日期。

（5）其他故障。跟踪影响稳定性且未归入上述类型的故障，包括操作系统的意外关闭，其报告的数据内容有："故障类型"，表明系统中断性关闭；"版本"，表明操作系统及 Service Pack 的版本号；"故障详细信息"，表明计算机未正常关闭；"日期"，该故障发生的日期。

在"系统稳定性报告"中，往往会反映出系统发生故障的综合现象。如果硬件部分出现内存故障的同一天，也开始频繁出现应用程序故障的报告，那么可以首先更换故障内存。如果应用程序的故障终止，则可判断这些故障可能是访问内存时产生的；如果应用程序的故障依然存在，则下一步就要修复该应用程序。

12.1.3　任务 3：收集系统监视数据

收集系统监视数据主要是通过数据收集器集完成的。数据收集器集是在可靠性和性能监视器中实现监视功能的，它将多个数据收集点组织成可用于查看或记录性能的单个组件，包括性能计数器、事件跟踪数据和系统配置信息。

创建数据收集器集：可以从模板、性能监视器视图中现有的数据收集器集，或者通过选择单个数据收集器并设置其属性中的每个单独选项来进行。

1. 通过性能监视器创建数据收集器集

可通过当前“性能监视器”显示区域中的计数器创建数据收集器集，具体操作步骤如下：

步骤 1：打开“可靠性和性能监视器”窗口。

步骤 2：鼠标右键单击“监视工具｜性能监视器｜新建｜数据收集器”，如图 12—10 所示。

步骤 3：在“名称”文本框中输入新建的数据收集器集的名称，单击“下一步”按钮，出现“数据收集器集保存位置”对话框，指定数据收集器集的数据存储位置，默认为“%systemdrive%\PerfLogs\Admin\＜数据收集器集名＞”。如果选择其他位置，可以单击“浏览”按钮，选择相应的目录，或输入目录名称来更改此位置。

步骤 4：指定完收集数据存储位置后，单击“下一步”按钮，如图 12—11 所示，将数据收集器集配置为特定用户身份运行。单击“完成”按钮，保存当前设置完成创建。

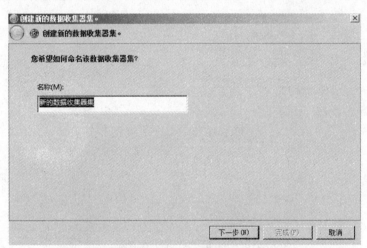

图 12—10　“创建新的数据收集器集”对话框

步骤 5：要查看数据收集器集的属性或进行其他更改，可选择“数据收集器集｜用户定义”，选中指定的数据收集器集，单击鼠标右键，在快捷菜单中选择“属性”，如图 12—12 所示。在此窗口中，包括了以下选项卡：

● “一般”选项卡：可更改该数据收集器集的名称、描述和关键字等信息。

● “目录”选项卡：可更改根目录、添加子目录。

● “安全”选项卡：设置数据收集器集的用户权限。

● “计划”选项卡：添加收集操作的启动时间、开始时间和截止时间。如果不想在某个日期之后收集新数据，可使用“截止日期”参数选项。

● “停止条件”选项卡：可使用单个条件或组合多个条件，来自动暂停或重新开始收集数据收集器集中的数据。如果在此选项卡中未选定停止条件，数据收集器集将从启动时间开始收集数据，直到手动停止。其中，“总持续时间”会使数据收集器集在超过配置时间后停止收集数据，总持续时间设置优先于定义为限制的任何设置；“限制”可用于代替总持续时

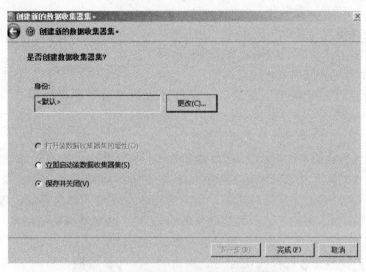

图 12—11　配置数据收集器集的用户身份

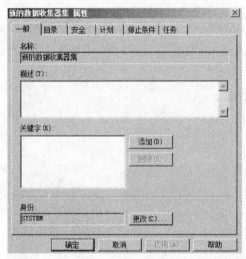

图 12—12　"新的数据收集器集属性"窗口

间停止条件，或与其一起使用。当与总持续时间停止条件组合使用时，"配置自动重新开始"会使每个指定时间段或大小的数据被收集到单独的日志文件中，直到满足总持续时间停止条件。

● "任务"选项卡："数据收集器集"收集完成后，在"在数据收集器集停止时运行此任务"框中输入命令以运行 Windows Management Instrumentation（WMI）任务。

2. 从模板创建数据收集器集的步骤

创建数据收集器集，可使用"可靠性和性能监视器"中的向导实现。Windows Server 2008 提供了一些模板（包括基本性能、系统诊断和系统性能），可方便地创建数据收集器集，其操作步骤如下：

步骤 1：在"可靠性和性能监视器"窗口中，选中"数据收集器集|用户定义"，单击鼠标右键，在快捷菜单中，选择"新建|数据收集器集"，打开如图 12—13 所示的窗口。

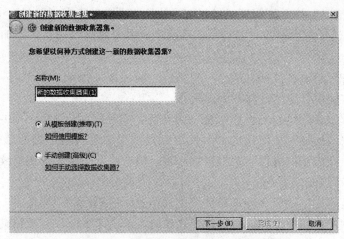

图 12—13 新建基于模板的数据收集器集

步骤 2：单击"下一步"按钮，选择要使用的模板，系统提供了三类：System Diagnostics、System Performance 和基本，如图 12—14 所示。"System Diagnostics"模板详细记录本地硬件资源的状态、系统响应时间和本地计算机上的进程，还包括系统信息和配置数据，它包括最大化性能和简化系统操作的方法；"System Performance"模板识别性能问题发生的可能原因；"基本"模板可创建基本的数据收集器集。

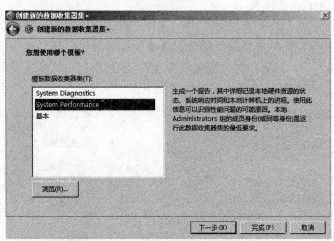

图 12—14 选择数据收集器集的模板

步骤 3：指定存储目录及用户身份等信息，即可完成基于模板创建数据收集器集的过程。

3. 手动创建数据收集器集

系统管理员可以自定义的方式创建数据收集器集，从而手工构造自己所需的数据收集器工具，操作步骤如下：

步骤 1：启动步骤与从模板创建数据收集器集一样，只是在如图 12—13 所示的窗口中需要选择"手动创建（高级）"。

步骤 2：在如图 12—15 所示的"创建新的数据收集器集"窗口中，"创建数据日志"包括："性能计数器"提供有关系统性能的数据；"事件跟踪数据"提供有关活动和系统事件的信息；"系统配置信息"使系统管理员可以记录注册表项的状态及对其进行的更改。

步骤 3：根据选择的数据收集器类型，系统会显示向数据收集器集添加数据收集器的不同对话框。

● 单击"添加"打开"添加计数器"对话框。完成添加性能计数器时，单击"下一步"继续，或者单击"完成"退出并保存当前配置。

● 事件跟踪提供程序可以与操作系统一起安装，或者作为非 Microsoft 应用程序的一部分进行安装。单击"添加"从可用的"事件跟踪提供程序"列表中进行选择，按住 Ctrl 键可选择多个程序。完成添加事件跟踪提供程序时，单击"下一步"按钮继续配置，或者单击"完成"退出并保存当前配置。

● 通过输入要跟踪的注册表项记录系统配置信息。在进行此项操作时，必须知道要包含在数据收集器集中的确切项。完成添加注册表项时，单击"下一步"按钮继续配置，或者单击"完成"退出并保存当前配置。

步骤 4：接下来的操作步骤与使用向导创建一样，需要指定存储目录及用户身份等信息，最后即可完成手动创建数据收集器集的过程。

4. 管理"可靠性和性能监视器"中的数据

在数据收集器集中，除了创建可选的报告文件之外，还可创建其原始日志数据文件，通过"数据管理"功能，为每个数据收集器集配置日志数据、报告和压缩数据的存储方式。配置数据收集器集的操作步骤如下：

步骤 1：在"可靠性和性能监视器"中，展开"数据收集器集"并单击"用户定义"。

步骤 2：使用鼠标右键单击要配置的数据收集器集的名称，然后单击"数据管理器"。

步骤 3：如图 12—16 所示，在"数据管理器"选项卡上，可以接受默认值或根据数据保留策略进行更改，有关每个选项的详细信息如下：

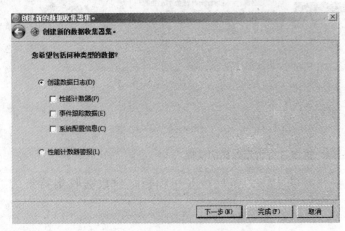
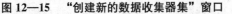
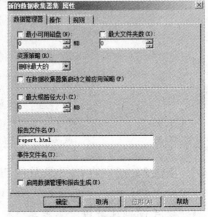

图 12—15　　"创建新的数据收集器集"窗口　　　　图 12—16　　"数据管理器"选项卡

● "最小可用磁盘"或"最大文件夹数"：表示达到限制时将根据选择的"资源策略"（"删除最大"或"删除最旧"）删除以前的数据。

● "在数据收集器集启动之前应用策略"：表示在数据收集器集创建其下一个日志文件前，将根据管理员的选择删除以前的数据。

● "最大根路径大小"：表示达到根日志文件夹大小限制时，将根据管理员的选择删除以前的数据。

步骤 4：单击"操作"选项卡，可以接受默认值或进行更改，其中包括的选择项如下：

● 存留期（年龄），数据文件以天或周为单位的存留期。如果该值为 0，则不使用此标准。

● 大小，存储日志数据的文件夹大小（MB）。如果该值为 0，则不使用此标准。

● Cab，一种文件存档格式。可从原始日志数据创建 Cab 文件，并在以后需要时进行提取。根据存留期或大小选择创建或删除操作。

● 数据，数据收集器集收集的原始日志数据。创建 Cab 文件之后可删除日志数据，以便在保留原始数据备份的同时节约磁盘空间。

● 报告，Windows 可靠性和性能监视器从原始日志数据生成的报告文件。即使在已删除原始数据或 Cab 文件之后，也可以保留报告文件。

步骤 5：完成更改后，单击"确定"按钮。

5. 报告监视情况

报告系统监视情况，可通过查看"报告"功能实现，具体操作步骤：在"可靠性和性能监视器"主窗口，选择"报告"结点下的"用户定义"或"系统"；选择报告列表中要查看的报告，如系统性能（System Performance）报告，如图 12—17 所示。

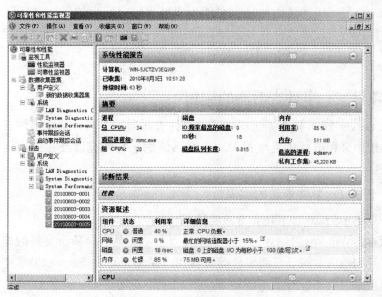

图 12—17　查看监视报告

在命令提示符下，运行命令"perfmon/report<Data ＿ Collector ＿ Set ＿ Name>"，可以为数据收集器集创建新报告。如果只运行"perfmon/report"命令，则生成系统诊断报告，如图 12—18 所示。

提示：如果数据收集器集未运行，那么将没有任何可用的报告显示；如果数据收集器集正在运行，那么控制台将显示有关数据收集器集运行多长时间的信息。

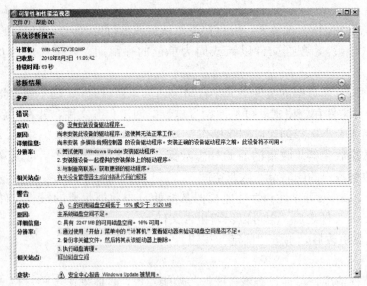

图12—18　生成系统诊断报告

系统管理员如果频繁检查日志，那么应使用数据收集器集的"限制"属性，对较大的日志文件进行自动分段（因为较大的日志文件生成报告的时间也较长）。也可以使用 relog 命令对长日志文件进行分段，或合并多个短日志文件，有关 relog 命令的详细使用信息，可在"命令提示符"窗口中输入"relog/?"命令查看。

12.2　项目二：事件查看器的应用

Windows Server 2008 操作系统提供了"事件查看器"工具，借助事件日志文件，用于浏览和管理系统中多种事件的发生过程，监视系统的运行状况以及在出现问题时帮助解决问题。

12.2.1　任务1：事件查看的实现

1. Windows Server 2008 事件查看功能的新特性

较以前版本，Windows Server 2008 的事件查看功能具有全新、友好的操作界面和自定义视图，具有计划响应时间、订阅事件等新特性。在 Windows Server 2008 中，使用事件查看器可完成以下系统管理任务。

（1）查看来自多个事件的日志。使用事件查看器解决系统问题时，需要查找与问题相关的事件，无论出现在哪个事件日志中，都可以跨越多个日志筛选特定的事件。这样更容易显示所有可能与正在调查的问题相关的事件。若要指定跨越多个日志的筛选器，则需要创建自定义视图。

（2）可重新使用事件筛选器来自定义视图。使用事件日志时，主要的难题是将一组事件聚焦为系统管理员当前所关注的事件。如果管理员没有采取一定的方法保存所创建日志的视图，那么之前所做的努力就要付诸流水。事件查看器支持自定义视图的概念，以用户的工作方式仅对分析事件进行查询和排序后，就可以将该工作另存为命名视图，而此视图可供重新使用（甚至可以导出视图，并在其他计算机上使用或共享）。

（3）计划运行响应事件任务。使用事件查看器，可以自动对事件做出响应。事件查看器与任务计划程序集成在一起，指定大多数事件就可以开始计划将要运行的任务。

（4）事件订阅。通过制定事件订阅功能，可从远程计算机收集事件并将其保存在本地。

（5）基于 XML 的基础结构。事件日志记录的基础结构已在 Windows Server 2008 系统得到了改善，其中每个事件的信息都符合 XML 架构，且可以访问代表给定事件的 XML 信息，还可以针对事件日志构造基于 XML 的查询。

2. 事件日志

事件查看器的主要功能就是查看已定义的视图，而视图最重要的一个组成部分就是日志。Windows Server 2008 包括以下两类事件日志：Windows 日志、应用程序和服务日志。

（1）Windows 日志。Windows Server 2008 日志包括早期 Windows 操作系统版本中可用的日志：应用程序、安全和系统日志。此外还包括两个新的日志：安装程序日志和 Forwarded Events 日志，详细内容如下：

1）应用程序日志：应用程序日志包括应用程序或程序记录的事件。例如，数据库程序可在应用程序日志中记录文件错误，以及程序开发人员设计决定记录的一些应用程序事件等。

2）安全日志：安全日志包括有效和无效的系统登录尝试事件，以及与系统资源使用相关的事件（如创建、打开和删除文件等对象）。系统管理员可以指定在安全日志中记录的事件。如果已启用登录审核，对系统的登录尝试将记录在安全日志中。

3）系统日志：系统日志包括操作系统组件记录的事件。例如，在启动过程中加载驱动程序或系统组件失败事件就记录在系统日志中。系统组件所记录的事件类型由 Windows 操作系统预先确定。

4）安装程序日志：安装程序日志包括与应用程序安装有关的事件。

5）Forwarded Events 日志：Forwarded Events 日志用于存储从远程计算机收集的事件。若要收集远程计算机上的事件，则必须创建事件订阅。

（2）应用程序和服务日志。应用程序和服务日志是一种新型事件日志。这些日志存储来自单个应用程序或组件的事件，而非影响整个系统的事件。

应用程序和服务日志包括 4 个子类型：管理日志、操作日志、分析日志和调试日志。管理日志中的事件尤其受系统管理员等专业人士的关注；操作日志中的事件对专业人员也很有用，但是他们需要更多的解释；分析日志存储跟踪问题的事件，并且通常记录大量事件；调试日志由开发人员在调试所开发的应用程序时使用。在默认情况下，分析日志和调试日志都为隐藏和禁用状态。这 4 类日志分别主要关联以下事件：

1）管理事件：以最终用户、管理员和技术支持人员为目标，管理事件的指示问题以及管理员可以操作的已进行良好定义的解决方案。例如，应用程序无法连接打印机时所发生的事件，这个事件要么有详细的文档记录，要么有与其关联的消息直接指导用户解决问题。

2）操作事件：分析和诊断系统操作过程中所发生的事件，这些事件可作为基于该发生事件的触发工具或任务。例如，从系统中添加或删除打印机时所发生的事件。

3）分析事件：描述程序操作，指示用户干预无法处理的问题。

4）调试事件：开发人员用于解决其程序中的问题。

12.2.2　任务 2：启动事件查看器

查看系统事件，首先要启动事件查看器，再进行相应的配置。启动事件查看器的方法如下：

方法一：单击"开始"按钮，选中"管理工具"项中的"事件查看器"，如图 12—19 所示。

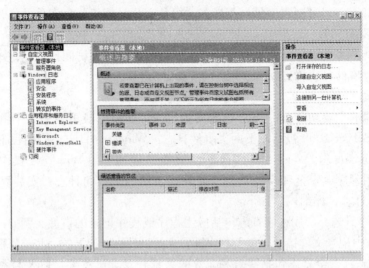

图 12—19 "事件查看器"窗口

方法二：单击"开始"按钮，选中"运行"，在其文本框中输入 eventvwr，然后按回车键。

方法三：双击位于％SYSTEMROOT％\system32 文件夹中的 eventvwr.msc 文件，可以启动事件查看器。

如果使用 eventvwr 命令行进行操作，所需的帮助信息可通过"eventvwr/?"命令查询，如图 12—20 所示的帮助窗口。

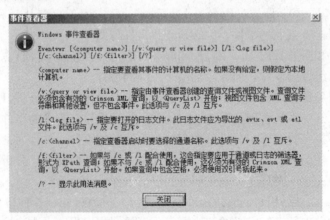

图 12—20 eventvwr 帮助窗口

12.2.3 任务 3：定制事件

启动事件查看器后，首先需要做的工作是创建自定义视图。

1. 创建自定义视图

自定义视图类似于已命名并保存的筛选器。通过选择自定义视图，可应用基础筛选器并显示结果，导出或导入自定义视图，从而在用户和计算机之间共享这些自定义视图，同时还可以创建在多个事件日志中满足指定标准事件的筛选器。创建自定义视图的具体操作步骤如下：

步骤 1：启动"事件查看器"工具。

步骤 2：在"事件查看器"主界面，单击"操作"菜单中的"创建自定义视图"，如图 12—21 所示。

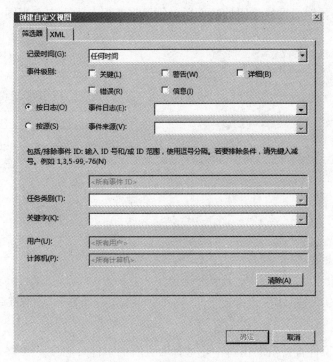

图 12—21　"创建自定义视图"窗口

如要根据所发生的事件进行筛选，则从"记录时间"下拉框中选择相应的时间段。其中，如果没有可接受的时间选项，则选择"自定义范围"选项，表示指定事件开始的最早日期和时间，以及事件开始的最晚日期和时间。

在"事件级别"选项中，根据事件级别选择相应的选项。自定义视图中的事件级别，由轻到重分为以下几种：

- 信息：指明应用程序或组件发生的更改，如操作成功完成、已创建资源或已启动服务。
- 警告：指明出现的问题可能会影响服务器或导致更严重的问题。
- 错误：指明出现的问题可能会影响触发事件的应用程序或组件外部的功能。
- 关键：指明出现的故障可能会导致触发事件的应用程序或组件无法自动恢复。

在自定义过程中，可以指定将出现在自定义视图中的事件日志，也可以指定这些事件的来源。如果选择"按日志"单选按钮，则在"事件日志"下拉列表中，选中相应的复选框。如果选择"按源"单选按钮，则在"事件来源"下拉列表中，选中相应的复选框。事件来源是记录事件的软件，可以是程序名（如 SQL Server），也可以是系统的组件或驱动程序等。

"关键字"用于筛选或搜索事件的一组类别或标记。"用户"和"计算机"选项，可输入自定义视图中要显示的用户账户名称和计算机名称。

步骤 3：在"创建自定义视图"窗口中，选择"XML"选项卡，如图 12—22 所示，以 XPath 格式提供事件筛选器，单击"手动编辑查询"复选框，将弹出提示信息：如果手动编辑查询，则无法使用"筛选器"选项卡中的控制修改查询。

步骤 4：设置完成后，单击"确定"按钮，如图 12—23 所示，保存所创建的自定义视图。

2. 筛选显示事件

查看事件日志可筛选正在显示的事件，事件的筛选设计是临时使用的，可以使用完毕后删除。但是，如果要创建重复使用的筛选器，则可将其保存为自定义视图。筛选显示事件的操作步骤如下：

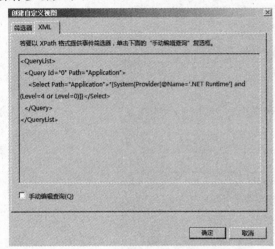

图 12—22　"XML"选项卡　　　　　　　图 12—23　保存自定义视图

步骤 1：启动"事件查看器"工具。

步骤 2：在"事件查看器"窗口中，选择要查看的事件日志项。

步骤 3：在窗口的最右侧"操作"列表框中，单击"筛选当前日志"选项，出现"筛选当前日志"对话框，其中的选项含义与前面创建自定义视图时一样，这里不再一一详述。设置完成后，单击"确定"即可应用该临时筛选器。

步骤 4："筛选信息"窗口显示在"事件查看器"窗口的中间部分，通过"查看"菜单中的以下选项可灵活实现对筛选信息的阅读。

● "添加/删除列"：可添加要显示的事件属性列或删除已有而无用的事件属性列。

● "显示分析日志和调试日志"：分析日志和调试日志在窗口中可见。

● "清除筛选器"：删除当前应用的临时筛选器。

12.2.4　任务 4：管理事件日志

1. 清除事件日志

使用"事件查看器"工具清除事件日志的具体操作步骤如下：

步骤 1：启动"事件查看器"工具。

步骤 2：在"事件查看器"窗口中，选择要清除的事件日志项。

步骤 3：在"操作"菜单中选择"清除日志"选项，出现如图 12—24 所示窗口。

图 12—24　清除日志

步骤 4：单击"保存并清除"按钮，在"另存为"窗口上的"文件名"中输入所保存文件的名称，然后单击"保存"按钮，可保存事件日志的副本。如果不保存日志信息，则单击"清除"按钮。

2. 设置日志文件的大小

事件日志存储在文件中，文件的大小依据实际应用环境是可以更改的，具体操作步骤如下：

步骤 1：启动"事件查看器"工具。

步骤 2：在"事件查看器"窗口中，单击要管理的事件日志。

步骤 3：在"操作"菜单中选择"属性"，如图 12—25 所示。

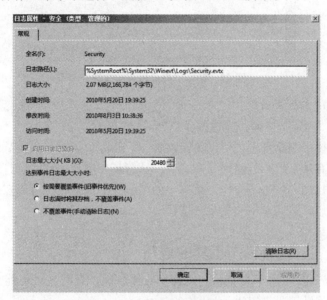

图 12—25　"日志属性-安全"窗口

在"日志最大大小（KB）"文本框中，使用上下调整按钮设置所需的值，然后单击"确定"按钮。达到事件日志最大值时，可根据需要做如下选择：

● 选中"按需要覆盖事件（旧事件优先）"选项，日志文件已满时继续存储新事件，每个新传入的事件替换日志中最久的事件。

● 选中"日志满时将其存档，不覆盖事件"选项，自动将日志存档，不改写任何事件。

● 选中"不覆盖事件（手动清除日志）"选项，手动清除日志。

3. 打开或关闭保存的日志

使用"事件查看器"可以打开并查看已存档的日志文件，可以随时在控制台树中打开多个保存的日志并访问，还可以关闭已在事件查看器中打开的日志，而不会删除日志中的信息。打开保存的事件日志的具体操作步骤如下：

步骤 1：启动"事件查看器"工具。

步骤 2：在"事件查看器"的"操作"菜单中，选中"打开保存的日志"，在弹出的窗口中选择需要打开的日志文件，单击"打开"按钮，出现如图 12—26 所示的窗口。

在"名称"文本框中输入在控制台树中用于该日志文件的新名称，也可以使用该日志文件的现有文件名。在"说明"文本框中输入该日志的描述。"新建文件夹"用于创建日志文件所在的文件夹名称。如果是系统管理员，则清除"所有用户"复选框，否则所有的用户都

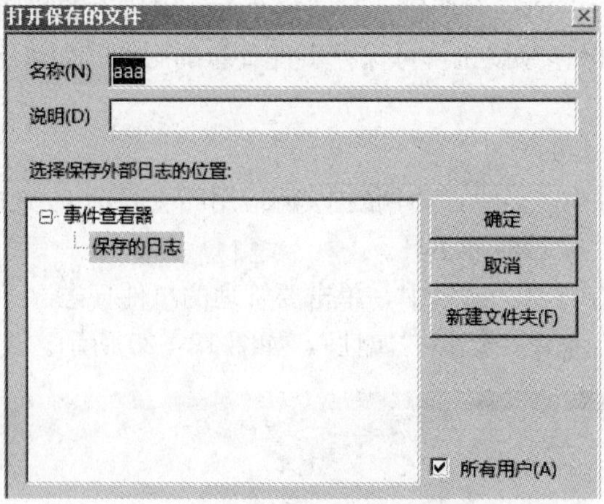

图 12—26　"打开保存的文件"窗口

可以使用已打开的日志。

步骤 3：单击"确定"按钮，完成操作返回。

通过从控制台树中删除日志，可以关闭该日志。删除日志时，只是从管理控制台中移除了该日志，而并没有从系统中删除该日志文件。从管理控制台中移除已打开的日志文件的方法：选中要删除的日志，单击"操作"菜单中的"删除"按钮；也可以在控制台中用鼠标右键单击要删除的日志，然后单击"删除"按钮。

12.3　项目三：内存诊断工具的应用

Windows Server 2008 能够自动检测内存的应用状况，及时发现可能出现的问题，并提示是否要运行内存诊断工具，以进行诊断。

12.3.1　任务 1：运行内存诊断工具

运行内存诊断工具的方法是：单击"开始"按钮，选择"管理工具"中的"内存诊断工具"选项，如图 12—27 所示。

单击"立即重新启动并检查问题（推荐）"选项，将重新启动操作系统并运行该工具。选择此项时，保存现有的工作，并关闭所有正在运行的程序。重新启动操作系统时，内存诊断工具将自动运行，可见测试状态的进度栏，如图 12—28 所示。测试完毕之后，操作系统将再次自动重新启动。

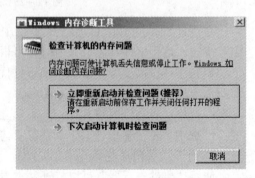

图 12—27　"Windows 内存诊断工具"对话框

如果单击"下次启动计算机时检查问题"选项，则出现内存诊断提示信息"已成功计划了内存测试。当下次启动计算机时，Windows 将检查问题并显示测试结果"。

内存测试结束后的结果如下：

（1）如果内存诊断工具没有发现任何问题，将接收没有发现任何错误的消息。

（2）如果内存诊断工具测试到错误，则与计算机制造商或内存制造商联系以获取详细信息，帮助解决问题。

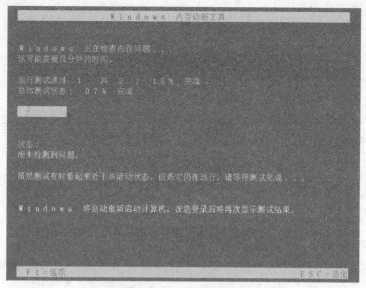

图 12—28　内存诊断过程

12.3.2　任务 2：内存诊断工具的高级选项

系统管理员不仅可直接运行内存诊断工具检测计算机内存是否正常工作，还可以通过高级选项的设置，更好地检测内存。

当内存诊断工具启动时，按 F1 键可调整以下高级选项设置：

（1）测试混合：选择要运行的测试类型。当运行内存诊断工具时，会列出这些选项。

（2）缓存：为每个测试选择所需的缓存设置。

（3）通过次数：设置要重复测试的次数。

按 F10 键即可启动内存测试进程。

实训项目 12

1. 实训目的

掌握"可靠性和性能监视器"、"事件查看器"及"内存诊断工具"等工具的使用。

2. 实训环境

正常的局域网环境，由 VMware Workstation 支持安装 Windows Server 2008 的虚拟机。

3. 实训内容

（1）启动"可靠性和性能监视"，查看当前系统资源使用情况。

（2）启动"可靠性和性能监视"，配置性能监视器中的计数器，并查看其监视结果。

（3）启动"可靠性和性能监视"，查看使用可靠性监视器的系统稳定性图表与报告。

（4）通过性能监视器、模板和手工三种方式创建三种不同的数据收集器集，并通过"报告"查看以上三种不同数据收集器集的结果。

（5）启动"事件查看器"，定制用户自定义视图的筛选器，并将筛选结果保存成日志文件，设置日志文件的大小。

（6）启动"内存诊断工具"，查看 Windows Server 2008 诊断内存的过程及其结果，并使用高级选项设置再次进行诊断。

习 题 12

1. 填空题

（1）Windows Server 2008"可靠性和性能监视器"工具，可实时检查_____，并通过收集日志数据供其他应用程序分析使用。

（2）数据收集器集将_____，以便与其他性能监视方案一起使用。

（3）在"运行"命令文本框或"命令提示符"窗口中输入_____即可运行资源监视器工具。

（4）在"可靠性和性能监视"控制台资源概述区域中，四个"可靠性和性能监视器"图显示了本地计算机上的_____的实时使用情况。

（5）性能监视器是以_____的形式显示的内置的 Windows 性能计数器，是一种操作简单而功能强大的可视化工具，用于实时或从日志文件中查看性能数据。

（6）可靠性监视器提供_____以及可能会影响系统总体稳定性的个别事件的详细信息，如软件安装、操作系统更新和硬件故障。

（7）数据收集器集是在可靠性和性能监视器中实现监视功能，它将_____，包括_____。

（8）在数据收集器集中，除了创建可选的报告文件之外，还可创建_____。

（9）在命令提示符下，运行命令_____，可以为数据收集器集创建新报告。

（10）使用_____命令可对长日志文件进行分段，或合并多个短日志文件。

（11）Windows Server 2008 能够自动检测内存的应用状况，及时发现可能出现的问题，并提示是否要运行_____，以进行诊断。

2. 简答题

（1）"可靠性和性能监视器"与以往 Windows 操作系统性能监视工具相比有什么新特性？

（2）简述"可靠性和性能监视器"中所包括的系统监视工具和功能。

（3）简述可靠性监视的"系统稳定性报告"提供的具体事件数据内容。

（4）Windows Server 2008 包括哪两类事件日志？具体内容是什么？

第 13 章　系统备份与恢复

教学重点

- 创建备份任务
- 恢复备份数据

教学情景导读

　　Windows Server 2008 增强了系统备份与故障恢复实用程序的功能，备份应用程序是为保护系统而设计的，用于防止由于硬件、存储媒体失效或者其他损坏事件等故障而丢失数据。如果系统中的数据丢失，则可应用备份实用程序方便地从存档中恢复数据，以使系统从故障中恢复并正常运行。例如，使用备份实用程序可以创建硬盘上的备份数据，然后把这些数据保存到其他存储设备上。在硬盘上的原始数据由于硬盘故障而被意外删除、覆盖或无法访问时，可以轻而易举地利用备份文件还原。

　　系统文件是整个操作系统的基石，如果系统文件遭到破坏，将导致整个操作系统无法运行。因此，对系统文件进行备份是系统管理员必须掌握的基本技能之一。系统文件损坏的原因有很多，比如操作失误、磁盘故障、突然停电、病毒程序感染及其他原因。通过对系统文件进行备份，可在系统文件受到损坏而导致系统不能自检或死机时，利用备份文件迅速还原系统。另外，还可以创建紧急修复磁盘，在紧急修复磁盘中保存系统文件和系统配置信息。当系统文件受到损坏或意外删除时，可使用紧急修复磁盘快速修复系统。

13.1　项目一：创建备份任务

　　Windows Server 2008 操作系统中的备份功能是通过 Windows Server Backup 实现的，该工具提供了一组向导和工具，可对安装了该功能的服务器执行基本的备份和恢复任务。Windows Server 2003 及以前版本中的备份功能程序（即 ntbackup.exe）已被放弃。

> **提示：** 使用 Windows Server Backup 功能无法恢复旧版本 ntbackup.exe 创建的备份数据。如果在 Windows Server 2008 系统中恢复 ntbackup.exe 创建的备份数据，则必须安装 ntbackup.exe。

在 Window Server 2008 系统中，开始制定备份计划之前，重点要做好以下准备工作：

（1）备份的时间及备份的次数。

（2）备份数据需要存放的位置。

（3）需要备份的卷以及是否需要使用备份恢复系统。

13.1.1 任务 1：安装和启动 Windows Server Backup 工具

1. 安装 Windows Server Backup 工具

应用 Windows Server 2008 的备份和恢复功能，首先需要先安装 Window Server Backup 工具，安装的具体操作步骤如下：

（1）单击"开始"按钮，选中"管理工具"中的"服务器管理器"，在其窗口左侧列表中单击"功能"结点，如图 13—1 所示。

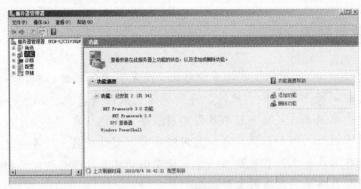

图 13—1　"服务器管理器"窗口

（2）单击右侧窗口中的"添加功能"选项，出现如图 13—2 所示的"选择功能"，在功能列表框中，展开"Windows Server Backup 功能"，然后选中"Windows Server Backup"和"命令行工具"对应的复选框。

（3）单击"下一步"按钮，出现确认安装窗口，如需更正以前所选内容，则单击"上一步"按钮。确认无误后，单击"安装"按钮，开始安装。安装后，出现"安装结果"窗口。如果安装成功，则显示"安装成功"信息。如果在安装过程中出现错误，则会在"安装结果"中提示。

2. 启动 Windows Server Backup 工具

成功安装 Windows Server Backup 工具后，就可以正常使用了。启动 Windows Server Backup 工具可以采取以下三种方法。

方法一： 单击"开始"按钮，选择"管理工具"中的"Windows Server Backup"，打开图 13—3 所示的"Windows Server Backup"窗口。

方法二： 单击"开始"按钮，选择"管理工具"中的"服务器管理器"，在"服务器管理器"窗口中，单击左侧列表框中的"存储"结点下的"Windows Server Backup"即可。

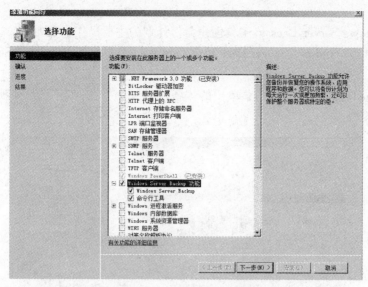

图 13—2　"选择功能"窗口

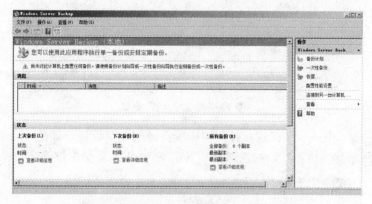

图 13—3　"Windows Server Backup"窗口

方法三：在"命令提示符"窗口中，输入"wbadmin/?"命令，列出 Windows Server Backup 所有的操作命令。熟练的系统管理员在进行操作时多使用这种方法。

13.1.2　任务 2：配置自动备份计划

在运行 Windows Server 2008 的计算机上，使用 Windows Server Backup 中的备份计划向导来配置备份，每天自动运行一次或多次。在配置自动备份计划之前，需要考虑下列注意事项：

（1）标识出专用于存储备份数据的硬盘，并确保磁盘已连接并处于联机状态。根据备份实践经验，建议使用支持 USB 2.0 或 IEEE 1394 的外挂硬盘；磁盘的大小应该至少是要备份数据存储容量的 2.5 倍；此磁盘应该为空或包含不需要保留的数据，因为 Windows Server Backup 将对磁盘进行格式化。

（2）决定是备份整个服务器还是仅备份某些卷。

（3）决定每日运行一次备份还是运行多次备份。

（4）备份开始运行后，使用管理单元默认页的"消息"、"状态"和"计划的备份"监控备份状态。

使用 Windows Server Backup 工具创建备份计划的主要操作步骤如下：

步骤 1：启动 Windows Server Backup 工具（这里主要应用 Windows Server Backup 图形界面操作）。

步骤 2：选择主窗口"操作"菜单中的"备份计划"，打开如图 13—4 所示的备份计划向导"入门"窗口。

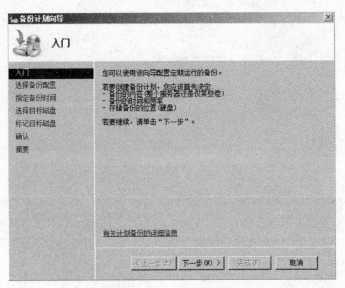

图 13—4 "入门"窗口

步骤 3：单击"下一步"按钮，打开"选择备份配置"窗口，如图 13—5 所示，系统默认的是"整个服务器（推荐）"，如果选择"自定义"，将从备份中排除部分卷数据。

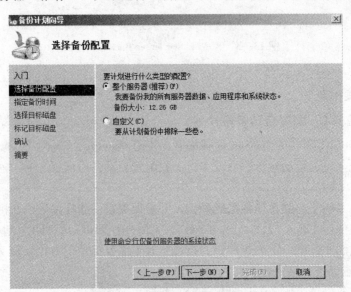

图 13—5 "选择备份配置"窗口

步骤 4：单击"下一步"按钮，打开"指定备份时间"窗口，如图 13—6 所示。如果单击"每日一次"选项，则输入开始运行每日备份的时间；如果需要每日多次备份数据，则单击"每日多次"选项，在"可用时间"列表框中单击开始备份的时间，然后单击"添加"按钮将时间移到"已计划的时间"列表框中。

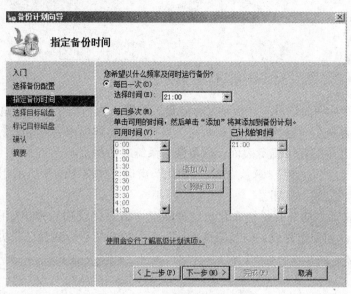

图 13—6　"指定备份时间"窗口

　　步骤 5：单击"下一步"按钮，出现"选择目标磁盘"窗口，如图 13—7 所示，选择"可用磁盘"列表中的磁盘。如果这些磁盘是外挂磁盘（也称为外部磁盘），那么可将备份移离服务器，以进行保护。

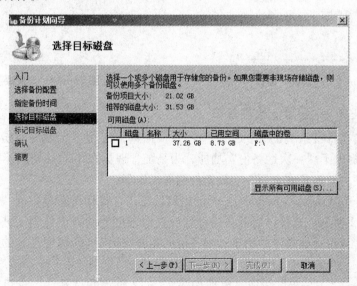

图 13—7　"选择目标磁盘"窗口

　　步骤 6：单击"下一步"按钮，弹出如图 13—8 所示的提示信息窗口，即所选磁盘将被格式化。单击"是"按钮，将对选定的磁盘进行格式化，该磁盘在 Windows 资源管理器中将不再可见，这样可防止将数据意外存储在该磁盘中，影响以后数据的还原。

图 13—8　格式化所选磁盘

步骤 7：备份计划向导进入"标记目标磁盘"步骤，为当前系统备份进行标识，其命名组成内容包括计算机名、备份的日期和时间、系统磁盘物理标识名等信息。系统管理员可将该信息记录完整并粘贴在该磁盘表面，以备恢复系统时使用。

步骤 8：单击"下一步"按钮，出现"确认"窗口，如图 13—9 所示，查看详细的选定信息，然后单击"完成"按钮。

步骤 9：备份计划向导开始格式化选定的磁盘，格式化成功后弹出如图 13—10 所示的窗口，至此备份计划创建完成，但是要确保用于备份数据的目标磁盘已联机且状态完好。

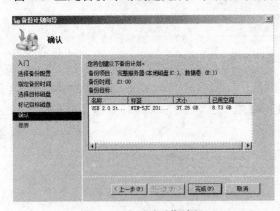

图 13—9　"确认"窗口

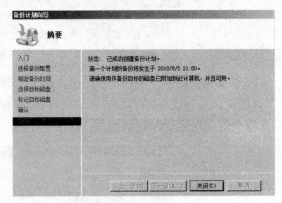

图 13—10　"摘要"窗口

13.1.3　任务 3：配置一次性备份

系统管理员在日常系统的备份工作中，要根据具体应用不定期地备份数据，Windows Server Backup 提供了"一次性备份"功能，为系统管理员在不同日期的不同时间进行备份操作提供了方便。下面具体介绍一次性备份的操作步骤。

步骤 1：打开 Windows Server Backup 窗口，单击"操作"菜单中的"一次性备份"选项，如图 13—11 所示，选择已有的备份计划或者尚未创建的备份计划，进行备份选项的设置。这里选择"备份计划向导中用于计划备份的相同选项"（即利用已有的备份计划执行一次性备份）。

步骤 2：单击"下一步"按钮，出现如图 13—12 所示的"确认"窗口，确认要执行的备份项目、目标和高级选项（即备份类型）。

步骤 3：单击"备份"按钮，出现开始备份进度窗口，提示系统正在备份（备份时间的长短由系统的大小决定），也可以关闭备份进度窗口，备份工作进程将在后台继续运行。完成后出现"一次性备份完成"窗口。

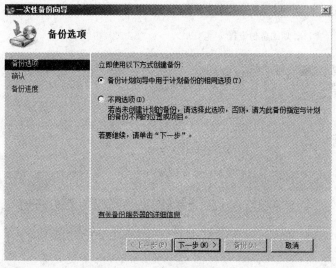

图 13—11　"备份选项"窗口

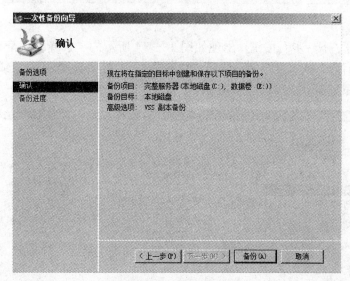

图 13—12　"确认"窗口

使用 Windows Server Backup 中的一次性备份向导可创建不同的备份配置，随时灵活地进行系统备份，以作为定期备份的补充（可以备份定期备份中不包含的卷；在安装系统更新程序或新功能之前，可备份包含重要内容的卷）。

13.1.4　任务 4：修改自动备份计划

在使用 Windows Server Backup 创建备份计划后，要定期查看是否符合系统运行过程中的管理需要。特别是在添加或删除应用程序、功能、角色、卷及磁盘操作后，应当查看原有备份计划的配置信息，考虑对此进行修改，以满足最新的系统应用环境对备份的要求。使用 Windows Server Backup 修改备份计划的具体操作步骤如下：

步骤 1：打开 Windows Server Backup 工具，选中"操作"菜单中的"备份计划"，出现如图 13—13 所示的窗口，选择"修改备份"。

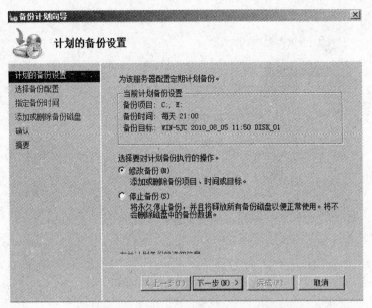

图 13—13 "计划的备份设置"窗口

步骤 2：单击"下一步"按钮，出现如图 13—14 所示的"选择备份配置"窗口，选择"整个服务器（推荐）"或"自定义"选项，对整个服务器系统进行备份，或者备份某些卷，这里选择"整个服务器（推荐）"。

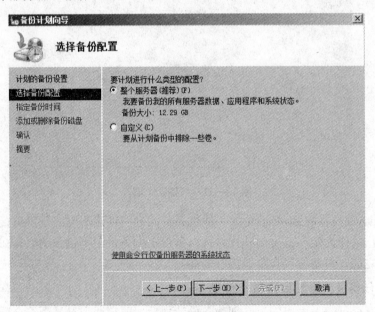

图 13—14 "选择备份配置"窗口

步骤 3：单击"下一步"按钮，出现"指定备份时间"窗口，可在此对话窗口中修改备份时间，此步操作类似于创建新备份计划时指定备份时间的操作。

步骤 4：修改完备份时间后，单击"下一步"按钮，出现如图 13—15 所示的"添加或删除备份磁盘"窗口，可修改用于备份数据的目标磁盘：添加更多磁盘、删除当前磁盘或是不执行任何操作。

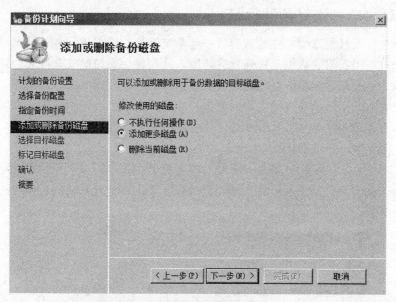

图 13—15 "添加或删除备份磁盘"窗口

步骤 5：如果添加磁盘，那么可用的磁盘将显示在列表中，然后选中用于存储备份数据的磁盘的复选框，格式化选定的磁盘；如果删除磁盘，那么将从用于存储备份数据的磁盘集中删除选定的磁盘，但仍可以继续使用该磁盘上的数据进行恢复。

步骤 6：在"确认"窗口中，查看详细的备份计划信息，然后单击"完成"按钮，打开如图 13—16 所示的"摘要"窗口，显示已成功修改备份计划的信息，单击"关闭"按钮完成修改自动备份计划。

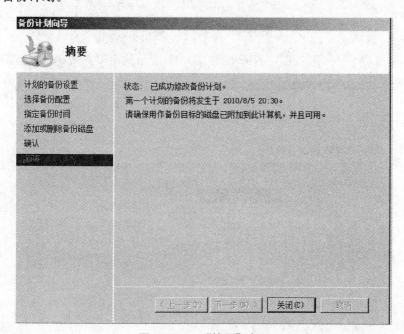

图 13—16 "摘要"窗口

13.2　项目二：恢复备份数据

通过系统文件或其他重要文件的备份，一旦系统发生故障或出现意外情况导致系统不能正常运行时，可利用备份的数据迅速恢复、还原，从而确保系统的安全性和稳定性。特别是出现硬件故障、意外删除数据或其他数据丢失或损坏时，利用 Windows Server Backup 的恢复向导可以及时、安全地还原以前备份的数据。在 Windows Server Backup 中恢复备份数据的具体操作步骤如下：

步骤 1：启动 Windows Server Backup 工具。

步骤 2：在"操作"菜单中选择"恢复"项，打开如图 13—17 所示的恢复向导的"入门"窗口。通过该向导，可以从以往本地计算机或网络中其他计算机的备份数据中，恢复文件、应用程序和卷。

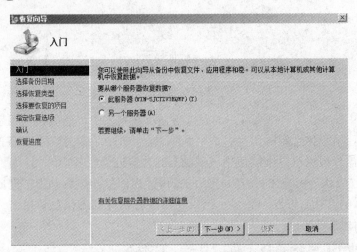

图 13—17　"入门"窗口

步骤 3：单击"下一步"按钮，打开如图 13—18 所示的窗口，选择数据备份的日期。

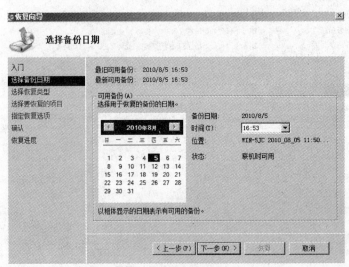

图 13—18　"选择备份日期"窗口

　　步骤 4：单击"下一步"按钮，出现如图 13—19 所示的"选择恢复类型"窗口。可选择"文件和文件夹"选项，或者"卷"选项。这里的"应用程序"选项为灰色，是因为要恢复的应用程序使用了卷影副本技术，在创建可用于恢复的备份之前必须启用应用程序的卷影副本编写器，以便与 Windows Server Backup 兼容。大多数应用程序需要专门启用卷影副本编写器，默认情况下为不启用。备份时如果没有启用卷影副本编写器，将无法从此备份中恢复应用程序。

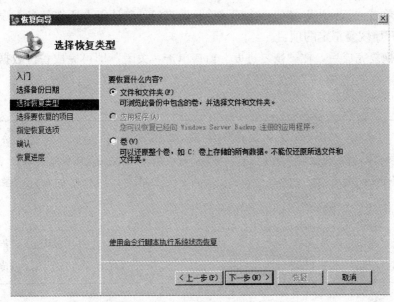

图 13—19　"选择恢复类型"窗口

　　步骤 5：选择"文件和文件夹"，单击"下一步"按钮，出现如图 13—20 所示的"选择要恢复的项目"窗口，浏览树状目录结构查找要恢复的文件或文件夹。

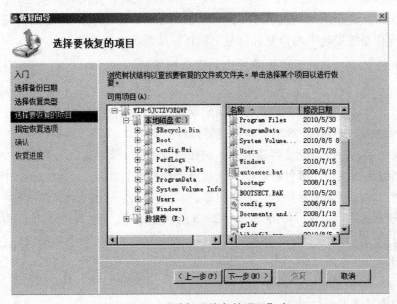

图 13—20　"选择要恢复的项目"窗口

步骤 6：单击"下一步"按钮，在"指定恢复选项"窗口中的"恢复目标"区域，选择恢复到"原始位置"或"另一个位置"；在"当该向导在恢复目标中查找文件和文件夹时"区域中单击以下选项之一：

- 创建副本，以便具有两个版本的文件或文件夹。
- 使用已恢复的文件覆盖现有文件。
- 不恢复这些现有的文件和文件夹。

步骤 7：单击"下一步"按钮，出现"确认"窗口，确认以上所选信息无误，然后单击"恢复"按钮开始恢复指定的项目。

步骤 8：恢复完成后，在"恢复进度"窗口单击"关闭"即可完成备份数据恢复的全部操作过程。

> 提示：为了系统的安全和操作的可靠性，必须对备份和恢复操作设置必要的访问权限，这样可以防止未经授权而擅自闯入者的破坏，造成数据的损失和泄密。为此，Windows Server 2008 对系统备份和还原提供了设置用户访问权限的功能。要备份文件和文件夹，必须具有确定的许可和用户权限。如果用户是系统管理员或备份操作员，那么可以备份本地计算机上的任何文件和文件夹，以供本系统应用。同样，如果用户是域控制器的管理员或备份操作员，那么可以备份该域中的任何计算机或者与用户建立了双向信任关系域中的任何计算机上的文件和文件夹（"系统状态"数据除外）。

13.3　项目三：恢复 Windows Server 2008 操作系统

与其他操作系统一样，Windows Server 2008 可能因为系统管理员或用户操作失误、网络病毒程序攻击而导致系统崩溃。一旦系统发生故障，就需要使用各种恢复方法和手段来解决问题。本项目主要介绍如何使用有助于启动系统的一些选项，以及如何使用 Windows Server 2008 操作系统安装中的修复和恢复选项排除故障等内容。

13.3.1　任务 1：应对系统故障发生的安全措施

在系统出现故障之前，系统管理员需要事先采取安全措施，以防磁盘损坏或者其他严重的系统故障出现。其中要做的主要工作包括定期备份系统文件、硬件配置文件，设置系统异常停止时 Windows Server 2008 的对应策略等操作。

执行常规的系统备份，配置容错能力（例如磁盘镜像、安装杀毒程序检查病毒）以及进行其他管理例程，如使用"事件查看器"来检查事件日志。如果磁盘或其他硬件无法正常工作，那么这些工作将有助于保护数据并提出警告。

设置系统异常停止时 Windows Server 2008 的对应策略。例如，指定计算机自动重新启动，并且可以控制其日志方式。要指定这些选项，可在"计算机"上单击鼠标右键，在"系统"窗口中的"任务"区域中单击"高级系统设置"选项，在打开的"系统属性"对话框中选择"高级"选项卡，选中"启动和故障恢复"区域的"设置"按钮，如图 13—21 所示，即可对启动和恢复选项进行设置。

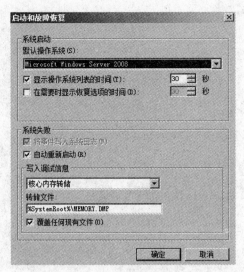

图 13—21　"启动和故障恢复"窗口

13.3.2　任务 2：系统不能启动的解决方案

Windows Server 2008 提供了许多系统出现故障而不能正常启动时的解决方法，最佳方法是使用"安全模式"和相关启动选项，该方法仅使用必需的服务来启动系统。如果新安装的驱动程序是引起系统启动失败的原因，那么使用"高级启动选项"中的"最后一次正确的配置"会非常有效。

1. 使用"高级启动选项"修复系统

当计算机不能启动时，可以使用"高级启动选项"的安全模式或者其他启动选项以最少的服务来启动计算机。如果用"安全模式"成功启动了计算机，那么系统管理员就可以更改配置来排除导致故障产生的因素（如删除或重新配置驱动程序）。

下面将介绍 Windows Server 2008 中其他类型的高级启动选项。Windows Server 2008 操作系统启动后在出现 Windows 徽标之前，快速按 F8 键，进入如图 13—22 所示的"高级启动选项"界面。

（1）安全模式。仅使用最基本的系统模块和驱动程序启动 Windows Server 2008，不加载网络支持。加载的驱动程序和模块用于鼠标、监视器、键盘、海量存储器、基本视频和默认系统服务。安全模式也启用了启动日志。

（2）网络安全模式。仅使用基本的系统模块和驱动程序启动 Windows Server 2008，并加载网络支持，此模式启用了启动日志。

（3）带命令提示符的安全模式。仅使用基本的系统模块和驱动程序启动 Windows Server 2008，不加载网络支持，只显示命令行模式。带命令提示符的安全模式也启用了启动日志。

（4）启用启动日志。生成正在加载的驱动程序和服务的启动日志文件。该日志文件命名为 Ntbtlog.txt，保存在系统根目录中。

（5）启用低分辨率视频（640×480）。使用基本的 VGA（视频）驱动程序启动 Windows Server 2008。如果导致 Windows Server 2008 不能正常启动的原因是安装了新的显卡驱动程序，那么该模式对处理此类故障很有用。其他安全模式也只使用基本的视频驱动程序。

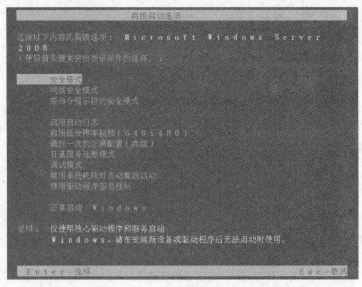

图 13—22 "高级启动选项"界面

（6）最近一次的正确配置（高级）。使用 Windows 在最后一次关机时保存的配置信息来启动 Windows Server 2008。这种模式仅在配置错误时使用，不能解决由于驱动程序或文件被破坏或丢失而引起的问题。

注意：当系统管理员选择"最近一次的正确配置（高级）"选项时，在此之后所做的修改和系统设置都将丢失。

（7）目录服务还原模式。当恢复域控制器的活动目录信息时，该选项可用于 Window Server 2008 域控制器，而不能用于 Windows Server 2008 成员服务器或其他 Windows 计算机。

（8）调试模式。启动 Windows Server 2008 时，通过串行线路将调试信息发送给另一台计算机。

2. 使用 Windows Server 2008 安装盘恢复操作系统

将 Windows Server 2008 安装盘插入 CD 或 DVD 驱动器，然后打开计算机。将计算机第一启动物理设备设为 CD 或 DVD 驱动器，此时将显示安装 Windows Server 2008 的向导。

步骤 1：指定语言设置，然后单击"下一步"按钮。

步骤 2：单击"修复计算机"按钮。

步骤 3：安装程序将搜索硬盘驱动器中安装的现有 Windows Server 2008，然后在"系统恢复选项"中显示结果。如果要将操作系统恢复到单独的硬件中，此列表应该为空（此计算机中应该没有操作系统）。单击"下一步"按钮继续。

步骤 4：在"系统恢复选项"页面中，单击"Windows Complete PC 还原"。此时将打开 Windows Complete PC 还原向导。可选择执行下列操作之一："使用最新的可用备份（推荐）"、"还原不同的备份"。单击"下一步"按钮。

步骤 5：如果选择还原其他备份，那么在"选择备份的位置"页面中，执行下列操作之一：

● 单击要使用备份的计算机，然后单击"下一步"按钮。在"选择要还原的备份"页中，单击要使用的备份，然后单击"下一步"按钮。

注意：如果存储位置包含多台计算机的备份，确保单击的备份数据要与使用备份数据的计算份相对应。

● 单击"高级"浏览网络中的备份，然后单击"下一步"按钮。

步骤 6：在"选择如何还原备份"页面中，执行下列可选任务，然后单击"下一步"按钮。

● 选中"格式化并重新分区磁盘"复选框，删除现有分区并将目标磁盘重新格式化为与备份相同。这样将启用"排除磁盘"按钮，然后选中"与不希望进行格式化和分区的任何磁盘关联"复选框，包含正在使用的备份磁盘将被自动排除。

注意：除非磁盘已被排除，否则其中的数据将会丢失，不管它是备份的一部分还是所有要还原的卷。在"排除磁盘"中，如果没有看到连接到计算机的所有磁盘，则需要安装用于存储设备的相关驱动程序。

● 选中"只还原系统磁盘"复选框只恢复操作系统。
● 单击"安装驱动程序"安装要恢复的硬件设备的驱动程序。
● 单击"高级"指定恢复之后是重新启动计算机还是检查磁盘错误。

步骤 7：确认还原的详细信息，然后单击"完成"按钮。

实训项目 13

1. 实训目的

熟练掌握在 Windows Server 2008 操作系统中进行数据备份与恢复的方法。

2. 实训环境

安装了 Windows Server 2008 操作系统的计算机。

3. 实训内容

(1) 安装 Windows Server Backup 工具，并熟悉其应用操作。
(2) 创建系统备份计划，并修改、调整该备份计划。
(3) 创建一次性备份，并执行。
(4) 使用 Windows Server Backup 工具进行 (1) ～ (3) 备份数据的恢复操作。
(5) 启动 Windows Server 2008 的"高级选项"，熟悉其内容。

习　题　13

1. 填空题

(1) Windows Server 2008 操作系统中的备份功能是通过_____实现的，该工具提供了一组向导和工具，可对安装了该功能的服务器执行基本的备份和恢复任务。

(2) 系统文件损坏的原因有很多，如_____、磁盘故障、突然停电、病毒程序感染及其他原因。

（3）在运行 Windows Server 2008 的计算机上，使用 Windows Server Backup 中的_____来配置备份，每天自动运行一次或多次。

（4）Windows Server Backup 提供给了_____功能，为系统管理员在不同日期的不同时间进行备份操作提供了方便。

（5）当出现硬件故障、意外删除数据或其他数据丢失或损坏时，利用 Windows Server Backup 的_____可以及时、安全地还原以前备份的数据。

（6）Windows Server 2008 提供了许多系统出现故障而不能正常启动时的解决方法，最佳方法是_____和相关启动选项。

2. 简答题

（1）在 Window Server 2008 系统中，开始制定备份计划之前，应重点做好哪些准备工作？

（2）简述使用 Windows Server Backup 工具创建备份计划的主要操作步骤。

（3）简述 Windows Server 2008 系统出现无法启动的故障时应如何修复系统。

参考文献

［1］韩立刚，张辉 . Windows Server 2008 系统管理之道 . 北京：清华大学出版社，2009.

［2］王小琼，杨志国，李世姣 . Windows Server 2008 从入门到精通 . 北京：电子工业出版社，2009.

［3］王伟 . Windows Server 2003 维护与管理技能教程 . 北京：北京大学出版社，2008.

［4］Microsoft TechNet 技术网站：http：//technet. microsoft. com/zh-cn/library.

图书在版编目（CIP）数据

Windows Server 操作系统维护与管理项目教程/王伟主编 . —2 版 . —北京：中国人民大学出版社，2015.2

ISBN 978-7-300-20736-0

Ⅰ.①W… Ⅱ.①王… Ⅲ.①服务器-操作系统（软件）-教材 Ⅳ.①TP316.86

中国版本图书馆 CIP 数据核字（2015）第 022104 号

"十二五"职业教育国家规划教材

经全国职业教育教材审定委员会审定

Windows Server 操作系统维护与管理项目教程（第二版）

王 伟 主编

Windows Server Caozuo Xitong Weihu yu Guanli Xiangmu Jiaocheng

出版发行	中国人民大学出版社			
社　　址	北京中关村大街 31 号		**邮政编码**	100080
电　　话	010 - 62511242（总编室）		010 - 62511770（质管部）	
	010 - 82501766（邮购部）		010 - 62514148（门市部）	
	010 - 62515195（发行公司）		010 - 62515275（盗版举报）	
网　　址	http://www.crup.com.cn			
	http://www.ttrnet.com（人大教研网）			
经　　销	新华书店			
印　　刷	北京昌联印刷有限公司		**版　　次**	2011 年 4 月第 1 版
规　　格	185 mm×260 mm　16 开本			2015 年 2 月第 2 版
印　　张	16		**印　　次**	2015 年 2 月第 1 次印刷
字　　数	385 000		**定　　价**	33.00 元